嵌入式系统及其在无线通信中的应用开发

Embedded System and its Application Development in Wireless Communication

王勇 朱晓荣 陈美娟 许国光◎著

U0247354

人民邮电出版社
北 京

图书在版编目（CIP）数据

嵌入式系统及其在无线通信中的应用开发 / 王勇等
著. -- 北京 : 人民邮电出版社, 2021.12
ISBN 978-7-115-56726-0

Ⅰ. ①嵌… Ⅱ. ①王… Ⅲ. ①微型计算机－计算机应
用－无线电通信 Ⅳ. ①TN92

中国版本图书馆CIP数据核字(2021)第117041号

内 容 提 要

本书从实用的角度出发，介绍了嵌入式开发必须掌握的知识及其相关应用。首先介绍了开发所需的严谨流程及每一步要完成的任务；接着给出了开发过程中必须要储备的基本知识点，包括程序算法、硬件设计方法、软件开发中的 U-Boot 和内核调试方法，重点在于归纳和总结经验；随后介绍了 GPON ONU、机顶盒、Wi-Fi 和 4G 小基站方面的开发框架。

本书介绍的重要技术和功能模块有着很强的可移植性，可以帮助读者快速完成实际的设计和开发。

本书内容丰富，受众面广，对高等院校师生和开发工程师来说是很实用的参考书，同时也是一本实用的工程实践手册。

◆ 著　　　　王　勇　朱晓荣　陈美娟　许国光
　　责任编辑　李彩珊
　　责任印制　陈　犇
◆ 人民邮电出版社出版发行　　北京市丰台区成寿寺路 11 号
　　邮编　100164　　电子邮件　315@ptpress.com.cn
　　网址　https://www.ptpress.com.cn
　　固安县铭成印刷有限公司印刷
◆ 开本：787×1092　1/16
　　印张：21.25　　　　　　　　2021 年 12 月第 1 版
　　字数：478 千字　　　　　　 2021 年 12 月河北第 1 次印刷

定价：179.80 元

读者服务热线：**(010)81055493**　印装质量热线：**(010)81055316**
反盗版热线：**(010)81055315**
广告经营许可证：京东市监广登字 20170147 号

前　言

　　随着物联网和移动互联网业务的飞速发展，计算机、通信以及消费电子的一体化趋势日益明显，随之催生出一个巨大的嵌入式市场。现如今，嵌入式系统已经广泛应用在工程设计、科学研究、军事技术以及人们的日常生活等方面。嵌入式系统技术也成为当前研究学习的热点。为此，作者根据多年的科学研究和开发经验，总结并撰写了一套清晰的嵌入式系统开发方法。

　　首先介绍嵌入式系统基础，第 1 章和第 2 章分别介绍了嵌入式系统的理论基础、构建嵌入式系统的硬件和软件需求。

　　接着介绍嵌入式系统开发方法，其中包括硬件和软件两大块的开发设计。硬件开发的方法在第 3 章进行了介绍。系统运行前要执行一段程序，可将内核映像从磁盘读到随机存取存储器（Random Access Memory，RAM）中，再跳转到内核的入口处，开始运行操作系统，这就是 BootLoader 功能，为此第 4 章选取了使用较为普遍的 U-Boot 进行介绍。系统的所有硬件设备都是由内核管理的，操控硬件的软件就是驱动程序，以文件的方式存储在系统中。为此，第 5 章讲述了 Linux 系统要点分析以及驱动开发的方法。

　　最后重点介绍嵌入式系统在无线通信中的具体应用，包括 GPON ONU、机顶盒、Wi-Fi和小基站的应用举例，分别对应本书的第 6 章、第 7 章、第 8 章和第 9 章。

　　作为一本易于使用的、便于自学的开发指南，本书各章节内容之间有一定的独立性，便于读者根据需要选择相应章节进行学习。除了介绍基础知识，还附有简短的实例来补充说明，便于读者有效地掌握新知识。

　　因为嵌入式方面的产品多样，应用领域也有很大差异，所以本书注重方法的讲述。希望本书能给读者在开发过程中提供一些帮助和指导，力求简单而高效。由于嵌入式技术不断发展，加之作者水平有限，书中难免出现错误和不妥之处，恳请读者批评指正。

　　本书受到了国家自然科学基金（No.92067101）的资助，特别感谢。

作者

2021 年 2 月

目　录

>>>>>>>>>>>>>>>> 第 1 章

嵌入式开发基础

嵌入式 Linux 是以 Linux 为基础的操作系统。通过本章，读者主要了解软件系统的完整开发流程，并在实践中把握各个环节；同时了解嵌入式 Linux 系统的体系结构和基本特点。

1.1 嵌入式软件开发概述

当今的嵌入式产品遍布人们的生活，除移动电话、PDA（Personal Digital Assistant）和 Wi-Fi 等生活中的日常用品外，还有众多能提供网络服务（如移动通信服务）的设备；出现了形态各异的嵌入式系统。随着信息技术的飞速发展，人类进入了数字时代，在今后相当长的时间内，嵌入式技术会得到更多的应用。

1.1.1 嵌入式系统介绍

嵌入式系统一般指非个人计算机（Personal Computer，PC）系统，包括硬件和软件。硬件包括处理器/微处理器、内存、外部设备器件和输入/输出（Input/Output，I/O）端口等；软件包括驱动、内核、平台、协议栈和应用程序等。驱动是硬件的抽象，通过驱动读取数据送给上层，内核、平台和应用程序控制设备的运行，驱动的开发大多基于某个厂商提供的芯片。因此，嵌入式系统可定义为：以上层应用为中心，以不同操作系统为基础，裁剪软硬件，适应具体某类应用，对功能、性能、可靠性、成本、体积和功耗有着严格要求的专用设备系统。作者理解为芯片化开发模式，将主要的业务实现功能集成到芯片中，不同的业务对应着不同的芯片参数。

1.1.2 嵌入式软件体系结构

嵌入式是在设备硬件中嵌入了软件，专用于某个应用领域，可以是一个独立系统也可以是一个大系统中的一个单元，主要由以下 3 个部分组成。
- 硬件平台。
- 系统软件层：用于管理和支撑应用软件。
- 应用软件层：用于执行多任务，以实现产品所提供的具体功能。

硬件平台主要由中央处理器（Central Processing Unit，CPU）、内存、物理芯片或交换芯片、通用设备接口和 I/O 接口组成。简而言之，嵌入式硬件核心模块=CPU+电源电路+时钟电路+内存+其他功能模块，这里 CPU 是核心，内存包括缓存、主存和辅存。

系统软件层由操作系统、文件系统、图形用户界面（Graphical User Interface，GUI）、网络系统和通用组件模块组成，这些通常被视为底层，可以提供应用层接口。

应用软件层由各类应用程序组成，大多以二进制应用+支撑库文件的方式存放在设备上。

这种嵌入式的体系结构是嵌入式设备的一种软件抽象，通过开发的层次化思想来划分嵌入式操作系统的结构是理清嵌入式设备结构的一种常用方法，即将整个系统的功能模块进行划分，分布到不同层次中，各层保持独立性，并给其他层提供访问接口，这样系统本身就成为一个多层次的框架。据此，嵌入式软件系统可再细分为硬件驱动接口层、系统内核层、软件平台层、应用程序层。嵌入式操作系统层次结构如图 1-1 所示。

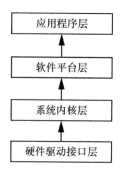

图 1-1 嵌入式操作系统层次结构

硬件驱动接口层：用来和嵌入式硬件进行通信和交互，是抽象硬件平台的接口，主要由设备驱动程序组成，对上层提供接口封装。

系统内核层：是运行系统所需功能集合的最小子集，可在多种嵌入式 CPU 上运行。针对应用提供最基本的服务，包括系统时钟、电源管理、程序装载与运行、进程调度和内存管理等。同时提供实时系统运行的基本要素，如实现多任务、优先级驱动的紧急优先调度方法、快速现场切换等机制，并且可访问硬件资源，如 CPU 的间接访问。

软件平台层：一般可视为操作系统的一部分，提供面向对象/面向过程的系统资源管理功能，如内存管理、文件管理、设备管理、网络协议管理和数据存储等，并提供标准的系统服务应用程序接口（Application Programming Interface，API）给上层应用程序，有利于系统功能的扩展，内核的编程接口也属于这个层次。这样系统上层软件不需要关注底层硬件的具体情况，可以直接使用提供的接口开发软件。软件平台层和系统内核层可归纳为系统软件层。

应用程序层：对应应用软件层，通过提供基于系统功能的、面向应用的系统服务接口来实现设备的特定功能，以用于特定领域。

图 1-1 中的每个层次都只能和上层或下层通信，不能越层，依赖关系是从上到下，即上层依赖下层，下层不依赖上层。

1.1.3 嵌入式 Linux 的特点

嵌入式设备运行时通常有较高的实时性要求，虽然软/硬件的运行环境多样，但是嵌入式系统应有较好的可移植性和可配置性，尤其是上层应用。软件的设计受存储器空间、处理器运行计算速度等方面的限制。因此要实现 Linux 的嵌入式化，主要考虑三方面特性：速度、体积和实时性。相比其他的操作系统，嵌入式 Linux 具有以下特点。

1．源代码开放

嵌入式 Linux 是开放源代码，可支持多种体系结构和硬件平台，如常用的 ARM（Advanced RISC Machine）和 MIPS（Microprocessor without Interlocked Piped Stage）平台，这样可裁剪定制内核模块，使之适合有限资源下的运行环境。开发人员也可在此基础上进行二次开发，保留和优化必要的系统功能，从而提高了开发速度和可靠性。

2．实用软件多

Linux 系统是完整的多功能系统，有大量的实用程序和应用软件，兼容性好，如可动态增加自定义驱动和应用。利用 Linux 提供的支持，可以迅速构建嵌入式应用的可靠软件环境，极大地减少了软件开发的时间，缩短了开发周期。

3．支持功能强

嵌入式 Linux 系统适用于不同的 CPU，具有支持多种体系结构、提供完整的开发工具、用户可定制图形化的配置工具、支持大量的周边硬件设备和驱动丰富等特点，并针对嵌入式的 CPU 性能和存储特点，提供较完善的解决方案。

1.2　嵌入式设备开发流程

嵌入式设备开发包括硬件开发和软件开发等。嵌入式系统开发流程如图 1-2 所示。

本书不仅阐述软件方面的应用开发，对具体硬件开发也给出了设计方法，相关内容在后面的硬件开发章节进行讲解。

熟悉嵌入式软件开发流程是非常重要的。在整个开发过程中，首先要从整个工程的角度去把握，然后逐个细分。从软件工程的角度来说，嵌入式应用软件开发也有一定的生命周期，需要经过需求分析、系统设计/概要设计/详细设计、代码编写、调试、测试和维护等阶段。

与其他通用软件相比，嵌入式软件开发有许多独特之处。

（1）需求分析时，必须考虑硬件功能和性能影响，具体功能和性能往往取决于设备所选定的硬件。

（2）系统设计阶段，重点考虑的是按照减少耦合性的原则来划分各任务和设计相互访问的接口、设备所提供的总体功能和各子功能。

（3）概要设计阶段，涉及具体模块的划分和模块之间的接口调用。

（4）详细设计阶段，涉及各个函数（包括功能、输入/输出参数说明）、消息传递、类型结构的定义等，需要更详细的模块内分解。

（5）编写代码并调试，在调试时采用交叉调试方式，调试完成后固化到设备中。

（6）测试分为单元测试、集成测试和系统测试。单元测试的原则是要运行到每个分支，集成测试和系统测试分别要检测各模块和产品的功能。测试方法有白盒测试和黑盒测试。

（7）测试结束，系统稳定运行，后期的维护工作较少。

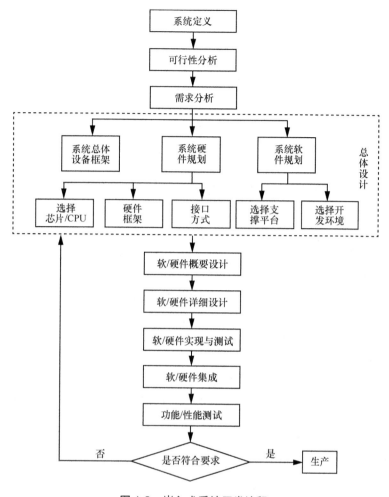

图 1-2　嵌入式系统开发流程

下面主要介绍需求分析和设计阶段的步骤与原则。

1．需求分析和系统设计

（1）需求分析

对需求加以分析产生需求说明文档，需求说明过程至少要给出系统功能需求，它包括以下 5 个方面。

- 系统提供的功能及性能指标。
- 从整体设备的使用角度来分析系统的输入/输出，除了数据外还有信号。
- 系统运行时的外部接口需求，如远程控制或服务器等接口。
- 文件/数据库系统的安全。
- 需要考虑异常情况下处理的稳定性。

（2）系统设计

在嵌入式系统运行时，芯片的状态经常会变化，此时常用状态转换图表示这种转变。这就需要在设计状态图时，应对系统运行过程进行详细考虑，包括对异常、中断和定时器操作等应有相应的处理算法。通过提供人机操作接口，开发人员/测试员/操作员与设备之间相互通信。因此提供操作手册是必要的，可为用户提供使用该系统的操作步骤。

在确定了硬件后，选择硬件平台时主要考虑处理器的处理速度、内存空间的大小、设备提供的功能和子功能、对信号的处理是否正确等因素。

对于软件平台而言，首先确定使用何种操作系统，如是 Linux 还是 VxWorks；其次要考虑对实时性支持的程度；网络管理能力、测试场景、网络设备或移动设备功能也是要考虑的因素。另外还要考虑包括使用何种开发环境、是否有软件模拟运行环境、设备驱动支持何种业务处理等。

不管选用何种软件/硬件平台，都要考虑成本因素，最主要的就是芯片的成本。

2. 概要设计

在进行需求分析和明确系统功能后，就需要划分出具体的任务和模块了。因为在设计一个较为复杂的多任务设备系统时，进行合理的任务和模块划分对设备的运行效率、实时性、吞吐量和后期的扩展影响都极大。任务分解过多，就要不断地发生切换，而任务之间的通信量也会很大，同时还包括从底层不断获取数据以及中断处理等。这将增加系统的开销，影响系统的性能。若任务分解过少，会影响系统的吞吐量，易形成瓶颈，增加开发的复杂度。为了实现合理规划，可采用以下步骤和原则。

（1）进行上/下行数据流分析

首先，从系统的功能需求开始分析系统中进程间通信（Inter-Process Communication，IPC）的数据流，分析从接收这些数据到处理完成所耗费的时间，并要考虑存在数据流不畅或拥塞的异常情形。

（2）划分进程和子进程

要完成系统的所有功能，在收发内外通信的数据流后，需要划分进程，减少进程间的耦合性，增强独立性。在定义进程优先级时尤其要考虑进程的顺序性和响应的实时性。进程的划分方法如下。

① 运行某项功能所需时间

对时间有较高要求的功能任务要以高优先级运行，可设置成一个独立的高优先级任务，运行时优先被调度。

② 计算速度需求

有些任务需要进行大量数据计算和完成不具有时间紧迫性的功能或功能集合，这时可将其以较低优先级的任务运行。一个多进程的注册代码例子如下。

```
/*进程注册结构*/
typedef struct PAT
{
    char            used;              /*使用标志*/
    char            *name;             /*进程名*/
    PROCESS_ENTRY Entry;               /*进程入口地址*/
    char            attr;              /*任务的属性*/
    char            PriLevel;          /*进程优先级等级*/
    short           StackSize;         /*栈大小*/
```

```
short              DataSize;        /*数据区大小*/
short              AsynMsgQLen;     /*异步消息接收队列长度*/
short              SynMsgQLen;      /*同步消息接收队列长度*/
}MGPACK PATStruc;
typedef void (* PROCESS_ENTRY) (void *,void *,void *);
{ 1 ,  "SIGN"    ,  SignProcess  , 0 , 150 , 65535 ,  0      , 256 , 8 },
{ 1 ,  "MUX"     ,  MuxProcess   , 0 , 151 , 65535 ,  0      , 256 , 8 },
{ 1 ,  "PORTSCAN",  PortScan     , 0 , 150 , 65535 ,  0      , 256 , 8 },
{ 1 ,  "IGMP"    ,  IgmpProcess  , 0 , 150 , 65535 ,  0      , 256 , 8 },
{ 1 ,  "LOG"     ,  LogProcess   , 0 , 150 , 65535 ,  0      , 32 , 8 },
{ 1 ,  "Ftp"     ,  FtpProcess   , 0 , 152 , 65535 ,  0      , 32 , 8 },
{ 1 ,  "RMON"    ,  RmonProcess  , 0 , 150 , 65535 ,  0      , 32 , 8 },
{ 1 ,  "OMC"     ,  OmcProcess   , 0 , 170 , 4096 ,  0       , 1024 , 8 },
{ 1 ,  "SYS"     ,  Control      , 0 , 150 , 4096 ,  0       , 1024 , 8 },
{ 1 ,  "RECV"    ,  Receive      , 0 , 160 , 4096 ,  0       , 1024 , 8 },
{ 1 ,  "PLAT"    ,  Process_Plat , 0 , 150 , 4096 ,  1024    , 32 , 8 },
```

对不同的进程用不同的优先级来控制运行顺序,因进程有独立的空间,所以进程间用事件或消息来实现同步目的。目标任务等待事件的发生,收到源任务发送的事件信号后被激活。

③ 功能内聚

完成功能紧密相关的进程可以组成一个大进程,减少函数之间进/出栈的调用,保证模块和进程实现功能的内聚。

④ 周期执行

有些任务需要周期执行,且状态经常变换,则可作为一个独立的短任务,或者设置定时器,到一定的时间间隔后激活。这样的操作不宜过于复杂。

⑤ 定义任务之间接口

当划分好任务模块后,就可以确定彼此的通信接口了。任务间的接口调用,设计时不能太复杂,要事先确定好接口格式。在嵌入式开发中,进程间或模块间的通信一般会采用一个数据结构或者字符串的形式,并定义对该数据结构的访问过程。有时需要防止可能在两个任务中并发执行,如两个任务均要访问同一个文件,在访问过程中就必须提供必要的同步和互斥条件,否则任务运行后可能会影响数据的一致性和正确性。

(3)函数划分说明

详细设计主要体现在函数功能的划分和实现。具体模块或进程的功能以函数方式完成,对函数的定义说明一定要清晰,参数传递要明确。函数的定义有以下原则。

- 调用次数较多的函数不必写太长太复杂,可采用宏定义方式。
- 函数内部使用的逻辑不必太复杂,保证可读性强。
- 尽可能少用全局变量。
- 函数应有可重入性,调用或被调用的层次不宜太深。
- 对异常情况或出错情形最好提供异常处理过程。

对于函数内部实现的定义,需要给出流程图,便于后期维护,函数之间的参数传递要一致,不能错位。HTTP 报文隧道处理流程如图 1-3 所示。

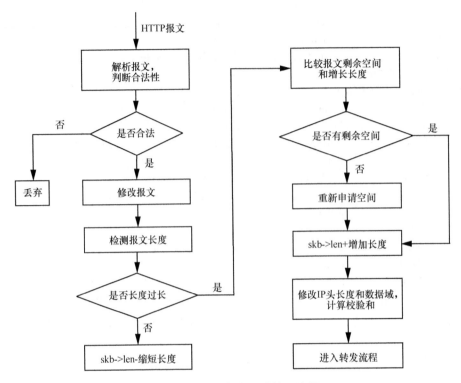

图 1-3　HTTP 报文隧道处理流程

在实现该处理过程时，函数的划分要根据此流程来进行，需要完成从起始收包到最终转发的整个流程规划，不合法则丢弃。数据传递不能出现空指针的操作，要增加空指针的判断，否则就可能发生整个程序异常退出的错误。

3. 编写实现代码

嵌入式应用程序的生成包括以下 3 个阶段。

（1）编写源代码，包括头文件和实现文件。

（2）将源代码编译成目标文件模块。

（3）将目标模块和它所需的库文件连接起来，最后生成一个可执行程序。

由此可见，这个生成过程的关键集中在编译器和链接器上。编译器将源代码编译成特定目标处理器的目标代码，链接器将目标模块和支撑库链接成一个可执行程序。嵌入式系统要支持多种处理器，但不同的处理器对应的交叉编译器不完全相同。有些芯片厂商自行定制了编译器，当源码程序固化到设备后，设备就只能运行它编译出来的程序。

需要说明的是，代码编写过程中一定要注意降低处理过程的复杂性，尤其是底层开发，以获得尽可能快的响应，减少超时的发生概率，提高性能。

4. 调试和运行

（1）调试

在编写完程序代码后，一般用 GDB 调试功能调试 Linux 程序，也可使用仿真软件进行调试。对于代码中的潜在错误，作者较多地使用 PCLint 工具检查。软件调试过程中需要制定运行条件，使每个细节或语句都运行到。

（2）运行

在调试完成后，就可以固化运行了。将系统镜像文件或二进制应用程序烧入设备的非易失性存储器（如只读存储器（Read-Only Memory, ROM）、Flash 或通用串行总线（Universal Serial Bus, USB）中，在硬件环境下运行。

在固化运行时，初始化阶段要首先运行 boot 模块。boot 模块将在启动时作为系统程序的入口模块，完成对 CPU 环境的初始化。boot 的具体实现和功能说明在后面的章节中阐述。其他应用将按照各代码模块的属性定位到相应的设备存储空间中，自动装载运行。

5．软件测试

软件测试在软件开发中非常重要，如果测试不完善，不可能推出好的设备。在项目管理过程中，每个模块或进程实现的每一个环节都要进行测试，保证系统在每个阶段都可以控制，还包括对测试场景和应用场景的模拟，因为软件测试中考虑的问题基本是项目管理中考虑的问题。一个较完整的软件测试流程如下。

（1）分析要测试的产品/项目，写出测试计划书。

（2）在开发的不同阶段设计测试用例。例如，根据需求分析写出系统测试用例，概要设计配备集成测试用例，详细设计完成设计单元测试用例，尤其要保证测试用例能覆盖关键性的测试需求。

（3）烧制软件版本，搭建测试环境，即调整不同设备的连接位置，执行测试用例。

（4）在测试过程中发现和提交软件/硬件问题，审核后分配给开发人员修正。

（5）撰写测试报告。

测试设计文档编写主要包括测试用例的编写和测试场景设计两方面，要包含运行环境、预定结果和既得结果、设备问题及原因、版本修改时间和结束时间等元素。

测试方法有以下 8 种。

（1）极值测试，输入程序中能处理的数值的最大数和最小数，或者为空。

（2）非法和异常测试，即输入的数据不正确，如应输入整数，但输入字符串。除数不能为 0，强行输入 0 看能否激发异常。

（3）从开始收到一个数据，一直跟踪到最终处理结束，以确保流程及分支的正确性。

（4）多次测试函数间或任务间的通信接口，因为此处发生错误会影响整个系统运行。

（5）意外情况测试，设备运行时可能有意外，如不响应输入的数据，通信拥塞导致宕机。

（6）多设备连接测试，有些设备的软件系统运行或开发时依赖于下一跳服务器，让该服务器发生错误或者不回复，从中观察本系统受到的影响及运行效果。

（7）在系统运行宕机的地方，较为显著的是内核崩溃和段错误发生处要进行多次测试。

（8）不同系统的兼容性和移植性测试，有些程序在不同的处理器下运行速度有较大的差异，很有可能从中发现漏洞（bug）。

还有很多其他测试方法，关键是从一开始要遵循流程，这样可以总结发现的 bug，有助于弥补缺陷。测试总体流程如图 1-4 所示，单元测试流程样例如图 1-5 所示。图 1-4 和图 1-5 具有普遍适用性。

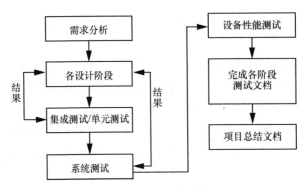

图 1-4 测试总体流程

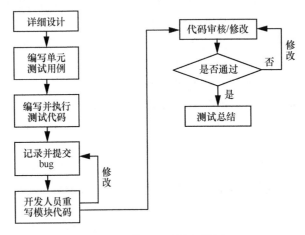

图 1-5 单元测试流程样例

在这个测试流程中,并不是所有的测试文档都要测试人员来完成,如单元测试文档就需要开发人员完成。图 1-5 的单元测试是模块设计和实现中必须要完成的。

因此,在进行单元测试时,需要结合详细设计文档、模块的实现代码、单元测试用例和测试报告,缺一不可。只有模块正常运行,才能支持更稳定的系统功能。

软件开发工作通常是与硬件紧密结合的,除此之外,读者还需要掌握一些硬件平台知识,相关信息可以在各个芯片厂商提供的资料说明文档中找到。

1.3 嵌入式下 C 语言编程

C 语言是一种结构化语言,层次清晰,易于调试维护。C 语言具有丰富的运算符和数据类型,可实现各类复杂的数据结构,还可直接访问内存的物理地址。在内核中较多使用 C 程序,它可直接操作硬件编程,所以在嵌入式软件开发中使用 C 语言是优先的选择。本节重点总结了作者在实际开发中经常遇到的问题和注意事项,具有较高的实用价值。

1.3.1　C 语言编程简介

C 语言编译程序步骤如下。

（1）读取源程序，实际就是输入字符流给编译程序。

（2）由它进行词法和语法分析，检查指令是否符合规则。

（3）不符合则异常退出，否则生成中间代码，创建目标文件。

（4）优化后汇编链接，生成可执行程序。

一个完整过程为：C 源程序→预处理→编译优化→汇编链接→可执行文件。

C 程序的编译、优化和翻译过程目前基本取决于所使用的编译器和系统。链接有动态链接和静态链接两种，通常情况下动态链接的使用相对多些，具体方式要视应用场景和设备的实际硬件条件而定。嵌入式程序开发人员要经常直接面对的是预处理和链接程序，所以先介绍这两方面内容。

1.3.2　预处理

预处理中的伪指令通常以#开头，主要包括：宏定义、条件编译、头文件包含和其他符号。在复杂的设备中，为避免运行时的冲突，多个模块程序要合理地使用预处理程序。其中头文件包含如#include "FileName.h"（自定义文件）或#include <FileName.h>（系统头文件），开发人员在定义头文件时包含这些文件要用（""），且需要标明路径，通常用相对路径或在 Makefile 文件中定义好，否则编译器找不到该文件会出错返回。

宏定义程序中用一个标识符来表示特定字符串或数字，称为"宏"。宏定义有两种：有参数的宏定义（简称"带参宏定义"）和无参数的宏定义（简称"无参宏定义"）。下面分别讨论注意事项。

1. 无参宏定义

（1）宏名在源程序中若用双引号括起来，则不视为一个宏而视为一个字符串，预处理程序不作宏替换，举例如下。

```
#define NOT 0
main ()
{
    printf ("NOT\n");
}
```

上例中定义宏名 NOT 表示 0，但在 printf 语句中 NOT 被看成字符串处理。

（2）宏定义作为一种简单的代换，预处理程序并不作任何检查，但会在编译阶段检查，因此定义宏时需要考虑一些发生异常情形时的处理方法。

（3）作用域。在函数之外的宏定义，作用域为宏初始定义起到本文件的源程序结束。终止作用域可使用#undef 命令，当被多个文件包含时，作用域就在所引用的文件中。

（4）宏定义嵌套。在宏定义中可以使用前文已定义的宏，由预处理程序进行嵌套层代换。

```
#define PIE 3.14
#define S PIE*y*y
```

调用 printf ("%f", S);

在宏替换后变为：printf ("%f",3.14*y*y);

（5）宏定义与 typedef 的区别

宏定义是简单的字符串替换，在预处理阶段完成；typedef 是在编译时处理的，不是进行简单的代换，而是对类型说明符重新命名。新名称代表和原类型说明有同样的功能。

```
#define INT32 int*
typedef (int*) INT;
```

这两者在形式上相似，在实际使用中却不相同。

INT32x,y;在宏代换后变成：int *x,y;这里 x 是指向整型的指针变量，而 y 是整型变量。

INTx,y;这里 x,y 都是指向整型的指针变量。

2. 带参宏定义

（1）使用空格时要恰当。如定义较大数的宏#define　MAX (a,b)　(a>b)?a:b 就不能写成如下形式。

```
#define   MAX (a,b)   (a>b)?a:b
```

上例中，预处理器认为 MAX 是无参宏定义。

（2）宏定义中类型定义要注意匹配。因为形式参数不分配内存单元，宏调用中的实际参数（以下简称实参）有具体的值，不是参数传递而是符号替换。

（3）字符串内的形式参数（以下简称形参）通常要用括号括起来，以避免出错。

```
#define SEQU (y) y*y
main ()
{
    int a,sequ;
    scanf ("%d",&a);
    sequ =SEQU (a+1);
    printf ("sequ =%d\n", sequ);
}
```

上例中没有使用括号，如果用下例中的两个宏定义，运行结果有很大差异，读者可以自行测试一下。

```
#define SEQU (y) (y)* (y)
#define SEQU (y) ((y)* (y))
```

（4）带参宏和带参函数形式相似，即使两者的运行结果相同，但本质仍然不同。同一表达式用函数调用会涉及参数入栈/出栈、分配内存等，耗费的时间也不一样。所以常用的做法是将简短的函数（如 10 行以内）用宏或者内联函数来替代。

（5）宏定义可用来定义多个语句，类似于函数功能，在调用宏时，这些语句可替换到源程序中按顺序运行。

```
#define   COMPUTE (a,b,c,d)   a=l*w;b=l*h;c=w*h;d=w*l*h;
main ()
{
    int l=3,w=4,h=5,a,b,c, d;
```

```
        COMPUTE (a,b,c,d);
        printf ("a=%d\nb=%d\nc=%d\nd=%d\n",a,b,c,d);
}
```

上例中用宏名 COMPUTE 表示 4 个赋值语句。在宏调用时，把 4 个语句展开并用实际参数替代形式参数，将计算结果送入实际参数中。

```
#define LIST_FIND (head, cmpfn, type, args)            \
({                                                       \
    const struct list_head *__i = (head);               \
    do {                                                 \
        __i = __i->next;                                 \
        if (__i == (head)) {                             \
            __i = NULL;                                  \
            break;                                       \
        }                                                \
    } while (!cmpfn ((const type)__i , args));           \
    (type)__i;                                           \
})
```

1.3.3　链接程序

汇编程序生成的目标文件还不能立即执行，需要经过链接处理才能生成最终的可执行文件。链接程序的目的是将相关的目标文件链接起来，生成一个能装入操作系统中运行的统一整体或模块插件。根据链接方式的不同，链接处理可分为以下两种。

1. 静态链接

静态链接是将相关的目标文件与所包含的函数库合成到一个可执行文件中，将需要调用的函数也复制到该执行文件中，实质就是一个目标文件集。

由此可见，静态链接编译出来的执行文件较大，编译时就包括所有使用的函数，因此也就不需要函数库的支持，运行简单。但后期维护起来较为困难，可移植性也较差。因为函数库升级后差异较大，就需要重新编译。对于应用程序较多的设备来说，这不是一个好的选择。

2. 动态链接

源代码在名为动态链接库的目标文件中，链接程序在可执行程序中记录了共享对象的属性。当程序运行时，动态库被映射到正在运行进程的虚地址空间。动态链接程序就可以根据对象属性找到对应的函数代码，合入运行。

很明显，采用动态链接时可执行文件较小，因为在内存中只保存了一份共享对象代码，当多个进程共享对象时便可减少内存资源的消耗。

在实际软件开发中上述两种方法都可用，没有固定的限制，要结合设备自身的内存、CPU 和 Flash 大小等因素综合考虑。在某些应用场景下嵌入式 Linux 软件开发中较多采用动态链接的方法，这对硬件资源有限的嵌入式设备有巨大的吸引力。这两种链接库的创建实例如下。

头文件：filestruct.h

```
#ifndef _FILESTRUCT_H_
#define _FILESTRUCT_H_
#include <stdio.h>
#include <string.h>
#include <stdlib.h>
#define TRUE 1
#define FALSE 0
int writeFileStruct (const char *fName,char *buf,int bufLen,char *mode);
int readFileStruct (const char *fName,char *buf,int bufLen,char *mode);
#endif
```

源程序：filestruct.c

```
#include "filestruct.h"
/*参数 fName：文件名；buf：存放文件内容的缓冲区；bufLen：缓冲区大小；mode：读写模式，如"r""w"*/
int writeFileStruct (const char *fName,char *buf,int bufLen,char *mode)
{
    FILE * fID = NULL;
    fID = fopen (fName,mode);
    if (fID == NULL)
    {
        perror ("fopen fail!");
        return FALSE;
    }
    rewind (fID);
    if (fwrite (buf,bufLen,1,fID)== 0)
    {
        perror ("fwrite fail!");
        fclose (fID);
        return FALSE;
    }
    fclose (fID);
    return TRUE;
}
int readFileStruct (const char *fName,char *buf,int bufLen,char *mode)
{
    int ret;
    FILE *fID = NULL;
    fID = fopen (fName,mode);
    if (fID == NULL)
    {
        perror ("fopen fail!");
        return FALSE;
    }
    rewind (fID);
    ret = fread (buf,bufLen,1,fID);
```

```
            if (ret >= 0)
                strcat (buf,"\0");
            else
            {
                perror ("fread fail!");
                fclose (fID);
                fID = NULL;
                return FALSE;
            }
            fclose (fID);
            return TRUE;
    }
```

main.c 可由读者自行编写。一般动态库用.so 命名，静态库用.a 命名。用动态链接库编译生成的可执行文件要调用.so 文件，用静态链接库编译生成的可执行文件可直接运行。

（1）静态链接库

① 编译生成目标文件：gcc -c filestruct.c。

② 创建静态库：ar cqs libfilestruct.a filestruct.o。

③ 链接静态链接库，生成可执行文件：gcc main.c -static -L. -lfilestruct -o main。

（2）动态链接库

① 编译生成动态链接库：gcc filestruct.c -fPIC -shared -o libfilestruct.so。

② 链接动态链接库，生成可执行文件：gcc main.c -L. -lfilestruct -o main。

③ 配置库的环境路径。

• 在 bashrc 或 profile 中用 LD_LIBRARY_PATH 定义，或在 PATH 中添加，总之要能在定义的环境路径中找到，然后用 source 加载。

• 把库路径添加到/etc/ld.so.conf 文档中，然后用 ldconfig 加载。

• ldconfig 库文件的存放路径。

1.3.4　排序算法和查找算法

排序算法是要整理文件、数据库、表中的记录，使其按照一定的顺序（常用的是递增或递减两种）排列起来；查找算法是在一系列数据中根据输入条件找出要获得的数据。这两类算法在众多的嵌入式软件程序中得到较多的应用。

1.3.4.1　算法的概念

算法是指在确定输入后，要通过一系列计算步骤或方法得到输出结果的过程，其中每个步骤或方法要在有限时间内完成。算法不是一个简单函数，它还有时间复杂度和空间复杂度的计算。所以算法必须能正确地解决一类问题，而不是一个问题，具有通用性。设计一个好的算法要注意以下方面。

（1）即使输入不同，算法也不应无限计算，若没有终止条件，就会陷入僵死状态。

（2）在终止时，算法不能输出错误的或不一致的结果。

（3）一定要评估复杂度，否则可能会影响其他任务的调度。

嵌入式程序中对算法的时间复杂度要求比较高，因为有较高的实时性要求，尤其是内核里的算法实现。如移动电话代码中，要查找某人移动电话中存储的号码，就需要选择一个好的算法，以快速响应。

1.3.4.2 排序算法

排序算法有很多种，如插入排序、选择排序、冒泡排序、快速排序、堆排序和归并排序等。本节给出目前常用的 5 种排序算法的代码，可直接移植运行，供读者参考。

1. 常用排序算法

（1）插入排序算法

算法描述：将一个待排序的数据元素，插入已经有序（通常是从小到大或从大到小的顺序）的数列中的适当位置，要求插入后数列依然按照原先的顺序，循环直到待排序数据元素全部处理完。

假设按从小到大的顺序排序，这里用数组存储待排序元素，用一个临时变量 temp 存储无序区的第一个元素；temp 和有序区元素逐一比较，找到比 temp 小的元素 p，p 右边的有序元素逐一后移一位；然后在 p 后插入 temp。

```
void InsertSort (int a[], int n)
{
    /*将输入数组 a[1..n]按递增顺序进行插入排序，a[0]是监视哨*/
    int i,j;
    int temp;
    /*依次插入 a[2],…,a[n]*/
    for (i =0; i <n;i++)
    {
        temp = a[i];
        j = i - 1;
        while (temp < a[j])//逐个比较
        {
            a[j+1] = a[j];
            j = j- 1;
        }
        a[j + 1] = temp;
    }
    return;
}
```

（2）选择排序算法

算法思想：根据预定目标，在一组数据中每次选出最小（或最大）的一个元素，放在已排好序的数列最后（或最前），再反复此过程，直到全部数据处理结束。

```
voidSelectSort (int a[], int n)
{
    int i,j, k;
```

```
        int temp;
        /*做 n-1 趟选择排序*/
        for (i = 0;i < n-1;i++)
        {
            k = i;
            /*在当前 a[i..n]中选最小的元素 a[k]*/
            for (j = i+1;j < n;j++)
            {
                if (a[j] < a[k])
                    k=j;
            }
            if (k != i)
            {
                temp = a[i];
                a[i] = a[k];
                a[k] = temp;
            }
        }
        return;
}
```

（3）冒泡排序算法

算法思想：按预定目标每次比较一组数据中的两个元素，若发现它们的大小顺序相反，则直接交换，直到所有数据有序为止。

```
voidBubbleSort (int a[], int n)
{
    int i,j;
    int temp, flag;
    /*从下向上扫描的起泡排序*/
    for (i = 1;i <= n-1;i++)
    {
        /*置未排序的标志为真*/
        flag = true;
        for (j = n-1;j >= 0;j--)
        {
            if (a[j+1] < a[j])
            {
                /*交换元素*/
                temp = a[j+1];
                a[j+1] = a[j];
                a[j] = temp;
                flag = false;
            }
        }
        if (flag)
```

```
            return;
        }
    return;
}
```

这种算法可形象理解为：一组数据中的元素对应一个重量的气泡，所有气泡有轻重之分。若要求轻气泡在重气泡上面，从下往上扫描这个数组。当轻气泡元素在重气泡下时就使其上浮，重气泡下沉，如此反复进行，直至所有元素对应的气泡重量完全有序为止。

（4）快速排序算法

算法思想：在当前无序数组 a[1..n]中先任取一个数据元素作为基准数 X=a[i]，用基准数将当前无序数组划分为左右两个较小的无序数组：a[1..i–1]和 a[i+1..n]，基准数位于最终排序的位置上，左边和右边两组数满足 a[1..i–1]≤X≤ a[i+1..n] (1≤i≤n)，然后再对左边、右边的数组元素重复上述的划分过程，直至所有元素均有序为止。

```
int Parttion (int a[], int low, int high )
{
    int i,j;
    int temp = a[low];
    i = low;
    j = high;
    /*从右向左扫描，查找第一个小于 temp 的元素*/
    while (i < j)
    {
        while ((i < j)&& (temp < a[j]))
            j--;
        if (i <j)
        {
            a[i] = a[j];
            i++;
        }
        while ((i < j)&& (temp >= a[i]))
            i++;
        if (i <j)
        {
            a[j] = a[i];
            j--;
        }
    }
    a[i] = temp;
    return i;
}
void QuickSort (int a[], int low, int high)
{
    int pos = 0;
    if (low < high)
    {
```

```
            pos = Parttion (a,low,high);
            QuickSort (a,low, pos −1);
            QuickSort (a, pos +1,high);
        }
        return;
    }
```

（5）堆排序算法

算法思想：将 key[1..n]视为完全二叉树的顺序存储结构，利用完全二叉树中双亲节点和孩子节点的内在关系来确定最小元素。即先建立树形结构的堆，将当前无序数组调整为一个大根堆/小根堆，再选择关键值最大或最小的堆顶元素与堆的最后一个元素进行交换。

```
    void HeapAdjust (int sortdata[],int index, int length)
    {
        int childIndex, tmpData;
        while (2* index +1 <length)
        {
            childIndex = 2* index +1 ;
            if (2* index +2 <length)
            {
                /*比较左子树和右子树，记录最大值的 index*/
                if (sortdata[2* index +1]< sortdata[2* index +2])
                    childIndex = 2* index +2;
            }
            If (sortdata[index] <sortdata[childIndex])
            {
                tmpData = sortdata[index];
                sortdata[index] = sortdata[childIndex];
                sortdata[childIndex] =tmpData;
                /*重新调整堆*/
                index = childIndex;
            }
            else
                break;/*比较左右孩子均大则堆未被破坏，不再需要调整*/
        }
        return;
    }
    void HeapSortData (int sortdata[], int length)
    {
        int i, tmpData;
        /*建成大根堆*/
        for (i = length/2−1; i>=0; i−−)
        {
            HeapAdjust (sortdata, i, length);
        }
            for (i = length−1; i>0; i−−)
            {
```

```
            tmpData = sortdata[0];
            sortdata[0] = sortdata[i];
            sortdata[i] =tmpData;
            /*重新调整为大根堆*/
            HeapAdjust (sortdata, 0, i);
        }
    return;
}
```

2. 排序算法的比较和选择

选取排序算法必须要考虑复杂度，还有待排序的元素个数、元素信息大小、所选择的关键字和算法的应用场景等。例如，元素个数较少和较多时采用的排序算法不应相同。当元素的信息量较大时，可用链表作为存储结构。链表节点用指针做链接，可避免耗费大量移动时间。目前很多移动电话存储号码的排序使用快速排序算法，因为它的时间复杂度不大，在内部排序中使用较广。读者可先根据需求模拟具体的应用写出算法，再计算出运行时间和响应时间，优选后确定具体的算法类型。

1.3.4.3 查找算法

查找算法有很多种，主要有二分查找、顺序查找、哈希查找和二叉树查找等，目的是从一组数据中找到符合条件的数据。本节列出常用的 4 种算法的代码，可直接在嵌入式 Linux 软件环境下运行，供读者参考。

1. 二分查找算法

二分查找算法有个前提要求是：待查找的数组采用顺序存储结构，且已是有序排列。因为该算法的思想是：先将所有 num 个元素（假设数组是升序排列）分成两组，每组元素数量大致相同，将输入的待查找数与第 num/2 个数比较，若两者相等则查找成功，算法结束；若小于则在前一组中继续查找；若大于则在后一组中继续查找，以此类推，这种查找算法的效率较高。若数据是无序性的，则无法确定待查找范围。

```
Int BinarySearch (int a[], int size, int key)
{
    int low = 0, high = size – 1, mid;
    while (low <= high)
    {
        /*获取中间的位置*/
        mid = (low + high) / 2;
        if (a[mid] == key)
            return mid;
        if (a[mid] > key)
            high = mid – 1;    /*向低的位置查找*/
        else
            low = mid + 1;    /*向高的位置查找*/
    }
    return –1;
}
```

2. 顺序查找算法

顺序查找算法流程最为简单，具体思想是：用待查找数据和各个元素逐个比较，若找到与其相等的元素，则表示查找成功，算法结束；否则一直查找到数组最后一个元素，若还未找到与其相等的元素，则查找失败。

```
int SeqSearch (int a[],int key, int n)
{
    int i =0;
    a[n-1]=key;
    while (a[i]!=key)
        i++;
    if (i < n-1)
        return i;
    else
        return -1;
}
```

3. 哈希查找算法

算法思想：先构建哈希表，根据待查找数据的特征来设计哈希函数，利用该函数计算出各元素在哈希表中的存储位置。查找时对待查键值计算出哈希地址，并将此键值映射到表中一个对应位置来确定查找是否成功。好的哈希函数可大大加快查找的速度，减少冲突。

```
#define m 13
#define n 10
#define p 11
#define MV 0
int hash (int k)
{
    return (k%p);
}
int linerdetect (int *hl,int k)
{
    int x=hash (k), i =1;
    while (hl[x] != MV)
    {
        x = (x+i)%m;
        i++;
    }
    return x;
}
void createhash (int *hl,int *x)
{
    int i;
    for (i =0;i <n;i++)
    {
        if (hl[hash (x[i])] == MV)
```

```
                hl[hash (x[i])] = x[i];
            else
                hl[linerdetect (hl,x[i])] = x[i];
        }
    }
    int hashsearch (int *hl, int k)
    {
        int d,temp;
        /*计算 k 的哈希地址*/
        d =hash (k);
        temp=d;
        while (hl[d]!=MV)
        {
            if (hl[d]==k)
                return d;
            else
                d = (d+1)%n;
            if (d==temp)
                return −1;
        }
        return −1;
    }
    /*检测哈希算法的运行效果*/
    main ()
    {
        int hl[m],x[9]={57,7,69,11,16,82,22,8,3};
        int i, key;
        for (i =0;i <m;i++)
            hl[i]=MV;
        createhash (hl,x);          /*创建哈希表*/
        for (i =0;i <9;i++)
        {
            key = x[i];
            printf ("search : %d\n", hashsearch (hl,key));
        }
        return;
    }
```

4. 二叉树查找算法

二叉树查找算法采用数据结构中二叉树的思想：先建立一个二叉树，将所有元素分成两组，每组元素数量大致相同，通常右边的数比左边大，即根节点的右子树>根>左子树。查找时遍历二叉树，先将待查找数与根比较，若两者相等则直接返回；若大于则在右子树中查找；若小于则在左子树中查找，逐层深入，一直到确定最终位置。

```
typedef struct node
{
```

```
            int data;
        struct node * lchild;
        struct node * rchild;
} node,*Tree;
/*树的根*/
Tree root = NULL;
void insert (Tree s)
{
        Tree p,f;
        if (root==NULL)
                root=s;
        else
        {
            p = root;
            while (p)
            {
                    if (s->data<p->data)
                    {
                            f =p;
                            p =p->lchild;
                    }
                    else
                    {
                            f =p;
                            p =p->rchild;
                    }
            }
            if (s->data<f->data)
                f->lchild=s;
            else
                f->rchild=s;
        }
}
void createTree ()
{
        Trees;
        int x;
        printf ("输入 0 end \n");
        scanf ("%d",&x);
        while (x!= 0)
        {
            s = (Tree)malloc (sizeof (node));
            s->data=x;
            s->lchild=s->rchild=NULL;
```

```
                insert (s);
                scanf ("%d",&x);
        }
}
Tree findnode (int key)
{
        Tree p= root;
        while (p)
        {
                if (p->data==key)
                        return p;
                else if (p->data>key)
                        p=p->lchild;
                else
                        p=p->rchild;
        }
        return NULL;
}
main ()        /*检验算法*/
{
        Tree p;
        int key, m;
        while (1)
        {
                printf ("1——建树；2——查找； 0——退出\n");
                scanf ("%d",&m);
                switch (m)
                {
                        case 1:
                                createTree ();
                                break;
                        case 2:
                                printf ("输入要查的数字:");
                                scanf ("%d",&key);
                                p=findnode (key);
                                if (p!=NULL)
                                        printf ("存在该数:%d\n", p->data);
                                break;
                }
                if (m==0)
                        break;
        }
}
```

1.3.5　栈、堆与队列

栈和队列在嵌入式软件中使用频率非常高，可以将其看成线性表。通过对线性表的插入和删除进行限制操作就可得到栈的实现定义，即先进后出的数据结构。

栈也称为堆栈，栈的插入和删除在表的同一端完成，也就是说栈只能在一端（栈顶）操作数据，也称为压栈（push）和弹栈（pop），后文详述。堆是一个数组对象，可以一个完全二叉树的方式存在，所以它具有顺序随意性。队列是能在两端对数据项进行操作，它的特点是先进先出（First Input First Output，FIFO）。

1. 程序内存区

程序占用的内存分为以下 4 个部分。

（1）栈区（stack），存放函数参数和局部变量，编译器负责分配释放。

（2）堆区（heap），由程序员分配和释放，如 malloc 对应着 free 函数，若程序员不释放，程序结束时可能由操作系统（Operation System，OS）回收。注意它与数据结构中的堆是不同的。

（3）全局区（静态区 static），用来存放全局变量和静态变量，结束后由 OS 释放。

（4）常量区和代码区，存放常量数据和函数码，结束后由 OS 释放。

具体代码如下所示。

```
/*ret 在全局初始化区，如没有初始化则存放在未初始化区*/
int ret = 2;
main ()
{
    int val;                /*栈*/
    static int s = 0;           /*静态变量初始化区*/
    char *pt = "test";         /*pt 在栈中，test 在常量区*/
    ps = (char*)malloc (32); /*这个 32 byte 的区域在堆中*/
}
```

2. 栈操作

前文所述，栈的访问规则为 push 和 pop 两种操作。push 是向栈顶添加元素，pop 用来删除当前栈顶的元素，栈顶指针可上下移动。

```
typedef struct node
{
    int data;
    struct node *next;
}node;
node *Init (node *top)
{
    top=NULL;
    return (top);
}
node *push (node *top,int x)
```

```
{
    node *p;
    p= (node*)malloc (sizeof (node));
    p->data=x;
    p->next=top;
    top=p;
    return (top);
}
node *pop (node *top)
{
    node *tep;
    tep=top;
    top=top->next;
    free (tep);
    return (top);
}
```

进栈后，栈顶指针自动增1；出栈后，栈顶指针自动减1，整个过程一直指向最顶端。因为需要判定栈空或栈满的异常，软件开发中要对栈顶指针进行运算处理，在栈空时不能出栈（无效），栈满则不能再向栈中存储数据。若所有元素的类型相同，栈存储也可用数组来实现。

3．队列操作

和栈类似，队列也是一组元素的集，其操作规则有入队和出队两种，采用先进先出的方式。入队（enqueue）是在队尾添加元素，此时队尾就是这个新增元素了，出队（dequeue）是从队头取出一个元素，此时队头就是它的下一个元素。从中可看出队列的插入和删除操作分别在线性表的两端进行。

为提高存储空间利用效率，使用环形队列（Circular Queue）。它是将队列元素按环形圈的方法处理，队列的头指针（head）和尾指针（tail）之间包括有效数据。指针可增大，head到 tail 时队列为空状态，tail 到 head 时队列为满状态，源代码如下。

```
#define MAX_SIZE   100
/*初始定义队列中的节点和操作接口*/
typedef struct queue
{
    int elem[MAX_SIZE];
    int front;
    int rear;
}queue;
void Init (queue * qu)
{
    qu->front=0;
    qu->rear=0;
}
void enqueue (queue *cp,int x)
{
    if ((cp->rear+1)%MAX_SIZE ==cp->front)
```

```
                return;
        else
        {
                cp->rear= (cp->rear+1)% MAX_SIZE;
                cp->elem[cp->rear]=x;
        }
    }
    int dequeue (queue *cp)
    {
        if (cp->front==cp->rear)
                return −1;
        else
        {
                cp->front= (cp->front+1)%MAX_SIZE;
                return (cp->elem[cp->front]);
        }
    }
```

4．堆和栈的区别

在实际开发中，使用堆或栈是有区别的，主要表现在以下方面。

（1）申请方式不同

栈由系统自动分配。堆则需要程序员申请，指明空间大小，在 C++语言中用 new，而在 C 语言中可用 malloc 函数，如 p1 = (char *)malloc (10)。堆分配的速度较慢，较易产生内存碎片，所以需要及时清理。

（2）大小的限制不同

栈是一块连续的内存区。栈顶和栈的最大容量是预先确定的。只要栈的剩余空间大于要申请的空间，就可为程序变量提供内存；否则报告异常，提示栈溢出。栈的溢出问题非常棘手，特别是在消息通信或者参数传递时极易出现类似的问题。

堆则不同，它是不连续的内存区。系统维护一个空闲内存链表，收到分配申请时要从中找出大于申请空间的节点，所以其大小受限于系统中有效的虚拟内存，即主机位。堆获得的空间比较灵活，也比较大，但要注意回收。

（3）存储内容不同

存储内容的区别主要表现在指令地址和存储数据。在函数调用时，依次进栈的有指令地址、函数参数（参数入栈顺序是从右向左）和局部变量等。栈顶指针指向主函数的下一条指令，表明程序从该点运行被调用函数，所以函数调用时栈会增长。静态变量不入栈。出栈顺序与入栈顺序相反，出栈结束后栈会缩小。

相对来说，堆是一种较长期的存储区域，其具体内容由程序确定，大小在堆的头部用一个字节存放。同样，堆不会自动释放内存，需要明确释放内存，防止内存泄露。

1.3.6　指针和数组

指针是 C 语言中较为重要的一环，也是 C 语言中学习较难的一部分。软件处理中的所有数据存储在内存中。内存中一个字节即一个内存单元，不同的数据类型所占用的内存单元数并不相同。因此，程序需要准确地找到内存单元，取出并执行。这个内存单元的编号称为地址，即指针。本节总结一些使用指针时较易出现的错误，提示开发人员在实际操作中注意。

1. 非法指针

非法指针包括未初始化指针、空指针和指针越界等。常见的错误举例如下。

```
int * i;
*i = 10;
```

很明显，上例中未对 i 变量进行初始化就直接赋值。因为声明一个指针不会创建对应的内存空间，就无法知道具体的数值存储在哪里，所以需要代码来分配空间并初始化。一般这样的错误编译时未必能被发现，但在 Linux 系统下运行时会出现"Segmentation fault"的异常，即程序访问了一个并未分配的内存地址。

若没有正确初始化同时这类指针内部又包含一个合法地址，那么这个地址的值很可能会被修改掉。调试时这样的错误难以发现，也难以定位，所以在访问指针前需要正确初始化。

空指针就是通常所用的 NULL 指针，它不指向任何内存单元。代码写成 char *p=NULL 或 0，就可使指针变量为 NULL。当选择 0 时，编译器会负责对 0 进行翻译。

NULL 指针在 C 语言程序中使用较多。例如，在查找数组时若没找到相应的数据，可返回 NULL 指针作为结果。访问 NULL 指针可能会导致程序异常退出，因此在开发中，对于函数处理或参数传递的情形可用断言来判断指针的合法性，这种策略能节约大量的调试时间。

与前两者相比，指针越界是个不易被发现的错误，有时编译器不报错，或者不给出告警。指针越界问题一般出现在为其分配的空间大小上，一个简单的例子如下。

```
void func ()
{
    char buf[32];
    memset (buf, 0, 64);
}
```

上例中，可能会修改掉 32 以外的内容，导致出现意外错误，甚至破坏系统数据。如果系统中一些节点意外出现了空地址，很可能就是指针越界清洗掉这些节点的数据了。如果对此指针进行数据复制，同样会带来严重后果。因此，上例中可采用按大小赋值的方法，如 memset (buf, 0, sizeof (buf))。

2. 指向指针的指针和指针数组

指向指针的指针采用的形式为：类型**变量。举例如下。

```
int ** i;
int j = 32;
int *k = &j;
i =&k;
```

可以这样理解，k 指向 j，i 指向 k。*操作符自右向左结合，修改了 i 也就改变了 j 的值。一个指针变量内部既可存储一个数字或字符串，也可以是另一个对象的地址，也就是说再通过这个指针变量指向这个对象。这就是指向指针的指针。使用指向指针的指针时需要注意，尤其是在初始化时易出现程序的异常退出。

指针数组是指在一个数组中，每个元素都是一个指针，而且所指类型相同，形式为：类型* 变量[元素个数]，举例如下。

```
int *p[10];char *p[10];
```

指向指针的指针和指针数组不能混用。在一些字符串的复制中用指针数组，而不能直接用指向指针的指针。这些指针初始化时需要更多地注意内层指针的空值情形。

3. 指针赋值和类型转换

指针赋值和类型转换需要注意以下情形。

（1）指针赋值和强制类型转换时，要注意内存字节对齐的情形。

例如，unsigned char * buf;

```
struct record
{
    char * name;
    int age;
    ...
}data;
```

这时如果采用直接转换 buf = (unsigned char*)data; 可能会导致数据错位。转换过程中要注意类型的大小差异，大转小时可能会有数据丢失。

（2）同类型可直接赋值。

（3）涉及 void *的类型指针转换，void *类型可赋值给任何类型的指针。

void *可接纳任何类型赋值，但反过来会出错，举例如下。

```
int * p = 32;void * q = p; p = q;//错误
```

（4）指针运算时注意内存泄露情形。

内存动态分配是指针的关键技术，前文就提到过，调用 malloc 等分配内存，一定要用函数 free 回收释放，否则会导致内存泄露（因为它不会被自动删除，而嵌入式系统中资源是有限的）。如果存在较多类似的小问题，积累到一定程度，最终可能会出现系统崩溃。

4. 函数指针

在程序运行中函数代码是算法指令，同样要占用内存，也有相应的地址。这时可使用指针指向函数的首地址，将指向函数首地址的指针变量称为函数指针，其定义形式如下。

函数类型（*指针名）(参数表);

例如，int (*func) (int x);

```
int function (int x);        /* 声明一个函数 */
int (*pointer) (int x);    /* 声明一个函数指针 */
pointer = function;        /* 将 function 函数的首地址赋给指针 point */
```

赋值后指针 pointer 指向函数 function (x)首地址，操作 pointer 即调用 function 函数。

在定义函数指针时，该指针要和它指向的函数类型、返回值和参数表一致，即使是 void 指针，最好也保持类型一致。

函数指针常见的用途是回调函数和转换表，本节主要介绍这两点。

回调函数是不显示调用的函数，将回调函数的地址传给调用函数，举例如下。

```
void test ()
{
    int i;
    for (i=0; i<3; i++)
    {
        printf ("The result is good,\n");
    }
    return;
}
void caller (void (*ptr) ())
{
    (*ptr) ();
}
int main ()
{
    caller (test);
    return 0;
}
```

以上将回调函数的地址传给调用函数，因此在使用回调函数前要先定义好函数指针。注意，int (*p) (); 这里 p 是一个函数指针，其中 (*p)的括号不能省略，否则就变成了一个返回类型为 void 的函数声明。

回调函数的一个重要特点就是让函数的处理与具体的类型无关。程序员将一个函数指针传给其他函数，这样使所编写的函数能在不同时刻执行不同类型的具有相同功能的任务。许多 Windows 下的窗口应用程序也使用回调来连接。

转换表可以用来处理参数类型相同且功能类似的任务，也可以用函数指针数组来声明。例如，有一组函数，分别定义了计算整数之间的加法、减法和乘法，具体如下。

```
int add (int, int);
int sub (int, int);
int mul (int, int);
```

对此，创建转换表需要分为以下两个步骤。

（1）声明一个指针数组，元素是函数指针，并初始化该数组。

```
int (*process[3]) (int, int) =
{
    add,
    sub,
    mul
};
```

（2）运算时需要从数组中选择正确的函数指针，这样，函数调用操作符就会调用该指针对应的函数。

这种转换表是用数组来表示的，因此一些数组应用不当带来的问题同样会出现在转换表中。例如，数组越界是非法的，而且这类问题查询起来更难以诊断，所以在起始定义时就要注意使用合法的下标。

5. 字符串指针与字符数组

字符串指针和字符数组都可操作字符串，但两者有区别。在使用时应注意以下几个问题。

（1）字符串存放在一段连续的内存空间中。字符串指针则用来存放这段字符串内存空间的首地址；而字符数组用来存放整个字符串，每个依序保存一个字符。

相比之下使用指针变量要方便些，但如果使用不当，如一个指针变量未取得确定地址就使用，则容易引起错误，导致程序崩溃。

（2）初始化字符数组时，采用全局类型或静态类型，例如，static char data[]={"data"};（不能写成：char data[20]; data = {"data"};）可对数组元素逐个赋值。而字符串指针变量使用起来灵活些，如 char * data = "data"。

6. 指针与 const

const 限定符和指针结合起来的常见情形如下。

（1）int * const data;

变量 data 是指向整型的 const 指针，作为常量指针，data 不能修改。

（2）const int * data;

变量 data 是指向常量整型的指针，它所指向的内存单元不能修改，但 data 可以改写。若函数形式参数是类似形式，调用时传送 int *或 const int *均合法，不会改写内存空间。

（3）int const * const data;

变量 data 是指向常量整型的 const 指针，*data 和 data 都不可以改写。

（4）指向变量的指针或者变量的地址可以传给指向常量的指针，举例如下。

```
char a = 'a';
const char * p = &a;
```

上例中，编译器可以做隐式类型转换。

（5）指向常量的指针或者常量的地址不能传给指向变量的指针，因为后者可能会修改了前者所指向的内存单元而导致数据出错，举例如下。

```
const char a = 'a';
char *p = &a;
```

上例中，代码编译器会给出警告。

在处理字符串时应尽可能多用 const 指定符，将不会变化或不应被修改的字符串声明成只读类型，这样程序运行时可防止发生意外改写了数据。

指针的应用在嵌入式软件开发中是非常重要的。

1.3.7　链表

链表的使用频率非常高，它是动态分配内存的结构。通过指针将一系列数据节点封装后，连成一条数据链。与数组相比，链表具有更好的动态性和扩展性。因为数组需要先知道数据总量，而链表没有这个限制，可以随机分配空间，并高效地在链表中的任意位置实时插入、删除和查询数据。链表的实际消耗主要是访问的顺序性和组织各节点关联带来的空间损失。

链表存储的各个节点在内存中是不连续的。若要找到某一个节点，必须要先找到上一个节点，所以要先从头查询，通过它获得下一个节点的地址，依次查询。因此通常链表数据结构至少应包含两个域：数据域和指针域。数据域用于存储数据，指针域用于建立与下一个/上一个节点的联系。按照指针域的组织以及各个节点之间的联系形式划分，链表主要分为单链表、双链表、循环链表等类型。

双链表包括前驱（prev）和后继（next）两个指针域，因此可以从两个方向遍历，即向前和向后遍历。双链表结构如图 1-6 所示。

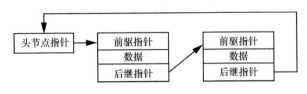

图 1-6　双链表结构

此时如果让头节点的前驱指向尾部节点，而尾部节点的后继指向头节点，就构成了循环链表。这样不需要从头节点开始，都可以沿前后方向的任何一个指针找到链表中的任意数据。如果只定义了前驱或者后继方向的指针，则演化成了单链表。因此这 3 种链表均可快速转化，双链表的样例说明如下。

在嵌入式软件开发中，使用链表来搜索具有更短的响应时间，它是存储数据的一个较好的方法。本书提出一个双链表的实现例子，供读者参考。

```
/*链表定义*/
typedef struct
{
    INT16U Class;
    INT16U ID;
} MIB_INDEX;
typedef struct Node
{
    struct Node * pPrev;
    struct Node * pNext;
    MIB_INDEX head;
}Node;
typedef struct
{
    Node *pHead;
    Node *pTail;
    INT32U length;
}List;
/*listinit: 链表初始化*/
void perf_listinit (List *list)
{
    if (list == NULL)
        return ;
    list->pHead = NULL;
```

```
        list->pTail = NULL;
        list->length = 0;
}
/*listfirst: 找到链表头*/
Node * listfirst (List *list)
{
        if (list == NULL)
                return NULL;
        return (list->pHead);
}
/*listlast: 找到链表尾*/
Node * listlast (List *list)
{
        if (list == NULL)
                return NULL;
        return (list->pTail);
}
/*listfind: 查找链表中某节点*/
Node * listfind (List *list, MIB_INDEX nhead)
{
        Node * pNode = NULL;
        if (list == NULL)
                return NULL;
        for (pNode = list->pHead; pNode != NULL; pNode = pNode->pNext)
        {
                if ((pNode->head.Class == nhead.Class)&& (pNode->head.ID == nhead.ID))
                        return pNode;
        }
        return NULL;
}
/*listremove: 从链表中删除某节点*/
void listremove (List *list, Node * node)
{
        if ((list == NULL)|| (node == NULL))
                return;
        else
        {
                if (node->pPrev == NULL)
                        list->pHead = node->pNext;
                else
                        node->pPrev->pNext = node->pNext;
                if (node->pNext == NULL)
                        list->pTail = node->pPrev;
                else
                        node->pNext->pPrev = node->pPrev;
```

```
            list->length--;
        }
        return;
}
/*listfree：清空链表*/
void listfree (List *list)
{
        Node *pTemp = NULL;
        if (list == NULL)
                return;
        while ( list->pHead != NULL )
        {
                pTemp = listpopfront (list);
                free (pTemp);
        }
}
/*listpushback：加入某节点到链表最后*/
void listinsert (List *list, Node * node)
{
        if ((list == NULL) || (node == NULL))
                return ;
        /*链表已满，删除链表最前面的节点*/
        node->pPrev = list->pTail;
        node->pNext = NULL;
        if (list->length == 0)/*第一个节点*/
                list->pHead = node;
        else
                list->pTail->pNext = node;
        list->pTail = node;
        list->length++;
}
/*listpopfront：从链表最前面取出一个节点*/
Node * listpopfront (List *list)
{
        Node * pHeadNode = NULL;
        if (list == NULL)
                return NULL;
        pHeadNode = list->pHead;
        listremove (list, pHeadNode);
        return (pHeadNode);
}
/*listshow：显示某链表*/
void listshow (List *list)
{
        Node * pNode = NULL;
```

```
        if (list != NULL)
        {
                for (pNode = list->pHead; pNode != NULL; pNode = pNode->pNext)
                        listshownode (pNode);
        }
    }
```

在 Linux 内核中使用了大量的链表结构来组织数据，包括设备列表以及各种功能模块中的数据组织。在文件系统和数据库中也大量使用链表来存储数据。但要注意的是响应时间，如果其过长会引起超时，导致程序失败。

1.3.8　哈希表

哈希表实际上就是一个数组，其中每个元素都是存放键值。根据关键值（key）来查询哈希表，因此确定关键值就比较重要。关键值必须能唯一标识数据的元素或元素集。查询该表的具体过程多样，可以从头搜索，也可以利用关键值的哈希算法直接确定数据的位置。设计一个好的哈希表要综合考虑哈希长度、哈希函数和冲突解决方法等要素，这些要素在不同场景下又不能完全照搬。

1. 哈希表定义

首先是长度的设计，因为设计合适的长度是哈希表的性能关键。长度不能太长或太短，太长则浪费，太短则损失了效率。数据量固定时常采用比该数据长度稍大一些的质数；不固定时则使用动态可变尺寸的哈希表；动态扩展时要扩大哈希表的尺寸，一般是扩大一倍。

有了哈希表的定义，操作时可使用哈希函数。哈希表的目标是要尽量减少数据存储冲突，当冲突发生时，必须适当调整，否则会影响后续的查询性能。

2. 冲突解决方法

解决方法可分为开散列法和闭散列法两种，具体不赘述。哈希表解决冲突的办法属于闭散列法，表中的每个节点元素有 3 个部分：关键字、关键字对应的数据和哈希码。使用哈希码主要为了提高哈希表的运行效率。

哈希表探测地址的方法有多种，如 $h(key, i) = h1(key) + i * h2(key)$，哈希码存储 $h(key, i)$ 的值。该值可能大于表长度（hashsize），因此需要对此进行模运算，地址为：

哈希地址　= $h(key, i) \%$ hashsize

两个哈希函数 h1 和 h2 的运算如下。

h1 (key) = key.GetHashCode ()　　　/*返回一个唯一的整数值，该方法可重写*/

h2 (key) = 1 + (((h1 (key) 5) + 1) % (hashsize - 1))

哈希码的最高位表示当前位置是否发生冲突，1 则表示存在冲突，0 或其他正数则表示未发生冲突。

综上所述，哈希查找过程如下。

（1）先计算出键的哈希地址。

（2）通过该地址直接访问数组的相应位置，比较两个键值。

- 若相同，表示查找成功，返回对应元素和位置。
- 若不同，根据哈希码最高位来决定下一步操作。若存在冲突，通过二次哈希运算继续计算出哈希地址，反复运算，直到找到相应键值表明查找成功，否则失败。

本节提供另一种哈希计算实例，给出源代码以供读者参考。

```c
/*哈希节点定义*/
typedef struct node
{
    char *key;
    void *data;
    struct node *next;
}node;
    /*哈希表定义*/
typedef struct hashTable
{
    int size;
    node **table;
}hashTable;
/*创建哈希表*/
hashTable *createTable (hashTable *table,int size);
/*哈希值*/
unsigned int hash (char *data);
/*插入节点*/
void *insertNode (char *key,void *data,struct hashTable *table);
/*搜索*/
void *search (char *key,struct hashTable *table);
/*删除节点*/
void *deleteNode (char *key,struct hashTable *table);
/*依次操作节点*/
void enumerate (struct hashTable *table,void (*func) (char *,void *));
void freeTable (hashTable *table, void (*func) (void *));
static void (*function) (void *) = (void (*) (void *))NULL;
static hashTable *htable = NULL;
unsigned int hash (char *data)
{
    unsigned int retVal = 0;
    int i;
    while (*data)
    {
        i = * (int *)data;
        retVal ^= i;
        retVal <<= 1;
        data++;
    }
    return retVal;
}
hashTable *createTable (hashTable *table, int size)
```

```
    {
        int i;
        node **temp;
        table->size = size;
        table->table = (node **)malloc (sizeof (node *)*size);
        temp = table->table;
        if (temp == NULL)
        {
            table->size = 0;
            return table;
        }
        for (i=0;i<size;i++)
            temp[i] = NULL;
        return table;
    }
    void *insertNode (char *key, void *data, hashTable *table)
    {
        unsigned int val = hash (key) % table->size;
        void *oldData;
        node *ptr;
        if ((table ->table)[val] == NULL)
        {
            (table ->table)[val] = (node *)malloc (sizeof (node));
            if ((table->table)[val] == NULL)
                return NULL;
            (table->table)[val]->next = NULL;
            (table->table)[val]->key = strdup (key);
            (table->table)[val]->data = data;
            return (table->table)[val] -> data;
        }
        for (ptr = (table->table)[val];ptr != NULL; ptr = ptr -> next)
        {
            if (!strcmp (key, ptr->key))
            {
                oldData = ptr->data;
                ptr->data = data;
                return oldData;
            }
        }
        ptr = (node *)malloc (sizeof (node));
        if (ptr == NULL)
            return 0;
        ptr->key = strdup (key);
        ptr->data = data;
        ptr->next = (table->table)[val];
        (table->table)[val] = ptr;
        return data;
```

```
    }
    void *search (char *key, hashTable *table)
    {
        unsigned int val = hash (key) % table->size;
        node *ptr;
        if ((table->table)[val] == NULL)
            return NULL;
        for (ptr = (table->table)[val];ptr!=NULL; ptr = ptr->next)
            if (!strcmp (key, ptr->key))
                return ptr->data;
        return NULL;
    }
    void *deleteNode (char *key, hashTable *table)
    {
        unsigned int val = hash (key)%table->size;
        void *data;
        node *ptr, *last = NULL;
        if ((table->table)[val] == NULL)
            return NULL;
        for (last=NULL, ptr= (table->table)[val]; ptr!=NULL;last = ptr, ptr= ptr->next)
        {
            if (!strcmp (key, ptr->key))
            {
                if (last != NULL )
                {
                    data = ptr->data;
                    last->next = ptr->next;
                    free (ptr->key);
                    free (ptr);
                    return data;
                }
                else
                {
                    data = ptr->data;
                    (table->table)[val] = ptr->next;
                    free (ptr->key);
                    free (ptr);
                    return data;
                }
            }
        }
        return NULL;
    }
    void freeNode (char *key, void *data)
    {
        if (function)
            function (deleteNode (key,htable));
```

```
        else
            deleteNode (key, htable);
}
void freeTable (hashTable *table, void (*func) (void *))
{
    function = func;
    htable = table;
    enumerate (table, freeNode);
    free (table->table);
    table->table = NULL;
    table->size = 0;
    htable = NULL;
    function = (void (*) (void *))NULL;
}
void enumerate ( hashTable *table, void (*func) (char *, void *))
{
    int i;
    node *temp;
    for (i=0;i<table->size; i++)
    {
        if ((table->table)[i] != NULL)
            for (temp= (table->table)[i];temp!=NULL;temp=temp->next)
                func (temp->key,temp->data);
    }
}
```

1.3.9　状态机

　　状态机实际上是通过事件使交互从一个点发生，再转到另一个点的顺序化抽象过程，并关联一个触发动作的执行。例如，上层程序和底层进程中的事件处理+状态迁移就是个典型的应用。这对状态的定义和改变定义了严格的要求，以一个实例来说明状态机原理，状态机流程实例如图 1-7 所示。

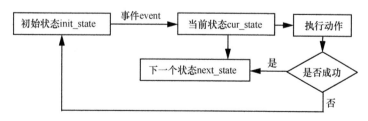

图 1-7　状态机流程实例

　　建立初始状态，事件发生后跳转到当前状态；执行事件注册的 handle，若成功会转移到下一个状态，否则返回初始状态。也可由当前状态直接跳转到下一个状态，这取决于具体的实现流程。所以在完成一个功能程序时，可使用业务状态机协调程序的各个模块/部分。

具体实现时，对小规模的开发如一个网络工具采用 switch+case 的做法较多。因为这种做法结构上更清楚一些，举例如下。

```
switch (state)
{
    case INIT:
        init_act ();
        state = RUNNING;
        break;
    case RUNNING:
        main_proc ();
        ……
}
```

若程序的规模较大时，可采用函数指针+状态机的方法。建立一个全局数组或状态表/对应动作表，根据事件来确定要调用的行为函数，运行后再根据结果进行状态的迁移切换。这种方法维护起来相对容易。

综上所述，状态机的关键在于不同场景下的设计，开发人员可指定每种状态下应完成的任务和下一个状态，所以作为非常便捷的设计方案，状态机得到了广泛的应用。

1.3.10 编码风格

现在的软件开发都是以团队为基础的，相互之间存在较多的信息交互。写代码一是为了运行软件，二是为了其他开发人员阅读后能从中汲取开发方法。通过代码可以表达思想、记载信息和阐述流程，所以要写得清楚整洁。在一个软件项目中，所有参与项目开发的人员都要遵守统一的风格。

1. 空白与缩进

（1）关键字 if、while、for 等与后面的括号间有一个空格，括号内表达式应紧贴括号。

（2）双目运算符左右侧各插一个空格，单目运算符和操作数之间可不加空格，","和";"之后要加空格。

（3）字符长度达到 80 的语句可考虑换行，较长的字符串可截成多个字符串分行书写；函数也是这样，如果函数的参数表很长，也可分成若干行隔开。

（4）每个逻辑代码段可用一个空行隔开。

（5）缩进可体现语句块的层次关系，使用 Tab 字符缩进而不是空格，可以在 UltraEdit 软件中查看具体字符。

2. 注释

（1）单行注释可用//或者/* ... */来表示，若采用/* comment */的形式，可用空格将界定符和说明内容分开。

（2）多行注释可使用如下格式。

```
/*
 * comment
```

　　　　　　　*/

（3）源文件的顶部可添加注释，用来说明该文件的相关内容，如文件名、作者和版本号，不缩进；对文件里的函数也可注释，用来说明函数功能、参数、返回值，写在函数定义或声明的上一行。

（4）对当前一行代码进行特别说明时，一般用单行注释，和代码之间要用一个空格或Tab 字符隔开。该类注释最好保持上下一致对齐。

（5）较复杂或使用频率较高的结构体定义要添加注释，复杂的宏定义也需要注释。

（6）注释占的程序行数最好在 20%～30%，以保证清晰的解释度。

3. 标识符命名

（1）变量、函数和类型可使用小写字母加下划线，常量或宏定义采用大写字母。

（2）全局变量名和函数名一定要详细，这样让阅读程序的人员很快就知道含义。

（3）标识符命名要使用易于理解的单词。

4. 函数

（1）一个函数只实现一种功能，如消息收发函数专门处理消息的发送和接收；数据处理函数只处理数据，不负责流程。

（2）函数内部缩进层次如果太多，会降低可读性。因此层次不宜太多，3 层左右即可。

（3）函数写的不宜太长，不超过 50 行最好；使用的局部变量不宜太多。

（4）重要函数定义要添加注释，说明函数功能、参数和输入/输出预估结果等。

1.4　Linux 下 C 语言开发环境

　　基于 Linux 的嵌入式软件开发离不开一个完备的 Linux 开发和调试测试环境。Linux 系统开发环境由系统硬件开发板和 PC 构成。在 PC 上生成软件程序映像文件后烧制给硬件开发板，这样硬件开发板就能运行操作系统和系统应用软件了。双方一般通过串行接口（简称"串口"）、光纤接口（简称"光口"）或以太网接口建立连接。主机和硬件开发板之间进行通信连接，并传输调试命令和数据。因此有必要提供 Linux 软件开发环境的说明。

1.4.1　开发环境说明

　　在 Linux 下一个 C 应用程序通常可分成 3 个部分：可执行文件、头文件和库文件。相应地，一个完整的 C 开发环境至少包括 3 个要素：函数库、源文件和编译器。交叉编绎时还要注意系统头文件和要使用哪种类型的交叉编译器，程序的编译器有很多，读者可以任意选择。

　　目前 Linux 下函数库使用较多的是 glibc，将 glibc 作为主要的 C 函数库，让所有编译程序都可以连接到。编译器一般用 GCC（GNU Compile Collection）。它是 GNU 推出的功能强大的多平台编译器。很多交叉编译器基于 GCC 方法完成交叉编译，如 mipsel-unknown-linux-gnu-gcc 编译工具。系统头文件用 glibc_header，若没有系统头文件，涉及系统功能的 C

程序编译就会失败。这 3 个要素都有了，就可以构成最基本的 C 开发环境，可编译多数的 C 程序。

结合前文所述内容，使用交叉编译同样有以下 4 个步骤。

- 预处理。
- 编译，将预处理后的结果编译成汇编或目标模块。
- 汇编，将汇编语言作为输入，把编译出来的结果汇编成具体 CPU 上的.o 扩展名的目标文件，工程越大，相应的目标文件就越多。
- 连接，将各目标文件放在可执行文件中，包括引用的函数，连接生成大的目标文件。

其中任何一个步骤出错都会导致无法生成最终执行文件。

编写代码时，几乎不可能做到一次性写好代码，因此这时需要调试工具了。目前 Linux 下常用的调试工具是 GDB 交叉调试工具。

通过串口连接到硬件开发板后，可使用 GDB 交叉工具调试程序，观察执行时的内部活动流程信息。主要运用以下功能。

- 设置运行环境和参数。
- 断点调试，即让程序运行到某个地方或指定条件下暂停。
- 暂停时可先检查变量、内存值和线程信息等，再修改正在调试的源代码。
- 动态改变程序执行环境。

生成目标文件后，在单元测试中多使用该类型调试工具，但多用于上层应用。

1.4.2 基本要点

1.4.2.1 文件系统

在 Linux 操作系统中，Linux 文件系统是一个文件树框架。所有文件包括外接设备都以文件的形式挂载到这个文件树中，也是所有的硬盘分区下信息数据的一个集合体。从系统运行上看，开发人员或用户的工作就是操作文件系统。

文件系统向用户或程序提供统一界面，使得对文件的各类操作能够在抽象简便的层次上进行。记录文件信息采用索引节点的方式，这是一个结构，包含了文件长度、创建和最近修改的时间、权限、所属关系、Flash 中的位置等信息。文件系统维护了索引节点数组，每个成员对应文件或目录，该节点被分配了一个号码，即索引节点号。

制作嵌入式的 Linux 文件系统，要正确选择根文件系统和文件系统类型，掌握它们的功能、性能和大小。在嵌入式开发中，常使用一些系统生成工具（如 mkcramfs）将整个根文件目录里的内容制作成映像文件，烧入设备中。

目前 Linux 使用的标准系统较多，如第二代扩展文件系统（Second Extended Filesystem, Ext2）、第三代扩展文件系统（Third Extended Filesystem, Ext3）和第四代扩展文件系统（Fourth Extended Filesystem, Ext4）系统，功能强大，向下兼容性好，存取文件的性能也不错，是迄今为止较为成功的文件系统之一，很多其他系统吸取了它们的优点。设备上较多移植了这些标准系统，不需要重做已有的文件系统，缩短了开发周期。

1.4.2.2　内核

嵌入式开发中在建立交叉开发环境之后，经常要根据需求编译嵌入式 Linux 的内核。内核作为系统软件，提供了硬件抽象、硬盘及文件系统控制功能，以多任务的方式运行。适当配置内核实际就是一个裁剪系统以支撑特定设备的过程。其中有些内核组件以模块方式加载，即在需要时载入运行，在不需要时被操作系统卸载，从而扩展了设备的运行功能，如设备驱动程序模块就可以内核模块方式运行，用来让系统运行时能正确识别和使用安装或连接的外部硬件设备。

操作系统的代码分成两部分：内核代码和非内核代码。前者的地址空间是内核空间，后者也就是外部管理程序，即管理外部设备，它与上层用户进程的地址空间是用户空间。通常情况下，一个程序可能要在两个空间内操作，也就对应着两个状态：内核态和用户态。状态的切换常使用系统调用。内核态是指程序执行了内核空间的一段代码，结束后可返回到用户空间继续运行，此时程序就处于用户态。

1.4.2.3　分区

一个硬盘可被划分成多个分区，分别对应着主分区和扩展分区。系统启动时必需的文件和数据放在主分区，主分区外就是扩展分区。但扩展分区需要再被划分成一个或多个逻辑分区后才能使用。分区要挂载到一个目录下才能使用，通常使用 mount 命令来关联具体的目录。所以在 Linux 系统下，分区可视为目录结构，每个分区可与某个目录对应，对目录的透明操作就是对挂载分区的操作。

Swap 交换分区是虚拟内存分区，也是 Linux 系统的一大特色。作为临时解决方法，它是在硬件条件有限和物理内存资源用完后，在硬盘空间中划出一块区域虚拟成内存，因此运行速度慢。所以若要运行较多的程序或消耗资源较多的大程序，会使用交换分区，存放不常使用的数据。交换分区大小一般设置为内存的两倍。

1.4.2.4　用户权限

Linux 是多用户系统，不同用户和用户组有不同权限。对所有文件具有可读可写可执行的具有超级权限的用户称为 root 用户，/root 目录是 root 用户的默认主目录。其他一般用户在/home 下，生成时会有默认权限，但实际权限也可由 root 用户设置。

1.4.3　Makefile 基础

Linux 下软件编译时经常运行 make 命令，在执行该命令时，需要使用 Makefile 文件，它是用来告诉 make 怎样去编译和链接程序。Makefile 制作文件由一组规则和依赖关系构成，依赖关系由一个目标和它所依赖的源文件组成，规则讲述如何从被依赖的源文件中创造目标文件。make 命令是根据时间戳来进行编译的，通过读取 Makefile 文件，确定要创建哪些目标文件，分析源文件的时间戳，根据文件时间戳自动发现更新过的文件，从而减少编译工作量，缩短编译时间，举例如下。

```
file1.c, file2.c, file3.c, file.h
file1.c:
#include "file.h"
int main ()
{
    file2Process ();
    file3Process ();
    return 0;
}
file2.c:
#include "file.h"
void file2Process ()
{
    printf ("Print file22222\n");
}
file3.c:
#include "file.h"
void file3Process ()
{
    printf ("Print file33333\n");
}
file.h:
#ifndef FILE_H_
#define FILE_H_
#include <stdio.h>
void file2Process ();
void file3Process ();
#end if
```

1. 确立依赖关系

如上所述，依赖关系定义了应用程序里的目标文件和源文件的关系。因此，可把依赖关系定义为：应用程序依赖 file1.o、file2.o 和 file3.o，file1.o 下级依赖 file1.c 和 file.h，file2.o 下级依赖 file2.c 和 file.h，file3.o 下级依赖 file3.c 和 file.h。实际是确定目标文件的依赖方式，这些依赖的写法是：先写目标文件的名称，后面跟冒号和空格（或 Tab 符），然后是空格（或 Tab 符）隔开的文件表，逐行写完。

2. 定义规则

规则是 Makefile 文件的第二部分内容，定义了目标文件的创建方式。若要创建 file2.o，使用 gcc -o file2.o -c file2.c，这就是一条规则，Makefile 文件如下。

```
CC = gcc
CFLAGS = -Wall -g
App: file1.o file2.o file3.o
        $ (CC) $ (CFLAGS) -o App file1.o file2.o file3.o
file1.o: file1.c file.h
        $ (CC) $ (CFLAGS) -o file1.o -c file1.c
```

```
file2.o: file2.c file.h
        $ (CC) $ (CFLAGS) -o file2.o -c file2.c
file3.o: file3.c file.h
        $ (CC) $ (CFLAGS) -o file3.o -c file3.c
clean:
        rm -rf *.o App
```

保存后，执行 make 命令即可得到最终的应用程序的运行结果。为此需说明两点，具体如下。

（1）这个文件中用到了变量。因为需要多次引用 GCC 来编译，所以在制作文件中设定变量更方便，用"CC = gcc"类似的方式可赋值，要引用这个变量，用$符号，后面括号中是变量名。"CFLAGS = -Wall –g"是编译器选项设置，并赋给 CFLAGS 变量，其中，-Wall 是输出告警信息，-g 是编译 debug 版本。

（2）规则所在的行需要用 Tab 符号开始，不能用空格或其他符号。如果用空格，make 命令运行会报错。即使有的编译器没报错，但仍要保持一个好的书写风格。

>>>>>>>>>>>>>>>> 第 2 章

嵌入式系统构建

　　嵌入式 Linux 系统的设计与实现可以按明确的
方法来完成，包括许多模块的开发，只要方法得当，
就可以大大缩短开发周期。本章对嵌入式 Linux 的
整个开发流程给出了一个简单的总结说明，在实际
开发或测试过程中具有参考价值。

2.1 开发前的要点

一个嵌入式 Linux 系统包括 3 个基本要素，即系统引导、微内核和初始化进程。在此基础上还可以添加驱动程序、中断、系统模块等。因微内核和初始化进程方面的资料较多，本节主要介绍开发过程中的其他要点。

1. 系统引导

处理器启动时要执行底层的 CPU 初始化和其他的硬件配置。这些在 PC 上由基本输入输出系统（Basic Input Output System，BIOS）来完成，但是嵌入式系统中没有 BIOS。因此硬件配置要执行一个指令清单，并要在硬件寄存器中写入固定数字，在不同系统和芯片中这些数字也是不同的，必须要和硬件相符，这样硬件才能按照固有的顺序运行。例如，一个点灯程序写入固定的二进制数字，并驱动其他硬件使主系统运行。因此这些数字不能随意变动，否则系统将无法读取。

现在芯片厂商会提供这些启动代码，具体的实现可根据需求进行少量的修改即可。最终这些启动代码要在一段稳定的内存中运行，需要强调的是，这部分务必要正常运行。

目前有一种使用较多的方法将这些代码烧制到芯片上：将单板 Flash 放入烧片机中，位置要固定，芯片插入目标单板的插座中，启动下载软件，指定目录即可。

2. 驱动程序

设备驱动程序是系统内核与硬件之间的接口。编译时可作为内核的一部分也可以模块方式加载，它可完成以下任务。

（1）设备的加载、初始化和释放。

（2）从硬件读取数据，多数是检测设备、处理设备运行时出现的错误。

（3）支持从内核写入数据到硬件中。

（4）读取应用层要传送给设备文件的数据，并将应答送回应用程序。

Linux 的设备驱动程序可分为以下 4 个主要组成部分。

（1）初始化设备和自动配置功能的子程序。这部分驱动程序被调用一次。

（2）处理 I/O 请求的子程序。运行该部分程序时系统由用户态切换到核心态，驱动有读写接口，要响应多种 I/O 请求。

（3）处理中断的子程序。在 Linux 系统中接收到硬件中断时，会调用中断服务程序来处理它。该程序运行时最关键的是快速响应，优先级较高，它不依赖任何进程的状态和运行环境。

（4）处理其他场景的子程序，包括异常处理、状态的切换和告警等。

因为设备驱动程序通常设计成支持同一类型而不是某一个设备，所以要标识出请求服务的设备。对 I/O 设备的存取操作要通过一组固定入口点。在 Linux 系统中，设备驱动程序所提供的这组入口点由一个文件操作 file_operation 结构来向系统声明。该结构定义于/usr/src/系统版本号（因版本号不同而已，如 linux-2.6/linux-3.0.1）/linux/fs.h 文件中，形式如下。

```
struct file_operation
{
    int (*lseek)(struct inode *inode, struct file *filp, off_t off, int pos);
    int (*read)(struct inode *inode, struct file *filp, char *buf, int count);
    int (*write)(struct inode *inode, struct file *filp, const char *buf, int count);
    int (*readdir)(struct inode *inode, struct file *filp, struct dirent *dirent, int count);
    int (*select)(struct inode *inode, struct file *filp, int sel_type, select_table *wait);
};
```

上例中可看出 file_operation 结构中的成员大多是函数指针。系统会根据设备号将每个进程对设备的操作请求转换成对 file_operation 结构的访问，所以用户自定义驱动程序时要根据预设置功能完善 file_operation 结构中函数的实现，并考虑跨平台的情形。不需要的函数接口可初始化为 NULL 或返回不支持。这种 file_operation 结构变量要先注册到系统中才能支持后续的调用，当系统对设备进行读操作时会调用所注册的 file_operation 结构的 read 函数指针。

作为内核的一部分，设备驱动程序在申请和释放内存时调用 kmalloc 和 kfree，如下所示。

```
void *kmalloc(unsigned int len, int priority);
void kfree(void *obj);
```

3. 中断

在 Linux 系统里处理中断属于内核部分。设备驱动通过调用 request_irq 函数来申请中断，通过调用 free_irq 来释放中断，形式如下。

```
int request_irq(unsigned int irq, void (*handler)(int irq, void dev_id, struct pt_regs *regs),
                unsigned long flags,const char *device,void *dev_id);
void free_irq(unsigned int irq, void *dev_id);
```

上例中请求参数依次表示中断号、中断处理函数、申请选项、设备名和设备标识。需要快速处理时屏蔽所有中断；慢速处理时不会屏蔽其他中断。在 Linux 系统中，中断也有多种类型，不同的中断处理程序可共享同一中断。

4. 系统模块

Linux 提供了很多种文件系统，文件系统可放在 Flash 中。Flash 被分成多个块，成多个分区，分别存储引导码、内核和文件系统等。有的嵌入式系统可以建立 RAM 磁盘，有的可能没有磁盘。这时系统就应减少对磁盘的依赖。

系统启动时内核和应用程序都装载在内存中运行。但也可以有另一种形式：动态加载或卸载程序，这样可节省内存。所有程序以文件形式存储在 Flash 中，需要调用时启动，装入内存。

（1）初始化代码的作用是引导系统，在系统引导后被释放，不需要运行。

（2）软件升级模块化，目前内核都支持加载功能，所以可在运行时动态加载程序或卸载。

这样便于检查硬件环境，并为硬件配置相应的软件。

（3）应用的配置信息可作为文件存储在 Flash 中，便于修改查询。

（4）硬件设备抽象成文件存储在 Flash 中。

综上所述，通常设备首先从 0x00 地址运行 boot 命令，若不启动内核镜像则可在 boot 命令行下操作参数的读写，否则载入内核镜像，依次进行硬件初始化、挂载根文件系统和具体文件系统、运行 init 进程，然后运行上层应用。

上述要点，有些开发人员未必会涉及，有些要点可能已经由厂商提供了，因此需要根据具体需求进行处理。

2.2 硬件平台选择

嵌入式软件开发首先要有所需要的稳定硬件平台，才能开发出合适的嵌入式产品。嵌入式软/硬件平台的搭建，是整个嵌入式产品开发中最重要、最基本也是最困难的环节。

硬件平台选择主要是嵌入式处理器的选择。嵌入式处理器内核的选择主要取决于产品应用的领域、客户的需求、成本、开发的难易程度及开发周期。

2.2.1 选择标准

目前嵌入式处理器的种类很多，每个 CPU 的处理速度、总线宽度、集成度和性价比是不同的。因此设计者在选择处理器时要考虑的主要因素有以下方面。

1. 处理器性能

一个处理器的性能取决于多个方面的因素，但设计时原则上挑选性价比高的、能够完成既定任务的处理器和 I/O 子系统，性能要稳定，还要考虑后期的维护和扩展。

处理器的算法是在嵌入式系统集成时确保性能目标的一个关键内容，任何设备都希望处理器有快速高效的算法，因此最好选择能够与应用场景最佳匹配的处理器。如工业级的设备和家庭级的设备相比，即使运行同样的软件，但工业级的设备对处理性能的要求要严格得多。

2. 技术指标

将以前需要芯片处理的功能移植到部分外部设备上减少了芯片的数量和负担，降低了系统的开发费用，并且提高了性能。因此首先考虑的是外部设备和处理器之间的连接逻辑和总线的需求，如是否需要支持 USB 总线、是否有以太网接口、是否需要数字/模拟信号转换器等；其次考虑支持该处理器的一些芯片，如时钟、中断/信号控制器和串行设备等。还有其他重要的指标，包括运行寿命的长短、高低温下的稳定性，同时芯片温度不能过高。

3. 处理器功耗

使用低功耗处理器的原因在于嵌入式系统被广泛应用于便携式和移动性较强的产品中，如手持设备、移动电话等终端电子产品。目前这些产品是靠电池来供电，使用一段时间就要充电，并不是一直都有充足的电源供应，所以这些产品中的微处理器要求高性能、低功耗。

对于这些设备的开发人员来说，功耗方面的考虑要多些。

4. 软件支持/调试工具

没有好的软件开发工具的支持也不行，因此要选择合适的软件开发工具。软件处理中需要调试工具来测试或者模拟设备的运行。如果能提供内置调试工具，一般是通过芯片驱动抽象出的终端命令行来直接配置和测试该处理器，这样可以缩短调试周期，降低调试的难度，快速查出问题的来源，可以和 demo 板联合使用。

5. 通信方式

通信接口单元是重要的电路装置，用来连接处理器和外围装置以传递信号。其中 USB 方式应用较为广泛，这种总线标准为 USB 外部设备提供一种通用连接，从 USB1.0 到 USB3.0，所支持的速率快速提升。这种方式用于短距离传输，特别适用于高数据率的场景，而且易于即插即用，同时支持传统的 I/O 设备。作者用 5G 设备连接 Wi-Fi 就是采用 USB 接口。

使用外围器件互联（Peripheral Component Interconnect，PCI）方式若选择专用的 PCI 接口芯片，成本低且通用性好，可大大缩短开发时间。IEEE 1394 方式的数据率为 25~400Mbit/s。缆线越长，能处理的数据率就越低，因此一般缆线长度为 5m 左右，可用于对音视频要求较高的产品开发。

具体在实际开发中要求可自由接入或切断设备连接，需要根据芯片的支持能力、电路设计和客户的需求来选择具体的通信技术。

6. 其他因素

确定系统开发后产品的市场目标。如果想快速抢占市场，可买成熟的硬件及软件驱动；如果需要等待行业标准，则可暂时自行设计硬件。

软件对硬件的依赖性。因为硬件开发周期比较长也较固定，主要考虑软件是否能在硬件设计好前先行开发，对于有仿真运行环境的可以考虑，但还需要考虑仿真工具和调试工具的成本和是否容易移植使用。

成本是要考虑的关键问题。当考虑成本时需要考虑产品的芯片成本、使用周期和加工成本等因素，这里 CPU 成本占据总成本中较大的部分。设计者在对系统进行必要的功能分析，选用适当的硬件来完成所需要的软件处理任务时，要考虑产品的整体成本，做合理的预算，确定好设备内部和设备间的接口标准，这样就可准确定位所需要的硬件方案。

2.2.2　硬件开发过程

结合上述说明，给出硬件开发的基本过如下。

（1）明确硬件开发板的总体需求，熟悉单板总线结构。制定硬件总体设计方案，从芯片厂商获得技术资料和技术支持，充分考虑产品的成本、应用场景、可行性和开发周期。

（2）完成软/硬件的设计，这个过程需要协调进行，包括绘制硬件架构图（结合软件功能框图）和印制电路板（Printed Circuit Board，PCB）设计等，完成并提交开发元器件清单。

（3）完成 PCB 设计后，对各个功能单元进行焊接调试。

（4）软件发布版本后，让软/硬件系统联调。这个过程比较费时，要不停地检验并返工，调试后 PCB 设计上会有所调整，但总的电路架构不会有太大变化。

（5）进行可靠性和稳定性测试，并进行验收。

（6）配合生产线完成设备组装和发货，并跟踪解决任何一个环节中可能遇到的故障。

2.3 软件开发步骤

如前所述，嵌入式软件开发是层次性的。对于一个独立的软件系统而言，它常常被划分为不同的子系统或分系统，每个层次、每个组件承担着相对独立的功能，各部分之间通过特定的交互机制进行协作。嵌入式设备软件架构如图 2-1 所示，图 2-1 给出了一个较为典型的软件架构实例。

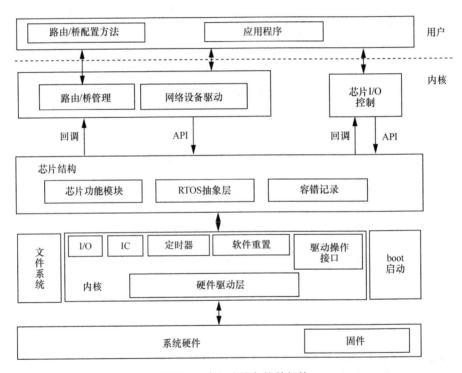

图 2-1 嵌入式设备软件架构

图 2-1 是一款嵌入式产品的软件架构。这种层次性开发的框架清晰，布局合理，同时注重增强软件内聚性和层次独立性，已被很多开发人员采用。开发时需要划分成多个模块，理清每个模块的功能、定义模块之间的接口和交互机制、如何满足质量属性需求、保证较强的系统移植性等。目前较多的底层开发已经由芯片厂商提供了。

1. boot

和前文对应，作为启动后第一个要运行的程序，BootLoader 的目标是正确地调用并加载内核。在嵌入式软件中它的实现依赖于具体的 CPU 体系结构，所以在开始运行阶段较多使用汇编语言或者嵌入较多汇编，但移植时要进行修改。它为后续阶段准备内存空间，设置好堆栈后将控制权交给后续阶段。

后续阶段通常用 C 语言来实现，这里的功能庞大复杂，除了单板特定参数外，要求源代码有较好的可读性和可移植性。主要步骤是在初始化后将内核和根文件系统镜像调到内存空间，根据内核启动参数启动内核。

2. 内核裁剪/移植

内核提供最基本的功能，又具有高度模块化和可配置的特点，但内核尺寸通常比较大，又是高度模块化、可配置的，根据实际应用和硬件参数可配置内核以支持不同功能，从而压缩内核的大小。

例如，Linux 支持很多类文件系统，包括 Ext2、Ext3、Ext4、网络文件系统（Network File System，NFS）和 JFS 等。如要把 Ext3 文件系统编译进内核，主要步骤如下。

```
# cd /usr/src/linux-2.6（linux-3.0.1）
# make menuconfig        /*模块选择，核心配置，具体选项可参考.config 文件*/
# make dep               /*寻找依存关系*/
# make clean             /*清除以前内核产生的目标文件、模块文件等*/
# make bzImage/uImage    /*生成内核镜像文件*/
```

编译成功的内核文件为 bzImage 或 uImage。因为在嵌入式 Linux 系统中可根据需求编译一个独立的内核，使用模块机制较少，这样得到的内核尺寸较小。在进行内核配置时，开发者要了解各功能模块之间存在的依赖关系，否则编译可能失败或者找不到待编译项。

3. 装载文件系统

装载文件系统既要节约空间，又要尽可能保留必要的工具与相应的目录或配置文件。

（1）系统启动和运行阶段必须要有 init、getty、Busybox 等，重要目录与文件有/etc 下的配置文件和/bin 及/sbin 下的一些命令，若已删除，启动时会出错，甚至根本无法启动。

（2）对应着有自定义功能的配置文件或目录，包括二进制执行程序，如一些网络配置脚本、IPSec（Internet Protocol Security）及 Dropbear 等应用程序。

（3）库文件，用来支撑系统程序、驱动和用户自定义程序。

（4）动态加载模块文件，可通过随机加载/卸载的方式运行。

因此将系统设备按层次划分，系统的具体开发步骤是：boot→内核→文件系统→驱动加载→应用程序。

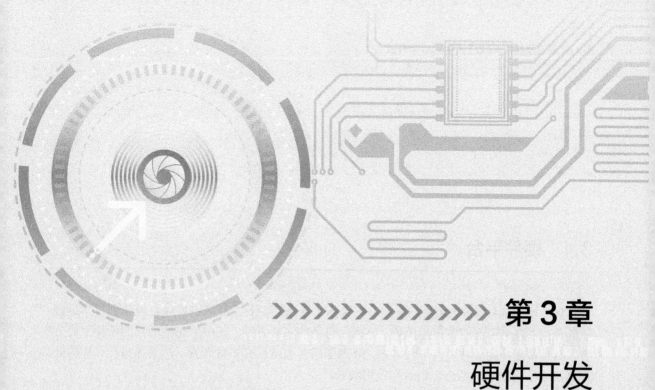

>>>>>>>>>>>>>>> 第 3 章

硬件开发

　　硬件工程师在开发硬件的过程中，首先需要考虑的就是根据项目需求选择合适的硬件平台，并以此平台为载体进行设计，实现产品的基本功能。本将从实用角度考虑，介绍一些常见的嵌入式硬件平台和硬件平台设计时需要参考的原则。

3.1 硬件平台

随着半导体技术全球化的发展，一些大的半导体厂商对于行业的发展已经起到了举足轻重的作用。每个厂商有各自的优势，并推出自己的解决方案，其中就包括所需的硬件平台方案，而且即使是同一种硬件平台方案，处理器平台也可以有多种选择。产品选择什么样的处理器决定了将来它的地位、销量和使用场景。

3.1.1 设计原则

硬件开发不同于软件开发，其设计周期相对较长、较稳定，要考虑的综合因素多。在嵌入式方面，硬件出错的后果将非常严重，例如，短路和断路都是很严重的工程问题，修改也非常耗时。这就需要非常细心和有足够的耐心。

目前嵌入式硬件常见的基本功能包括以太网通信（无线通信）、串口通信和数据采集等，要根据系统需求选择合适的时钟。所以在硬件平台设计过程中需要考虑如下方面。

（1）根据所选定的平台和应用场景来实现基本的功能。

（2）设计时要考虑经济性，在设备运行稳定的前提下，成本越低越好。

（3）在满足前两者的前提下，还要考虑后期的调试、贴片生产和兼容情况。

（4）根据不断的测试结果来优化现有的产品方案。

3.1.2 方案设计

设计前要按照先简单后复杂、从单一功能产品到一个系列产品的原则，而且设计的平台也需要不断维护更新。硬件设计包括体系架构、时钟、总线、存储器、功耗和中断等方面。因为这方面的资料多，而且每个产品的差异很大，参数太多，所以本节将结合一个实例来讲述一般的设计过程。

设计硬件架构前需要先完成系统总体方案设计，包括各模块/硬件单元。具体的方案设计通常分为两种：硬件总体方案和各硬件功能模块/单元方案。

3.1.2.1 硬件总体方案

嵌入式系统硬件总体架构除了有最基本的 CPU 系统外，还包括如以太网、存储器和射频（Radio Frequency, RF）模块等具体功能模块，需掌握好各模块的兼容及总线接口电路。通常包括以下步骤。

（1）选择关键部件，规划系统连接框。

（2）规划具体电路的逻辑框图。

（3）确定各模块的连接方式和资源的分配方式。

基于上述步骤，给出小基站（Small Cell）硬件总体框架如图 3-1 所示。

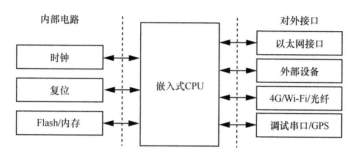

图 3-1　Small Cell 硬件总体框架

设备采用单板硬件架构，主要提供射频输入/输出、收发频率综合器、滤波、以太网通信和对射频信号进行模拟/数字（Analog/Digital，A/D）转换等。其中 A/D 转换模块与处理器之间采用串行外设接口（Serial Peripheral Interface，SPI）进行交互，而滤波插件、射频 I/O 的运行状态则和接口上的高低电平信号直接相关，通过通用输入/输出（General Purpose Input Output，GPIO）方式进行控制。

3.1.2.2　各硬件功能模块/单元方案

很多嵌入式通信设备的功能模块主要分为基带和射频两类单元。前者包括电源、时钟、存储器、以太网和串口等电路组件；后者包括射频集成电路（Integrated Circuit，IC）、外部电路和射频信号处理电路等组件，射频单元要有相对应的射频指标。

1. 电源

先要预估系统主要功耗器件的功率，确定输入功率和输入电压。在选择交流还是直流时注意要根据产品的需求和设计规范来确定。电源设计框图如图 3-2 所示。

图 3-2　电源设计框图

通常小型电子设备采用交流电（Alternating Current，AC）转直流电（Direct Current，DC）适配器的方式供电。

确定电源输入后，分析系统所有供电的电压种类和对应电流大小。对于图 3-2 中的 DC-DC 转换，因为不同系列的嵌入式设备一般使用多种电压，所以需要选用合适的电源管理芯片进行电源转换，这样电源的输出才能满足供电和负载的需求。

此外还有成本和供电因素需要考虑，这里有以下 3 种情况。

（1）设备若对成本要求不高，可选择专用的 PMIC（Power Management IC）进行电源设计，这样的好处在于，通过一片芯片就可完成多路电源的输出，为 PCB 设计和后期的物料管理操作提供了便利。

（2）有些电路对供电要求较高，如时钟供电和射频供电等，常选择 LDO（Low Dropout Regulator）芯片进行二级转换。

（3）若系统的功耗较大，则建议选择散热良好的电源芯片。

上电时序一定要验证所输出波形是否稳定。

除上述以外，电源方案还要考虑电磁兼容性（Electro Magnetic Compatibility，EMC）问题。电源输入端通常也要采取防反插防反接、过流保护和静电保护等保护措施，具体如下。

（1）防反接可从结构和电路两方面排查和设计。

（2）过流保护一般选择自恢复保险丝，防止电流过大烧掉电路板。

（3）静电保护可采用在输入端并联静电阻抗器（Electro-Static Discharge，ESD）二极管的方法。

（4）通常采取电容滤波对输出端进行滤波处理。

调试阶段对每路电源的输出要预留测试点。为便于故障查找，设计样机时可通过磁珠或者 0 欧姆电阻连接对不同硬件模块供电的同一电压，便于查找运行故障。

2. 时钟

时钟作为一种脉冲信号，可为嵌入式设备提供频率基准，对系统能否稳定运行也会产生决定性影响。晶体振荡器（以下简称"晶振"）可产生稳定的脉冲信号，包括有源晶振和无源晶振两种。前者需要供电，但信号的质量好，精度高。后者一般与芯片内部振荡电路一起工作，适用于不同的电压，信号质量和精度相对差些。

后文的 Small Cell 设备采用有源晶振，而常用的单片机系统一般采用无源晶振。设计时原则上尽量要选择低温度漂移（以下简称"温漂"）特性好、老化特性好和精度高的晶振，尤其是高频电路，因为射频信号的频偏会影响实际的通信效果。同时还要考虑成本因素。

时钟设计方案如图 3-3 所示。

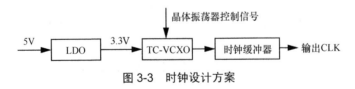

图 3-3　时钟设计方案

图 3-3 中的 3 个组件各自的应用如下。

（1）LDO 输出低噪声电压，通过控制信号可调整频率偏差，操作时通过软件校准频率。

（2）TC-VCXO 是一种压控温度补偿型晶振，精度高且稳定性好。有些设备对时钟信号质量要求高，这时电路大多采用这种晶振。

（3）时钟缓冲器可增强对时钟信号的驱动能力，可扩展多路时钟信号。

由此可看出，嵌入式设备的 CPU 工作频率很高，内部具有各种高速线路，所以设计时钟电路时选择适合的晶振非常重要。

3．存储器

设计存储器模块方案时需要考虑系统的内存占用和软件存储，原则上按照存储空间+最大内存+异常冗余进行设计，通常不允许出现存储器占用率达到100%的应用场景。有时存储器的设计不同，软件开发往往会给出不同的实现效果，所支撑的软件性能也多有差异。

嵌入式设备的存储器设计通常包含同步动态随机存储器（Synchronous Dynamic Random Access Memory，SDRAM）和 Flash 两部分。嵌入式系统存储器设计方案如图 3-4 所示。

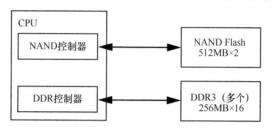

图 3-4　嵌入式系统存储器设计方案

图 3-4 的 SDRAM 选择了速率可达 1 600MT/s 的 DDR3 SDRAM，Flash 采用存储容量为 1GB 的单层单元（Single-Level Cell，SLC）结构 NAND Flash。

4．以太网

嵌入式系统网络应用常见的 3 种方案包括：处理器+以太网接口芯片、处理器（集成 MAC（Media Access Control，媒体接入控制））+PHY（Physical，物理层）/交换芯片、处理器集成了 MAC 和 PHY。

（1）网络方案

① 处理器+以太网接口芯片

处理器+以太网接口芯片如图 3-5 所示。

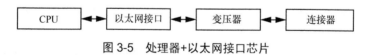

图 3-5　处理器+以太网接口芯片

处理器+以太网接口芯片方案如图 3-6 所示，在这种方案中，以太网接口芯片将 MAC 和 PHY 集成在一块芯片上，可支持自协商（全/半双工，10MB/100MB 速率)。

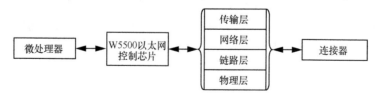

图 3-6　处理器+以太网接口芯片方案

② 处理器（集成 MAC）+PHY/交换芯片

处理器（集成 MAC）+PHY 芯片方案如图 3-7 所示。

图 3-7 处理器（集成 MAC）+PHY 芯片方案

Small Cell 通信框架如图 3-8 所示，这种芯片方案下的以太网设计比较灵活，可根据需要选择处理器和 PHY 芯片，但需要在 MAC 驱动中增加 PHY 的连接设置。后文介绍的 Small Cell 通信就采用了这种方案，可实现 10/100/1 000Mbit/s 的以太网传输功能。

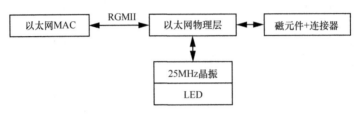

图 3-8 Small Cell 通信框架

③ 处理器集成了 MAC 和 PHY

处理器集成了 MAC 和 PHY 方案如图 3-9 所示。

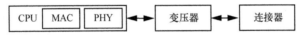

图 3-9 处理器集成了 MAC 和 PHY 方案

该方案中处理器将 MAC 和 PHY 集成在一起，成本相对较低，适用于嵌入式开发中要求成本低且没太高性能要求的以太网控制器。

对上述 3 种方案进行分析可知，它们的主要区别在于 MAC 和 PHY 芯片使用方法不同。PHY 对外电路通常要经变压器连接至 RJ45 连接器上，这里的变压器有 3 个作用：信号电平耦合、增强信号驱动能力、外部隔离和保护电路板。需要注意的是，所支持的网络与变压器的规格也有关系，即百兆网需要匹配百兆网络变压器，有利于设备的稳定运行。

（2）光纤通信

光纤通信的应用越来越广泛。Small Cell 设备要同时支持双绞线传输和光纤传输功能。所采用的 88E1512 就是一款支持 10/100/1 000Mbit/s 双绞线传输和光纤传输的 PHY 芯片，可自动识别电信号或光信号。至于传输的优先级则交由内核的软件部分去实现，后文有相关算法给出。这里给出双绞线接口/光口以太网设计方案框架如图 3-10 所示。

后文会给出设计用例和接口。设备要和外界保持通信就要实现以太网功能，很多软件的业务协议必须构建在以太网正常通信的基础上。接入网设备通信根据速率划分可分为千兆/百兆速率，光纤也匹配对应的千兆/百兆速率。因此需要选择合适的 PHY 芯片、交换芯片、光模块和网络变压器。

PHY 芯片外围电路需要根据芯片手册和芯片厂商提供的参考电路进行设计，需要特别注意复位和时钟电路。

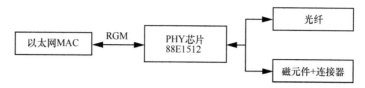

图 3-10　双绞线接口/光口以太网设计方案框架

在选材阶段选择变压器需要参考需求和应用场景的双绞线接口通信速率。千兆/百兆双绞线接口会选择支持千兆/百兆速率的变压器，这种网络变压器与 PHY 芯片一样可以向下兼容。

常用的设备以太网接口会提供指示灯用于观察网络通信状态，如指示灯变化的颜色和闪烁的快慢等。这种指示灯也提供了一种很好的调试方法。

① 对于简单电路，可选择带指示灯的 RJ45 连接器。指示灯一般位于连接器左、右两边，用于指示连接状态。

② 若对成本或结构要求高，可选择不带指示灯的 RJ45 连接器再外接指示灯。两种情况的用法一样。

5．射频单元

射频单元是通信领域嵌入式系统应用设计的关键组成部分。Small Cell 能提供移动电话接入，射频尤为重要。射频单元主要由收发器、开关和天线等组成，各自功能如下。

（1）发射电路负责基带信号的调制、变频和放大功率等。

（2）接收电路负责侦听天线信号，并对此进行滤波、放大和解调等。

（3）开关电路实现收发的切换。

（4）天线既可接收无线电波也可以辐射无线电波，也是一个能量转换器。

电路板要完成射频功能，设计时要列出一些符合入网要求通信标准的参数指标。

通信设备对系统的功能有很多参数要求，尤其是射频的性能指标要符合相关标准才能取得入网许可。常见的 3G/4G 通信系统射频性能指标包括工作频段、带宽、输出功率、频率误差、误差向量幅度（Error Vector Magnitude，EVM）值、灵敏度和抗扰度等。以 Small Cell 为例，射频系统方案如图 3-11 所示。

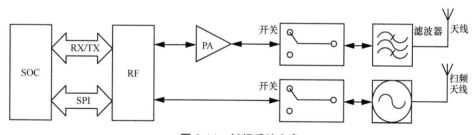

图 3-11　射频系统方案

6．射频指标

通用要求中，除了要满足第三代合作伙伴计划（3rd Generation Partnership Project，3GPP）相关规范外，还要求工作频段支持 Band40 和 Band41，信道带宽支持 20MHz，同时包括 5/10/15MHz。

设备硬件要求中，射频通道数要支持双发射通道和双接收通道，支持无线空口的信号侦听分时长期演进（Time Division Long Term Evolution，TD-LTE）。天线支持下行 2×2 MIMO（Multiple-Input Multiple-Output）和上行 2 路接收分集，并支持二进制相移键控（Binary Phase Shift Keying，BPSK）、四相移相键控（Quaternary Phase Shift Keying，QPSK）等多种调制方式，能较好地满足需求。

同步要求中，基站频率同步误差不超过±0.25ppm，时间同步精度误差小于 3μs，支持空口、全球定位系统（Global Positioning System，GPS）和 IEEE 1588V2 的数据同步。

在进行射频方案设计时要对样机进行一致性测试，通过校准相关参数来实现批量生产时产品性能的一致性。下面以频率和功率调试为例介绍，频率和功率调试硬件方案如图 3-12 所示。

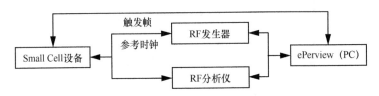

图 3-12　常见的频率和功率调试硬件方案

针对图 3-12 中的方案，先通过 PC 配置设备的校准测试模式，可通过串口或网口对 Small Cell 操作。射频连接基站天线接口与频谱仪的输入端口，这样在运行测试脚本后可通过频谱仪观察参数值。频率和功率校准流程如图 3-13 所示。

由于不同系列下的电路板存在差异，射频参数可能存在差异，需要整理出一个相对平均的数值，以减少调试工作量。一旦确定了参数，就要将其整合到软件版本中固化。

本节在这里总结一下射频测试注意点，具体如下。

（1）硬件观测要注意虚焊检测和管脚检测。

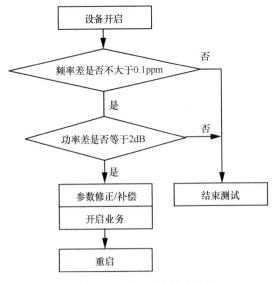

图 3-13　频率和功率校准流程

（2）射频测试时使用平均功率较多。

（3）射频模块焊入单板，上电，检测射频波形，并进行高低温试验检测应用场景，主要是检测元器件是否失效和设备的性能（如允许性能下降10%等）。

（4）焊接时要注意元器件密度。

（5）带 OS 和不带 OS（直接通过接口将参数打入芯片）的软件测试。

7．串口

嵌入式系统经常会遇到需要与其他设备通信的情况，所以会涉及多种串口。现在的嵌入式 ARM 平台集成了通用异常收发器（Universal Asynchronous Receiver Transmitter，UART）串口，CPU 引脚出来的串口通常采用 TTL（Transistor Transistor Logic）电平。若系统需要对接其他电平的设备，则需要进行电平转换电路设计。常见的串口电路设计方案如图 3-14 所示。

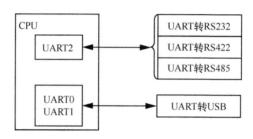

图 3-14 常见的串口电路设计方案

上述串口电路设计方案中，采用 UART 转 USB 转换电平，可通过一个 USB 实现两路串口通信。芯片采用 CP2105。此外方案用到的 UART 转 RS232 芯片和 UART 转 RS422 芯片采用低工作电压的 MAX3232 和 MAX3491E。

下面介绍串口通信。

串口是嵌入式系统中最常用的一种通信接口，包括和 PC 之间、和设备之间的通信等，实际中根据通信协议划分可分为 UART、I2C（Inter-Integrated Circuit）和 SPI 等。常用的 UART 包括通用型和扩展型。前者一般有 3 根线：接收端（RX）、发送端（TX）和电线接地端（GND）。从 CPU 打出的 UART 信号常为 TTL 电平，若所连接的外部设备串口为 RS232、RS485、RS422 和 USB，则要进行电平转换，即接上电平转换芯片。此时要注意收发信号的线序，典型串口设备之间连接线序如图 3-15 所示。

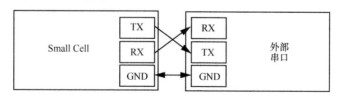

图 3-15 典型串口设备之间连接线序

3.1.2.3 原理图设计注意事项

原理图设计时，需要保证每个器件的库信息（如厂商、物料编码、值、位号、描述、封装和尺寸等）均要准确完整，使用时要注意匹配。

对于布局布线有要求的重要信号和逻辑控制电路，需要做好文字说明，对关键输出信号要预留测试点。此外还需要考虑后续调试、贴片生产和功能的升级。

关键引脚（GPIO）最好引出。可考虑先预留调理电路，待确定了最终的产品版本，再去除以简化电路。

采用统一的原理图库，新器件的原理图设计一定要依照统一标准和行业规范。除此之外，作者还总结了如下注意事项。

（1）注意去耦电容的位置，如芯片附近的去耦电容为芯片和附近信号提供了回流路径和电源去耦，所以在原理图上将它们靠近放。

（2）信号的命名需要符合使用习惯，能体现信号的流向、用途和来源等信息。

（3）设计完成后一定要通过绘图工具自带的规则检查工具对原理图进行规则检查。

（4）确保 PCB 中网表与原理图的输出网表保持一致，一旦电路有了改动，就要及时更新网表，防止出现电路短接、断接问题。

3.1.3　方案优化

方案优化主要是对已有方案进行改进。硬件电路的设计首先要确保能实现基本功能，但产品完成 PCBA（Printed Circuit Board Assembly）后，调试的过程中仍然会发现存在事先未预料到的缺陷，导致设备不能稳定运行，或者导致某些重要的性能指标超标。有些设计时的 bug 平时不能被发现，待生产很多时部署到现场才会出现。对于大批量问题，作者也曾遇到部分设备的光信号不稳定问题，因此硬件方案的优化是必须要做的。

如作者所经历的一次调试，电路板在整个测试过程中均无异常现象，但是装上定制的外壳再做测试时就会发现单板工作状态时好时坏，个别单板甚至连电源发光二极管（Light-Emitting Diode，LED）指示灯也不工作，卸下后就能正常运行。经细查发现是单板插针会与外壳（金属）接触导致的，根本原因是未考虑后续电路的改动。

3.1.4　PCB

PCB 是电子元器件的支撑体和元器件电气连接的载体。通常在绘制完原理图无误后要输出网表，根据 PCB 的外形大小来确定 PCB 工作区域，制作 PCB 外框。这时 PCB 就要考虑与结构工程配合，包括设置定位孔、固定孔的大小和位置、允许摆放和布线的区域、禁止布线的区域和边框倒角等，都是要完善的。

除此之外还需要添加叠层，这要结合成本和布线复杂度等因素来设置。叠层设置完后，还需要设置设计规则，包括间距和物理约束等。

3.1.4.1　布局和布线

1. 布局

布局是 PCB 设计中一个重要的环节。布局的好坏直接影响布线的效果，合理的布局也是 PCB 设计成功的第一步。

手动布局时先要考虑 PCB 尺寸大小和特殊器件的位置，再根据电路的功能单元，对电路的全部器件进行布局。布局时需要注意以下方面。

（1）晶振要尽可能靠近处理器。

（2）模拟电路与数字电路所布置的区域不同。

（3）高频要放在 PCB 的边缘，并逐层排列。

（4）空着的区域则用地填充。

2．布线

布线是完成产品设计的重要步骤，也是技巧最细、工作量最大的部分。要遵循的规则有以下方面。

（1）印制导线之间的距离尽可能短。注意印制导线的屏蔽与接地，印制导线的公共地线应尽量布置在 PCB 的边缘部分。在 PCB 上尽可能保留铜箔做地线。

（2）双面布线时应相互垂直/交叉/弯曲走线，避免相互平行，以减少耦合。

（3）PCB 导线宽度应满足电气性能要求且便于生产，最小宽度主要由导线与绝缘基板间的黏附强度和流过的电流值决定，条件允许时可适当加宽地线与电源线。

布线时需要注意以下方面。

（1）电源线与回线尽可能靠近，最好能保持独立性，互不干扰。

（2）为模拟电路提供一根零伏线。

（3）对长平行走线的串扰，增大它们的间距，或者在走线之间提供一根零伏线。要使串扰减至最小，可考虑采用双面＃字型。

（4）手工时钟布线要远离 I/O 电路，可增加专用信号回程线。

（5）有些关键线路（如复位线）要接近地回线。

（6）高速线要避免走直角。

（7）强弱信号线要分开。

3.1.4.2　输出生产文件

制作完 PCB 后，要考虑后期的设备维护，一个相对完善的生产文件通常包括 Gerber 文件（这是 PCB 生产时要提供给厂商的）、PCBA 时要提供给机器贴片厂商的钢网文件、坐标文件、元器件列表文件和结构工程所需的计算机辅助设计（Computer Aided Design，CAD）文件。

对于元器件列表文件物料清单（Bill of Material，BOM）的输出，作者深有感触。前期的原理图器件信息要按照标准完成或更新，否则有可能导致最终输出的 BOM 文件不合格，不仅无法完成 PCBA，产品上电调试时还会发现部分功能异常。

3.2　设计用例

光纤通信是以一根玻璃或塑胶纤维（即光纤）作为传输介质，利用光的全反射，以光信号作为信息载体的一种通信方式。一般光纤通信有光纤、光源、检测器和中继器等元素。

光纤通信也按照编码、传输、解码的过程，首先将电信号转换成光信号，再通过光纤传递光信号，属于一种有线通信。光经过调制后能携带信息，接收端再将其转换成电信号，解调恢复原信息。光纤传输具有以下优点。

（1）传输距离远，信号抗干扰能力强。

（2）频带宽，通信容量大，且安全性能强。

（3）重量轻，无辐射，适应性强，所以使用周期较长。

需要强调的是，实际铺设中光信号的传输还是有损耗的，需要增加光纤中继传输，而且光纤脆又易断裂，所以要外加保护层。

本书后文提到的一款 eNodeB 设备可同时支持电信号和光信号的传输，即同时支持双绞线和光纤通信。接口连接功能如图 3-16 所示。

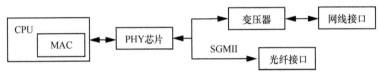

图 3-16　接口连接功能

系统网络方案采用 CPU（集成 MAC）+PHY+传输接口的方式。PHY 芯片负责硬件链路的探测、链路速度和全双工/半双工自适应选择。CPU 和 PHY 之间采用 RGMII（Reduced Gigabit Media Independent Interface）的方式互连，根据链路状态通过设置 PHY 引脚进行自动配置。

3.2.1　芯片连接

PHY 与光纤接口（GE 光口）和双绞线接口（RJ45 接口）都可连接，而且任意选择一个，对网络通信来说没有任何影响或干扰，软件上是透明处理。

3.2.1.1　RGMII 连接

PHY 和 CPU 通过 RGMII 方式通信。RGMII 采用 4 位数据接口，上升沿下降沿同时传输数据，支持速率有 10/100/1 000Mbit/s，对应的时钟信号工作频率是 2.5/25/125MHz。目前现场应用中支持 10Mibt/s 的场景已逐渐减少，有的厂商设备只支持 100/1 000Mbit/s。

RGMII 的测试相对简单，但也要注意以下事项。

（1）需要进行满载业务测试，尤其要能经得起大数据量的冲击，测试包的长度设置对业务流量的统计也有较大影响。

（2）边沿要求小于 0.75ns，时钟信号边沿须单调，边沿要使用 4G 以上的有源探头。

（3）千兆场景要向下兼容，但若现场是百兆应用，那 100/1 000Mbit/s 速率都要测试。

（4）测时序要求对时钟周期预留 10%左右的冗余量。

（5）测试 MAC 和 PHY 的输入信号时要依照它们的说明要求进行，测 PHY 的 RX 和

CLK（Clock）关系时，理论上要测 PHY 对应的引脚，若有过孔要测试，若没有就要在顶层和底层进行刮线测试，这样结果精确些。

RGMII 信号测试如图 3-17 所示。

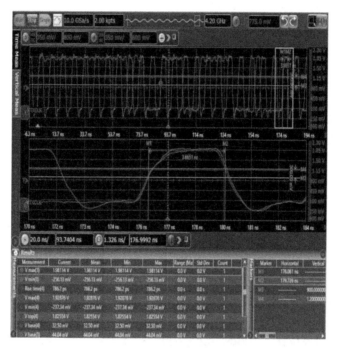

图 3-17　RGMII 信号测试

3.2.1.2　光纤连接

PHY 和光纤接口通过 SGMII 方式互连，支持百兆/千兆速率，也可通过变压器连接网线接口传输电信号。内部信号对接如图 3-18 所示。

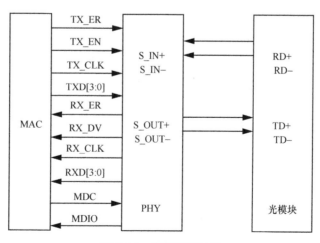

图 3-18　内部信号对接

SFP（Small Form Pluggable）是光收发模块，包括 I/O 接口光/电转换电路、告警、控制电路和属性。属性包括厂商生产日期、序列号、容量、收发光功率和偏置电流等信息。CPU 通过集成电路总线（Inter-Integrated Circuit，IIC）读取这些参数。在发送端，光模块收到 PHY 发出的信号，电信号转换成光信号，送入用户光纤线路。在接收端，以太网的串行信号经过光纤到达接收端口，光信号转换成电信号。为确保信号的可靠性，放大整形后转换为差分的 PECL（PHP Extesion Community Library）电信号，传入 PHY 芯片。

这里给出光模块 SFP 功能框架如图 3-19 所示。

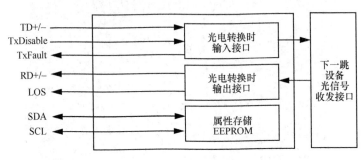

图 3-19　光模块 SFP 功能框架

3.2.2　传输应用场景

基于上述光电切换设计，传输应用连接如图 3-20 所示。

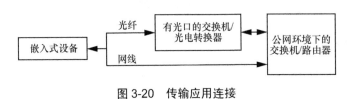

图 3-20　传输应用连接

设备同时对接网线接口和光纤接口。光信号经调制后能携带的信息在接收端转换成电信号，解调恢复原信息。在实际铺设中，传输光信号随着距离的拉长存在损耗，需要增加光纤中继传输。需要强调的是光纤较脆易断，要加保护层。

除此之外，支撑双接口通信需要在 PHY 实现中增加算法处理。后文的 Small Cell 软件部分将给出说明。

3.3　硬件模块测试

硬件模块测试是目前硬件开发中的重要一环，需要开发工程师细心、耐心完成，因为在应用现场若硬件出现了问题，其结果将是灾难性的。

硬件模块测试首先要熟悉电路板的组成原理和 PCB 布局,再逐一调试具体的硬件功能模块,需要示波器、万用表和电焊等工具,还需要芯片的调试软件和运行的仿真 demo 设备,因此测试周期很长。本节将先总结调试方法,然后结合具体的嵌入式设备来讲述开发过程中具有实用价值的测试实例。对于硬件调试的基本操作不再讲述,读者可自行查阅相关资料。

3.3.1　硬件调试分析

设备在初期研发阶段和出厂前都要进行大量的调试,调试项繁多且周期长,尤其是在事先设计的单板电路不完整、不精确时会发生很多不可逆的错误。作者根据自身调试单板的经验,对硬件的调试项归纳如下。

(1)设备的外观检查,包括焊接、PCB 材料清晰度和清洗焊接过的部位。

(2)短路和断路方面的检查,使用万用表来检查电源。

(3)电压排查,电阻的匹配参数和 IC 焊接位,使用示波器较多。

(4)单板的上下电时序、电源纹波、满载电流和冲击电流检查。

(5)时钟排查,确定时钟输出波形是否正常,频率误差和电平范围是否符合手册要求。

(6)电路复位的查询,主要检查复位信号。对硬件狗要保证"喂狗"信号的时序正常。

(7)实时时钟(Real-Time Clock,RTC)精度检查。

(8)串口、安全数码(Secure Digital,SD)卡和 USB 的电路是否有故障。

(9)设备的以太网接口/光纤接口和外界的协商、通信是否正常,包括焊接的元器件、参考时钟和电源电压是否正常。

(10)高低温测试,即测量设备正常运行的温度范围是否符合手册要求。

例如,烧坏电路板是经常遇到的情况。这时就先要做到收集前提信息:底板电压、烧坏时间、输入电压是否过大、电压点是否短路和器件是否损坏等,然后再进一步确定以下问题。

(1)确认焊接有无问题,焊接直接涉及电路能否存在短路。

(2)所选取的电源芯片是否能较好地控制电流量。

(3)电压的稳定性如何,查询纹波噪声的范围。

(4)上电和下电的时序是否正常,GPIO 电平是否符合要求。

(5)静电原因,这类问题相对较少出现。

本节总结了调试经验供读者参考。但实际上每个产品的使用场景不同,调试项和调试环境也千差万别,如和一般的家庭设备相比,核心网设备和接入网设备的调试要求更高。操作时差异很大,不能一概而论。

3.3.2　IIC 测试

IIC 由两根线组成,即串行数据线(Serial Data Line,SDL)和串行时钟线(Serial Clock Line,SCL),两者都是双向 I/O 线。总线空闲时两根线是高电平,通过上拉电阻接通电源,输出是开漏电路,在总线上的电流消耗很少。

对 IIC 特别要注意以下方面。

（1）总线连接的每个器件有唯一的地址识别，是一个多主机总线，为防止破坏数据，通过检测冲突和仲裁的方式来传输数据。

（2）总线上连接的设备数受最大电容 400pF 的限制，这是每个设备都要遵守的。

（3）8 位双向的传输速率在标准模式/快速模式/高速模式下是不同的，实际调试时注意理论数据和应用场景的差异。

（4）为保证数据完整，芯片上的滤波器可过滤掉总线数据线上的毛刺波。

3.3.2.1　数据传输格式

数据传输格式的帧结构通常有以下 3 种。

（1）主机发送到从机，传输方向不变。

（2）第一个字节后，主机读从机数据，得到从机生成的第一次响应后互换角色（即主机发送改为主机接收，从机接收改为从机发送），发送不响应信号 A 的主机产生停止条件。

（3）这是一种复合的格式。改变传输方向时，起始条件和从机地址将重复，读写（R/W）位取反，若主机接收器发送重复起始条件，先要发送一个不响应信号 A。

实际运行中采用第 3 种帧结构较多，数据传输复合格式如图 3-21 所示。

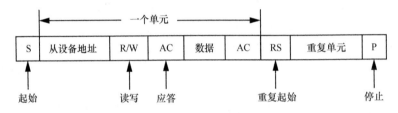

图 3-21　数据传输复合格式

3.3.2.2　测试步骤

在明确了 IIC 连接的器件地址的基础上，采取的测试步骤如下。

（1）上电后隔一定时间发送 IIC 的读写命令或通知。

（2）通过探头在 IIC 主机端测试 SDA 信号的质量，并保存所测试的波形结果。

（3）在主机端抓取 SDA 和 SCL 波形，至少要显示一次读写时完整的数据帧。

（4）放大上述数据位波形，用 SCL 上升沿测量 SDA 建立时间，SCL 下降沿测量 SDA 保持时间，并保存测试波形。

（5）隔一定时间发送 IIC 写命令或通知。

（6）在从机端测试 SCL 和 SDA 的信号质量，具体要求需要查阅芯片资料，抓取 SCL 和 SDA 波形，同样至少要显示一次写时完整帧。

（7）放大相应数据位波形，测出时序，包括以下方面。

• 开始位建立时间。

• 结束位保持时间。

• 地址位/数据位的建立/保持时间。

- 三态缓冲器（Tristate Buffer，TBUF）测量结束位到下次开始位的时间。

3.3.2.3　注意事项

测试时要关注以下事项。

（1）IIC 从机地址必须是正确的，写操作中主机给出地址位和数据位，实际测试一种建立保持时间即可。

（2）因地址是主机向从机写的，写的时序可测试 7 位地址的对应地点。

（3）先测 SCL，确认频率是正确的，SCL 信号质量要在从机端测试。

（4）用单端有源探头测试信号边沿时，在打出单边沿后要看它是不是单调的。

（5）主机端测读信号的时序要确保第 8 位是高位读，在抓取一个完整的数据帧时要确保帧结构无误。

（6）有些指标的要求有所差异，未必和要求完全一致，可保留一定的冗余空间，如在标准模式下，SCL 和 SDA 的上升时间最大为 1 000nm，下降时间最大 300nm，而要求分别是 900nm 和 270nm，这就存留了一定的兼容空间。同样的道理，停止和启动之间的空闲时间 TBUF 要求保留 20μs，为增加实际运行的兼容也可保留 30μs，Stop 和 Start 间的总线空闲时间如图 3-22 所示。

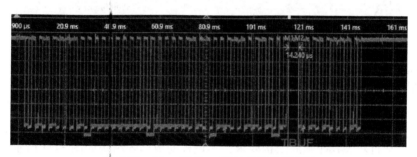

图 3-22　Stop 和 Start 间的总线空闲时间

3.3.3　SMI 总线

串行管理接口（Serial Management Interface，SMI）包括管理数据时钟（Management Data Clock，MDC）和管理数据输入输出（Management Data Input Output，MDIO）两条信号线。MDIO 是双向的，可以读/写 PHY 寄存器，读取 PHY 的当前运行状态，还可以写寄存器用来控制 PHY 的行为。而 MDC 为 MDIO 提供时钟。

3.3.3.1　测试步骤

对 SMI 总线的测试步骤如下。

（1）首先要选择带宽为 2Gbit/s 以上的有源探头和示波器。

（2）设备上电后循环发送 SMI 读命令。

（3）在 SMI 主机端测试 MDIO 的信号质量，并保存测试的波形。

（4）主机端用两个探头读取 MDIO 和 MDC 的读波形。

（5）示波器要显示一次在读过程的完整数据帧，目的是要检查它是否符合主机对介质无关接口管理（Media Independent Interface Management，MIIM）帧的结构要求。

读过程的数据帧结构如图 3-23 所示。

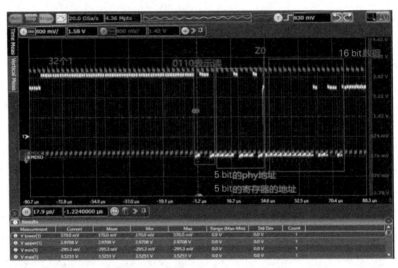

图 3-23　读过程的数据帧结构

（6）放大数据位波形，用 MDC 上升沿测量 MDIO 的建立保持时间，保存测试波形。

（7）循环发送 SMI 写命令，在 SMI 从机端测试 MDC 和 MDIO 的信号质量，MDC 测试上升时间、下降时间、频率和边沿的单调性等参数，然后与厂商提供的芯片资料核对。

（8）从机端也要用两个探头读取 MDIO 和 MDC 波形，显示一次写过程的完整帧结构，检查是否符合从机对 MIIM 帧的结构要求。写过程的数据帧结构如图 3-24 所示。

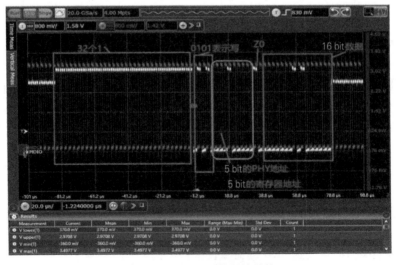

图 3-24　写过程的数据帧结构

3.3.3.2　测试要求

测试时要注意以下要求。

（1）测边沿用有源探头，时序要满足芯片要求，给时钟周期预留 10%左右冗余量。

（2）要搭建业务满载的应用场景，并测试满载时的 MDC 时钟单调性、上升时间和下降时间，在采样沿上不能有串扰出现。

（3）MDC 上升沿单调、下降沿单调、无回沟、上升时间、下降时间、MDC 和 MDIO 过冲都要满足芯片要求。

3.3.4　SPI 总线

SPI 总线是串行同步传输总线协议，主要用于系统内部通信。SPI 通常采取 1：N 的主从模式架构，允许将数据逐位传送，主设备通过控制串行时钟（Serial Clock，SCK）线来控制通信。SPI 通过设置寄存器 SPICR1 中的时钟极性（Clock Polarity，CPOL）和时钟相位（Clock Phase，CPHA）构成 4 种传输模式，SPI 工作模式见表 3-1。

表 3-1　SPI 工作模式

工作模式	时钟极性	时钟相位
SPI0 工作方式 1	CPOL = 0	CPHA = 0
SPI1 工作方式 2	CPOL = 0	CPHA = 1
SPI2 工作方式 3	CPOL = 1	CPHA = 0
SPI3 工作方式 4	CPOL = 1	CPHA = 1

CPOL 定义了时钟空闲状态时的电平，0 表示低电平，1 表示高电平。CPHA 定义了数据的采样时间，即主机接收数据的时间，0 和 1 分别表示在时钟第一个和第二个跳边沿进行采样，即采样发生在时钟的奇数边沿和偶数边沿。

具体的测试步骤如下。

（1）选择带宽为 2Gbit/s 以上的有源探头和示波器，设备上电后循环发送 SPI 读命令，测试点选在芯片输入的末端。

（2）在 SPI 主机端测试 MISO 信号质量，保存波形。

（3）确定 SPI 的架构模式，对于 1：1 架构则使用两个探头抓取 MISO 和 SCK 读的波形，对于 1：N 架构则要加一个探头抓取片选信号（Chip Select，CS）波形。

（4）放大数据位波形，用 SCK 上升沿测量 MISO 的建立保持时间，保存波形。

（5）循环发送 SPI 写命令，在 SPI 从机端分别测试 MOSI、SCK、CS 和 RESET 的信号质量，后三者还要用有源探头测试上升时间、下降时间和边沿是否单调等，并和芯片资料比较和参考。

（6）在从机端使用两个探头抓取 SCK 和 MOSI 波形，用 SCK 上升沿测量 MOSI 的建立保持时间，保存波形。

（7）使用两个探头测量 SCK 和 CS 的时序、RESET 和 CS 的时序，保存波形。

测试时需要注意的是 SPI 的需求和 SCK 是上升沿采样还是下降沿采样。不同厂商的芯片资料定义会有差异。另外，若是 NOR Flash 的 SPI 还要注意电路供电电压（Volt Current Condenser，VCC）和写保护（Write Protect，WP）的上电时序和下电时序关系。

3.3.5　USB SOF 信号质量

这部分的测试相对简单，测试仪器要选用带宽为 2.5Gbit/s 以上的示波器和差分探头，作者这里使用的是 4Gbit/s。

具体测试步骤如下。

（1）帧起始（Start of Frame，SOF）标志包含了板内和出面板的 SOF 眼图测试。

（2）上电后插上移动 U 盘，用差分探头点在 USB 差分线上测量并抓取 SOF 波形。

测试要求右边两条直线区间的电平绝对值要小于 525mV。因为按照 USB2.0 的标准，要求这个阈值在 525～625mV，所以若超过则需要和厂商交流控制器内的门限阈值。

>>>>>>>>>>>>>>>> 第 4 章

U-Boot 处理

U-Boot 是一种在嵌入式系统中使用较为普遍的 BootLoader。BootLoader 是在系统运行前要执行的一段程序，它的主要任务是将内核映像从磁盘上读到 RAM 中，再跳转到内核的入口点运行，此时就开始运行操作系统了。

U-Boot 的源代码是开放的，容易获取，可支持多种嵌入式内核和 CPU 系列，功能灵活，支持交互操作，源代码丰富，可靠性和稳定性较高，可看成一个小型系统。

4.1 U-Boot 介绍

在嵌入式设备中，U-Boot 提供了 CPU 上电复位后最开始执行的初始化代码。在一般开发中，作者认为设备通常应至少包括 5 个分区较为适宜，具体如下。

- 第一个分区存放 boot。
- 第二个分区存放 boot 要引导内核运行的参数。
- 第三个分区存放系统内核。
- 第四个分区存放根文件系统。
- 第五个分区存放设备的业务参数。

有些设备也可以将其中几个合并成一个分区，如内核和文件系统可合并成一个分区，其他作为一个分区。还有很多特定体系结构中存在特定功能芯片的参数分区、升级时的双分区、多个系统主备分区等。具体要看实际需求。

U-Boot 主要目录结构如图 4-1 所示。

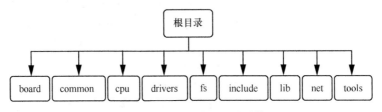

图 4-1　U-Boot 主要目录结构

图 4-1 的文件夹中列出了综合方向，其中相对重要的目录是 board、cpu、drivers、include 和 lib，体系结构不同，对应的子目录也有很大差异。每个不同的 CPU 架构都对应一个 cpu 子目录，因为它必须能够引导多种操作系统，支持多种 CPU 架构。lib 在 ARM 结构中对应 lib_arm 目录名，在 MIPS 结构中对应 lib_mips 目录名。board 和 drivers 在不同开发板中参数差异很大，即使在同一款芯片的开发板中，参数也可能存在差异。具体细节不再一一赘述。在实际开发中，有些设备将这个目录结构进行裁剪或合并处理。

U-Boot 一般具有以下功能。

（1）引导系统，完成硬件的初始化。

（2）通过加载内核并运行的方式来启动系统。

上述功能很重要，引导后 boot 交出控制权。之前的硬件初始化也是为正常加载内核做准备的，否则设备毫无用处。

（3）烧写 Flash，即更新系统 Flash 中的不同分区内容。烧写 Flash 用来完成系统镜像文件在 Flash 上的下载和烧制，如 U-Boot、内核、文件系统 rootfs 等镜像文件都要烧写到 Flash 中。有些可以分区烧写，也可全部烧写。

（4）通过串口、网络或 USB 完成和 PC 的简单通信功能。

（5）提供命令行输入，实现人机交互，这样开发调试时可根据不同环境进行相应处理。

4.2　启动流程

嵌入式设备中 U-Boot 的启动方式主要有网络启动和 Flash 启动两种方式，其中 Flash 启动方式是最常用的。Flash 有 NOR Flash 和 NAND Flash 等，NOR Flash 支持随机访问；NAND Flash 要通过专用控制器的 I/O 访问，配置专用引导程序。

网络启动方式中，内核映像和文件系统放在 PC/服务器上，通过网络传输下载到开发板，实际采取简单文件传输协议（Trivial File Transfer Protocol，TFTP）传输较多。使用这种方式的前提是开发板有串口和以太网接口，而且要配置相关网络参数，才能支持传输功能。

U-Boot 涉及硬件处理，它的设计与实现与 CPU 及具体的硬件密切相关。启动过程可分两个阶段，一是与 CPU 和设备相关的初始化阶段，执行速度快，大多采用汇编语言；二是根据设备的参数实现常规的配置流程，对执行速度要求不严，大多采用 C 语言开发。分阶段的好处十分明显，若 CPU 相同，要增加其他硬件支持，可灵活修改第二阶段代码；若 CPU 不相同，则可修改第一阶段代码。

以 MIPS 架构为例，U-Boot 实现过程如图 4-2 所示。

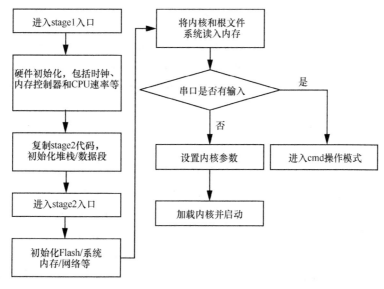

图 4-2　U-Boot 实现过程

第一阶段步骤如下。

（1）硬件设备初始化，包括时钟频率、缓存和内存控制器等，对应操作文件是 start.S。

（2）设置临时堆栈，清空 BSS（Block Started by Symbol）段。

（3）为后续的加载规划内存。

（4）将 U-Boot 第二阶段代码加载到 RAM，跳转到第二阶段入口。

第二阶段步骤如下。

（1）初始化本阶段使用的硬件，这次初始化对应文件是 start.S，但硬件和前阶段使用的硬件不同。

（2）将内核镜像从 Flash 读取到 RAM。

（3）多数设备在 boot 下能提供命令行来修改与 boot 相关的参数，一定时间内等待输入。

（4）设置内核的启动参数，或网络加载内核或直接调用内核。

根据此过程，以一款无线 Wi-Fi 设备为例，U-Boot 对应代码流程如图 4-3 所示。

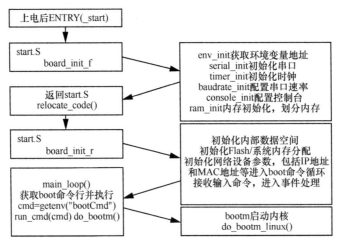

图 4-3　U-Boot 对应代码流程

第一阶段工作主要在 board_init_f()完成。它调用 init_sequence[]函数数组，数组的成员是各个硬件的初始化 API，然后调用 relocate_code()，将代码搬至 RAM，重定位后开始运行。

第二阶段工作主要在 board_init_r()完成。在初始化 Flash 设备时，根据 Flash 类型调用不同的 API。

• 若系统支持 NOR Flash，调用 flash_init()初始化。

• 若系统支持 NAND Flash，调用 nand_init()初始化。

系统内存分配的初始化由 mem_alloc_init()完成；环境变量的重定位由 env_relocate()完成，从环境变量中可读取网际互连协议（Internet Protocol，IP）地址、MAC 地址和操作选项等参数；bootm 命令调用 do_bootm()，该函数专门用来引导不同的系统映像，如 Linux、VxWorks 和 QNX 等。如在引导 Linux 时，do_bootm()先分析镜像文件，若发现操作系统是 Linux 时它就会调用 lib_mips/mips_linux.c 中的 do_bootm_linux()来启动内核。还有其他系统支持的子功能，如 PCI、以太网、设备和控制台初始化等 API 说明，限于篇幅，不再赘述。

综上所述，U-Boot 运行的主要流程如下。

（1）初始化开发板硬件和 RAM，系统要通过 RAM 保存一些数据。

（2）初始化串口、以太网接口，通过这些可以与控制台进行通信和调试。

（3）接收用户输入，若没有输入则按照默认配置。

（4）创建内核参数表，启动内核镜像。

4.3　分区的实现

前文提到嵌入式设备中通常最少包含 5 个分区，而分区一般是内核的概念。U-Boot 负责将内核和文件系统烧写到 Flash 的相应位置。后来 U-Boot 引入分区，可通过命令将镜像烧写到对应分区。内核读取的分区信息应和 U-Boot 中的保持一致，实际开发中应同步修改 U-Boot 及内核的相关部分，也就是说，如果内核中没有设置好分区，在 U-Boot 中进行分区是个很好的办法。但若内核中已设分区，要保证 U-Boot 中分区和内核中划分一致。

分区对系统正常运行非常重要，要遵循以下原则。

（1）每个分区彼此相连，后一个分区开头紧跟前一个分区的结尾。

（2）原则上 Flash 要得到充分利用，分区间不要有间隔。

（3）各分区的大小根据具体情况定为合适大小，分区太小会溢出，分区太大会浪费空间。每个分区大小最好是块（块大小为 128KB 或 64KB 的较多）的偶数倍。

（4）在系统运行前就要确定好分区。本节将结合一个实例说明分区操作方法。实例中将 Flash 分成 5 个分区，实例系统分区见表 4-1。

表 4-1　实例系统分区

分区名称	功能说明
boot	启动分区，这个必须是第一个
env	环境变量分区，包括 boot 参数
param	芯片参数分区
imgA	内核及系统主分区
imgB	内核及系统从分区

boot 分区是 128KB，env 分区是 512KB，芯片参数分区为 16MB，内核及系统主分区为 240MB，从分区为 240MB。Flash 的最终分区格式如下。

```
[root@localhost ~]# cat /proc/mtd
dev:    size    erasesize    name
mtd0: 00020000 00020000 "boot"
mtd1: 00080000 00020000 "env"
mtd2: 01020000 00020000 "param"
mtd3: 0f3e0000 00020000 "imgA"
```

mtd4: 0f3e0000 00020000 "imgB"

目前很多嵌入式设备的系统升级采取主从分区的方法：正常情况下运行主分区中的系统，系统升级更新时将相关文件传送到从分区，完成系统升级更新，这样下一次重新启动时主从分区更换角色，即从分区变成主分区，系统运行该分区的系统。而上一次的主分区变成从分区，可用于未来的升级更新。

上例中"imgA"是主分区，"imgB"是从分区。对 Flash 的分区处理是嵌入在启动流程中的 NAND 设备初始化阶段，对 Flash 的类型采用 NAND_FLASH，分区的大致步骤如下。

（1）运行 NAND_FLASH 分支来配置 nand 参数。在 boot 主程序中调用函数 flash_type_set() 的形式如下。

```
flash_type_set (NAND_FLASH, nand_flash_size);
int flash_type_set(int type, unsigned longsize)
{
    int ret = 0;
    if (type == NAND_FLASH)
    {
        /*对 nand 进行初始化*/
        init_nand_flash();
        /*确定 nand 的 ID、page 大小、块大小等参数*/
        ret = hal_flash_probe(size);
    }
    else if (type == NOR_FLASH)
    {
        init_nor_flash();
        ret = hal_flash_probe(size);
    }
    return ret;
}
```

其中函数 init_nand_flash() 和 hal_flash_probe() 都是对 nand 中参数地址进行读写运算，每个设备差异很大，读者需要根据相关的芯片资料进行配置。

```
#define NAND_FL_DATA0              0x100
#define NAND_FL_DATA1              0x1000
#define NAND_FL_DATA2              0x10000
#define NAND_FL_DATA3              0x100000
#define NAND_FL_DATA4              0x1000000
#define NAND_FL_DATA5              0x10000000
#define PIN_MUX_CTRL_5             0xbec02454
#definePIN_MUX_CTRL_9             0xbec02464
int init_nand_flash(void)
{
    unsigned long data;
    data = (NAND_FL_DATA0 | NAND_FL_DATA1 |NAND_FL_DATA2 |
            NAND_FL_DATA3 | NAND_FL_DATA4 | NAND_FL_DATA5);
    DEV_WR(PIN_MUX_CTRL_5, data);
```

```
        udelay(100);
        data = DEV_RD(PIN_MUX_CTRL_9);
        data |= (NAND_FL_ALE | NAND_FL_CLE | ALT_TP_IN_12 |
                NAND_FL_CS | NAND_FL_WE | NAND_FL_OEB);
        DEV_WR(PIN_MUX_CTRL_9, data);
        udelay(100);
        ......
        /*Unlock the nand flash*/
        ulong *ptr = (ulong *) 0xbe9800a4;
        *ptr = 0xf;
        return 0;
    }
```

上面列出的部分宏定义表示不同的地址参数，函数 hal_flash_probe (unsigned long size) 的处理方式和 init_nand_flash()类似。

（2）初始化 boot 参数区数据。

```
    void initBootEnv(unsigned char*mac, int force, int pnew)
    {
        /*读取数据并进行 CRC，若校验失败不能进行进一步处理*/
        if((readEnvData(&gEnvData)!=0)
        {
            /*设置 boot 参数区中的数据，如 IP 地址、掩码、FTP 用户名和密码等*/
            memset(&gEnvData, 0x0, sizeof(ENV_DATA));
            gEnvData.magicNumber = ENV_MAGIC_NUMBER;
            gEnvData.boardId = DEFALUT_BOARD_ID;
            strcpy((char *)&gEnvData.boardIp, DEFAULT_BOARD_IP);
            strcpy((char *)&gEnvData.hostIp, DEFAULT_HOST_IP);
            strcpy((char *)&gEnvData.netMask, DEFAULT_NETMASK);
            /*DEFAULT_BOOTLINE 宏设定了各分区大小*/
            strcpy((char *)&gEnvData.bootLine,DEFAULT_BOOTLINE);
            strcpy((char *)&gEnvData.ftpName,DEFAULT_FTP_USERNAME);
            strcpy((char *)&gEnvData.ftpPasswd,DEFAULT_FTP_PASSWD);
            ......
            /*将所设置的参数写入 boot 参数分区*/
            writeEnvData(&gEnvData);
        }
    }
```

其中 **DEFAULT_BOOTLINE** 定义的参数非常重要，定义如下。

```
#defineDEFAULT_BOOTLINE
"mtdparts=sys_nand.0:0x20000@0(boot),0x80000@0x20000(env),0x1020000@0xa0000(param),0xf3e0000
@0x10c0000(imgA),0xf3e0000@0x10c20000(imgB) root=ubi0:rfs rw rootfstype=ubifs console=ttyS0,115200
panic=1 prt_disable=1"
```

从中可以看出，该宏定义不仅包括分区参数（依次为 boot、env、param、imgA 和 imgB 5 个分区），还有串口参数，rootfstype 文件系统类型为无序区块镜像文件系统（Unsorted Block Image File System，UBIFS），有的设备还有 MAC 地址参数等。内核中的设置要和这里的参数值保持一致。

（3）在确定运行方式为 NAND 后，要根据 env 分区参数确定从哪个分区开始。通常先检测主分区 imgA，然后检测 imgB。这里一定要注意定义好块大小、分区大小和偏移量，否则会出错，导致系统找不到对应的分区。例如，块大小定义如下。

```
#define NAND_BOOT_PART_SIZE      0x00020000
#define NAND_ENV_PART_SIZE       0x00080000
#define NAND_CFG_PART_SIZE       0x01020000
#define NAND_IMAGE_PART_SIZE     0x0f3e0000
```

偏移量可自行计算，需要注意的是，因为 UBI（Unsorted Block Image）的块通常设置为128KB，所以分区大小应是它的整数倍。

```
#define NAND_BLOCK_SIZE          0x00020000
```

确定分区后，扫描该分区逻辑块，建立两个 UBI 物理卷表。这两个卷表中的内容完全相同，这样若在复制过程中崩溃且出现了异常出错导致两表不一致，UBI 会将数据从另一个卷表中复制过来，使其恢复正常。至此，分区完成。

（4）装载镜像，如果在 imgA 分区装载失败，将切换到 imgB 分区装载；若成功则可进入命令行。内核的运行需要环境变量中的 bootLine 参数，所以在 do_bootm_linux (void *ep) 中取得该参数后启动内核。

```
void do_bootm_linux (void *ep)
{
    void (*theKernel) (int, char **, char **, int *);
    theKernel = (void (*)(int, char **, char **, int *)) ep;
    /*取得参数，可以采取链表或长字符串等方法*/
    linux_argc = get_command_line(linux_argv);
    /*进入内核启动部分*/
    theKernel (linux_argc, (char **) linux_argv, linux_argv, 0);
}
```

在此先强调一点，内核在起初设计时，应设计为可被传递参数，就是说在 U-Boot 中指定一些参数，事先放在内存中的特定位置。内核启动后会到此位置读取并解析这些参数值，用来引导内核启动。

综上所述，本节基于前文的启动流程给出大致步骤，Flash 分区流程如图 4-4 所示。

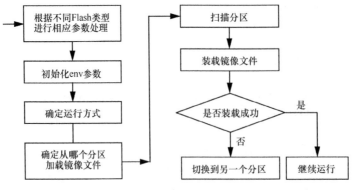

图 4-4　Flash 分区流程

内核启动后，控制权交给内核。经过 arch/mips/boot/compressed/head.S 中的启动、解压和访问内核入口（arch/mips/kernel/head.S），调用 init/main.c 中的函数 start_kernel()（内核的启动过程将在第 4.6 节中描述）读取 do_bootm_linux 传过来的参数后完成内核里的分区处理，样例如下。

```
asmlinkage void __init start_kernel(void)
{
    char * cmd_line;
    ……
    printk(KERN_NOTICE "%s", linux_banner);
    setup_arch(&cmd_line);
    ……
}
```

这里调用了重量级的函数：setup_arch (char **cmdline_p); /*arch/mips/ kernel/setup.c*/，它完成了内存映像的初始化，其中参数 cmd_line 就是从 BootLoader 中传下来的，具体函数调用流程如下。

```
setup_arch→prom_init→prom_init_cmdline→arch_mem_init
void __init prom_init_cmdline(void)
{
    int i;
    char *ethaddr;
    arch_mips_cmdline[0] = '\0';
    /*下面这个循环结束，bootloader 参数保存在 arch_mips_cmdline 全局变量中*/
    for (i = 1; i < prom_argc; i++) {
        strcat(arch_mips_cmdline, prom_argv[i]);
        strcat(arch_mips_cmdline, " ");
    }
    /*获取 MAC 地址*/
    ethaddr = prom_getenv("ethaddr");
    if(ethaddr) {
        strncpy(def_mac_addr, ethaddr, sizeof(def_mac_addr));
        def_mac_addr[sizeof(def_mac_addr)-1] = '\0';
    }
}
```

内核调用 arch_mem_init，然后复制出此参数并保存到全局变量 boot_command_line 中，内核将以此变量进行后续操作。

在编译内核时，对于 NAND Flash 的系统支持，要根据需求选择内核编译选项，make menuconfig 后，选择"Device Drivers"的 MTD support 子项，如图 4-5 所示。

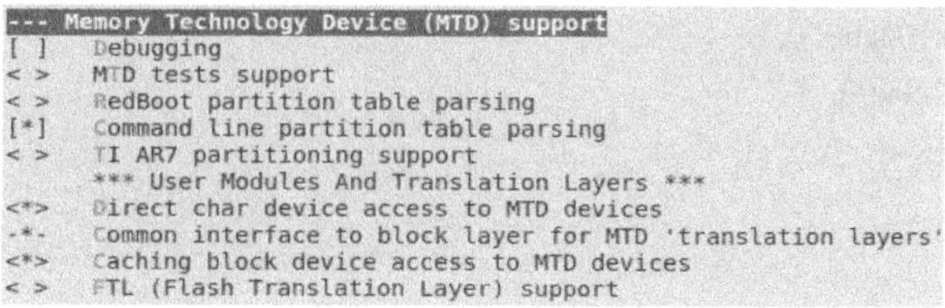

```
--- Memory Technology Device (MTD) support
[ ]   Debugging
< >   MTD tests support
< >   RedBoot partition table parsing
[*]   Command line partition table parsing
< >   TI AR7 partitioning support
      *** User Modules And Translation Layers ***
<*>   Direct char device access to MTD devices
-*-   Common interface to block layer for MTD 'translation layers'
<*>   Caching block device access to MTD devices
< >   FTL (Flash Translation Layer) support
```

图 4-5　选择"Device Drivers"的 MTD support 子项

在上述子项中有些分支数据和特定开发板绑定，开发时要注意不同的体系结构之间的差异。

有的开发板内核配置选项包含"Boot options"，里面指定了启动参数，也是供内核启动使用。若 U-Boot 没提供传递参数，内核使用自身配置时指定的参数；若提供了参数，内核不需要进行 MTD（Memory Technology Device）分区配置，直接使用 U-Boot 传递过来的bootargs 参数来判断文件系统的地址和大小，这样就会按此地址去挂载文件系统。所以最好确保 U-Boot 里的分区参数和内核指定的一致，下面列出内核中的分区数据，属性包括名称、起始地址、大小和读写权限，要和之前 U-Boot 里的参数值保持一致，供读者比较和参考。

在 arch/mips/xxx/mtd.c 中，数据如下。

```
static struct mtd_partition celivero_cpuh_mtd_partitions[] =
{
    {
        .name ="boot",
        .offset =0,
        .size =0x20000,
        .mask_flags =0
    },
    {
        .name ="env",
        .offset = 0x20000,
        .size =0x80000,
        .mask_flags =0
    },
    {
        .name ="param",
        .offset = 0xa0000,
        .size =0x1020000,
        .mask_flags =0
    },
    {
        .name ="imgA",
        .offset = 0x10c0000,
        .size =0xf3e0000,
        .mask_flags =0
    },
    {
        .name ="imgB",
        .offset =0x104a0000,
        .size =0xf3e0000,
        .mask_flags =0
    }
};
```

另外，在设备中要键入类似以下命令。

```
mknod    /dev/mtd4    c  90   8
mknod    /dev/mtdblock4  b  31   4
mknod    /dev/mtd5    c  90   10
mknod    /dev/mtdblock5  b  31   5
```

即要建立类似的驱动节点文件，以备从开发板 Flash 分区上挂载文件系统。

设备成功分区后，烧制镜像文件可在系统运行时或在 boot 命令行中进行，均要开启 TFTP 服务器或文件传输协议（File Transfer Protocol，FTP）服务器。例如，烧制镜像文件在系统运行时进行的情况如下。

```
tftp  -g  -r image.bin   192.168.1.10
chmod   777   image.bin
flash_erase  /dev/mtd0  0  0
flashcp  image.bin   /dev/mtd0
```

烧制镜像文件在 boot 命令行中进行的情况如下。

```
boot>b 1   flash.img
boot>b 2   flash.img
boot>b c   env.img
boot>b b   image.bin
```

这样便可以直接进行版本升级更新。

分区调试过程中遇到的问题和解决方法如下。

（1）对 Flash 较小的开发板，假设采用 SquashFS+JFFS2 架构（具体文件系统后文有讲述）。在用 mount 命令挂载时，mount -t jffs2 /dev/mtdblock2 /mnt 结果是 mounting /dev/mtdblock2 on /mnt failed: Invalid argument 或者 mounting /dev/mtdblock2 on /mnt failed: No such device 这样的错误，这是因为内核不支持 JFFS2，可通过 cat /proc/filesystems 查看内核支持的文件系统，并排查系统的兼容性问题。

具体解决办法是打开内核的 JFFS2 选项，位置为 File systems→Miscellaneous filesystems→Journalling Flash File System v2 (JFFS2) support，选择后再编译内核。

（2）对 Flash 较大的开发板，采用 UBIFS 结构时，要将一个 mtdblock 分区制作为 UBIFS 文件系统类型，然后才能挂载目录。方法如下。

- 先用 ubiattach 命令将分区和 UBI 绑定，即将 Flash 关联到 UBI，创建相应的 UBI 设备，通常从 ubi0 开始。
- 用 ubimkvol 命令基于 ubi0 设备创建逻辑卷。

例如，要将 mtd2 关联为 UBI 设备，具体如下。

```
ubiattach /dev/ubi_ctrl -m 2
ubimkvol /dev/ubi0 -N test_ubi_vol -s 10485760（大小为 10MB）
```

这样在目录/sys/class/ubi/下可看见 UBI 卷 ubi0_*，后缀通常从 0 开始，依次递增。

有些开发板上若 ubiattach 操作后已有 ubi0_0，则不需要 ubimkvol 这一步；同时有的开发板文件名未必是 ubi0_0，请读者注意。

mount -t ubifs ubi0_0 /data 即可挂载，结果可用 mount 命令来查看是否挂载成功。

有些设备的分区操作不需要在 boot 里指定，而是在内核的 drivers 下 mtd 文件中定义以下格式的分区大小和偏移量。

```
{
    name:       "JFFS",
    size:       MTD_JFFS_PART_SIZE,
    offset:     MTDPART_OFS_APPEND,
}
```

4.4 移植方法

U-Boot 要能适应多个硬件平台，就必须要修改对应硬件处理的代码再进行移植，这样才能保证每次正常启动。主要操作步骤如下。

（1）下载 U-Boot 源代码。

（2）无关文件可删减，添加硬件平台信息。

（3）根据需求修改相关目录的文件名和 Makefile，指定交叉编译工具。

（4）针对平台进行相应的移植，首先修改 start.S 和 u-boot.lds 文件，修改 RAM 的各个运行地址，一般采取宏定义来定义这些地址的相关运算。这些在实际中需要芯片资料的支持，要保证系统时钟和内存能正常初始化。

（5）添加和修改 Flash 处理和各模块代码，如网卡驱动、board 等模块。

（6）设置环境变量，即启动参数。

（7）编译和调试源代码，多次编译后生成 u-boot.bin 之类的镜像，有的开发板还要对此镜像进行循环冗余校验（Cyclic Redundancy Check，CRC）。

（8）将处理好的镜像文件下载到开发板中运行。

开发中要根据 U-Boot 启动流程来分析和修改源代码。本节给出一个较简单的实例说明，建立 U-Boot 系统菜单，实现菜单显示功能，添加命令。

首先修改 Makefile 文件，形式大致如下。

```
LOADADDR = 0x83E80000
CROSS_COMPILE=mipsel-unknown-linux-gnu-
ARCH = mips
CC = $(CROSS_COMPILE)gcc
LD = $(CROSS_COMPILE)ld
OBJCOPY = $(CROSS_COMPILE)objcopy
OBJDUMP = $(CROSS_COMPILE)objdump
CFLAGS = -EL -isystem -fno-strict-aliasing -pipe -G 0 -mno-abicalls -fpic -msoft-float -march=24kc
-Wno-attributes -Wstrict-prototypes -fno-stack-protector -Iinclude -I./ -I./wip/src/ include -DBOOTLOADER
-Werror
```

即指定装载地址，确定交叉编译器、体系结构和头文件路径等。

开发板的目录 board 里定义文件 sysboard.c，存放和开发板相关的代码。目录 common 实现命令行下的所有支持命令，每条命令对应一个文件。目录 include 包含各头文件和各种硬件平台支持的汇编文件、系统配置文件等，其中就包含与开发板相关的配置文件 sys.h。要注意这些文件里定义的宏值。

/include/cfg/sys.h 中的部分内容如下。

```
/*定义 Flash 大小*/
#ifndef FLASH_SIZE
#define FLASH_SIZE       512
#endif
/*定义固件的烧写地址*/
#define CFG_FLASH_FWWRITEUP   0x9f250000
/*定义固件的启动地址*/
#define CONFIG_BOOTCOMMAND "bootm 0x9f250040"
```

命令设置选项如下。

```
#define ETH_CFG_CMDS  (CFG_CMD_DFL|CFG_CMD_PING|CFG_CMD_NET)
/*传给内核的参数*/
#defineCONFIG_BOOTARGS    "……root=ubi0:rfs rw rootfstype=ubifs……"
/*GPIO 选项*/
#define GPIO_OUT_IS_0
```

common/main.c 中在 main_loop 函数添加系统菜单：ShowSysStartUp();在此函数中添加实现代码。

修改原来的启动流程，使主程序显示该菜单内容，菜单显示实例流程如图 4-6 所示。

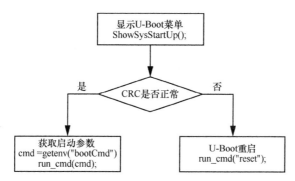

图 4-6　菜单显示实例流程

随后的命令行实现人机交互操作，每个命令对应一个参数结构，具体如下。

```
struct cmd_s
{
    char*name;    /*命令名称*/
    intmaxarg;    /*参数最多个数*/
    int   (*cmd)(struct cmd_s *, int, int, char *[]);    /*执行函数*/
    char*use;    /*使用样例*/
    char*help;    /*帮助文件*/
};
```

common/cmd_mem.c 中通过宏 U_BOOT_CMD(name,maxarg,cmd,use,help)定义命令如下。

```
U_BOOT_CMD(cmd_test, 4, do_cmdtest,
    "cmd_test gpiopin pull low/high\n"
    "cmd_test [wlan/cpu] [write(1)/read(0)] [gpiopin] [low/high (0/1)]\n"
);
```

此宏定义了一个测试命令，do_cmdtest()即该命令的实现函数，将此宏添加到命令区域.u_boot_cmd 中即可生效。

4.5 文件下载

目前的嵌入式开发是将要写入设备 Flash 中各分区的镜像集成在一个文件中，包括相关属性，如镜像文件名、大小、CRC 的校验值、特定分区和偏移量等。此镜像文件就是固件文件，这类文件的后缀名多数是 img，二进制格式，包含有效的程序代码和控制信息。它的头部结构包括以下两部分。

（1）固件公共属性信息。

（2）固件中每个镜像文件的属性信息。

创建固件流程如图 4-7 所示。

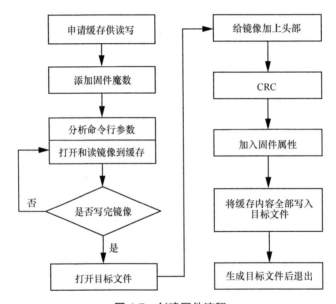

图 4-7 创建固件流程

用魔数（Magic Number）可判断文件是不是正确的固件文件，然后需要将交叉编译后生成的固件镜像下载到开发板上，所以下载功能是 U-Boot 必不可少的功能。以下载二进制镜像文件来举例说明这一实现过程，下载处理流程如图 4-8 所示。

例如，在 boot 下输入命令如下。

boot>b 1 flash.img

在 boot 处理中，首先检测输入字符，确定覆盖哪个分区；然后从环境变量中获取 PC 的 IP 地址、TFTP 用户名和密码等，通过自定义函数 fetch_file_by_ftp()建立和 PC 的 TFTP 连接（PC 已打开 TFTP 服务）。

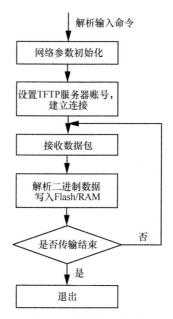

图 4-8　下载处理流程

fetch_file_by_ftp()函数主要流程如下。

```
int fetch_file_by_ftp(char *server, char *username, char* password, char *path, void *filedata, int maxlen)
{
    struct ip_addr ipaddr;
    struct tcp_pcb *ftp_control = tcp_new();
    struct tcp_pcb *ftp_data = tcp_new();
    unsigned long filesize;
    /*检测数据合法性*/
    if (!ftp_control || !ftp_data || get_serverip(server, &ipaddr) != ERR_OK)
        goto ftpbad;
    /*连接到 TFTP 服务器*/
    if (connect_to(ftp_control, &ipaddr, 21) != ERR_OK)
        goto ftpbad;
    /*以一系列 ftp 命令（如输入用户名和密码登录服务器，设置传输模式和检测文件大小路径等命
令方式）来和 FTP 服务器交互*/
    if (ftpcmd(ftp_control, NULL, NULL, inbuf, sizeof(inbuf)) != 220)
        goto ftpbad;
    ……
    /*取得文件*/
    result = receiveftp(ftp_data, NULL, 0, filedata, &filesize, filesize, 120);
    ……
    /*关闭连接*/
    ftpcmd(ftp_control, "QUIT", NULL, inbuf, sizeof(inbuf));
    tcp_close(ftp_data);
    tcp_close(ftp_control);
    return filesize;
ftpbad:/*异常处理*/
```

```
        if (ftp_data)
            tcp_close(ftp_data);
        if (ftp_control)
            tcp_close(ftp_control);
        return -1;
}
```

有效数据存入 RAM，如果目的地是 Flash，不要直接存入 Flash，应先存入内存中，下载完成后再一次性导入 Flash，这样不会频繁地写 Flash。嵌入式中 Flash 的寿命也是有限的。具体看开发板的内存是否足够，若不足够，也可分段缓存并写入。取得镜像文件后，即可调用函数 burn_sysimage() 来烧制。

```
/*参数分别是镜像烧入起始地址、大小、偏移量和分区大小*/
int burn_sysimage(unsigned char*ptr,int size,unsigned long offset,unsigned part_size)
{
    int status=0;
    int sect_size, blk_start, blk_end;
    int total_blks = nand_get_total_erase_blocks();
    blk_start = offset / NAND_BLOCK_SIZE;
    blk_end = (offset + part_size) / NAND_BLOCK_SIZE;
    sect_size = NAND_BLOCK_SIZE;
    /*参数合法性检查*/
    if((size<sect_size)||(size>(part_size-3*NAND_BLOCK_SIZE)))
        return -1;
    do
    {
        /*擦除处理*/
        nand_erase(blk_start*NAND_BLOCK_SIZE,1);
        /*块写入，成功返回 0*/
        if (nand_write_block(ptr,blk_start) != 0)
        {
            if(blk_start >= total_blks)
                break;
            blk_start++;
        }
        else
        {
            blk_start++;
            ptr += sect_size;
            size -= sect_size;
        }
    } while (size > 0);
    if(size <= 0)
        status = 0;
    else
        status = blk_start;
    /*擦除分区最后部分*/
    while( blk_start < blk_end )
```

```
    {
        nand_erase(blk_start*NAND_BLOCK_SIZE,1);
        blk_start++;
    }
    return status;
}
```

至此，文件下载结束，下次上电后就会用新下载的镜像文件运行系统。此时需要注意开发板和外部的网络连接问题，目前常用的有千兆媒体独立接口（Gigabit Medium Independent Interface，GMII）和媒体独立接口（Medium Independent Interface，MII），具体要看连接的服务器或者交换机与开发板之间的协商结果。

结合之前的启动和下载，这里给出 U-Boot 常用的选择流程如图 4-9 所示。

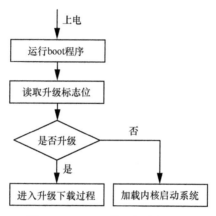

图 4-9 U-Boot 常用的选择流程

4.6 内核启动

镜像文件下载成功即可启动系统。若要将此内核镜像调入内存，通常先要解压内核镜像，以 mips 为例，解压入口是 arch/mips/boot/compressed/head.S，调用函数 decompress_kernel() 解压。然后通过 arch/mips/kernel/head.S 调用 CPU 的内核类型对应的初始化函数，建立全局/中断描述符表、内核栈，建立页表等。再通过函数 start_kernel()（init/main.c）初始化内核，这个函数是初始化的入口函数。主要步骤如下。

（1）设置对称多处理（Symmetrical Multi-Processing，SMP）模型 CPU 核的 ID（Identity Document），初始化内核依赖的哈希表，设置关中断。对于多核系统，要初始化第一个 CPU 核和页地址。

（2）调用 setup_arch()进行与具体的体系结构相关的初始化。本例的 mips 平台下初始化定义在 arch/mips/kernel/setup.c 中，主要进行设备中 CPU 内核和内存结构的初始化，创建内核页表并映射物理内存。

（3）和中断向量相关的初始化。

（4）虚拟文件系统（Virtual File System，VFS）的前阶段初始化，即 dentry 和 inode 的哈希表初始化。

（5）根据向量号对异常函数表进行排序，实质上初始化 CPU 的异常处理和内存管理。

（6）初始化内核的进程调度器和 RCU（Room Control Unit）机制。

（7）初始化中断与硬件相关联的寄存器和描述符集。

（8）初始化 CPU 定时器结构和高精度时钟。

（9）初始化系统计时器和时钟源。

（10）设置开中断，初始化串口操作。

（11）VFS 的后阶段初始化，即 dentry、inode、文件信息、挂载和字符/块设备驱动模型的初始化，实际上 VFS 和内存分配都要创建 Cache 并初始化，这样可为内存机制提供缓存。

（12）信号的初始化。

（13）内核的进程间通信初始化。

（14）调用函数 rest_init()，利用它创建两个内核线程，第一个内核线程执行 kernel_init，挂载根文件系统，创建和设置 init 进程。第二个内核线程执行 kthreadd，管理内核中线程和系统资源，开启内核的调度，最后调用函数 cpu_idle() 结束内核的启动。

结合前文，本节总结内核引导过程如图 4-10 所示。

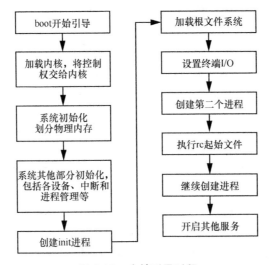

图 4-10　内核引导过程

若上述过程被成功执行，则说明 boot 引导内核启动成功，切换到用户态启动 init 进程，可以开始运行设备软件了。

>>>>>>>>>>>>>>>>> 第 5 章

开发要点分析

内核功能是嵌入式系统开发中必须掌握的内容，上层应用程序的功能也要在内核的支持下才能正常运行。本章以内核的核心功能为出发点，对实际开发过程中经常要用到和必须要掌握的知识点进行了总结，具有较强的实用性。

5.1 内核机制

Linux 内核管理系统的所有硬件设备，向上层应用提供通过系统调用的接口，其中较为典型的是 ioctl()函数。因此归纳核心功能为：抽象并管理硬件设备，向应用程序提供服务。

处理器的运行方式主要有以下 3 种。

（1）运行在用户空间，执行上层应用程序。

（2）运行在内核空间，处理进程上下文，执行特定的进程。

（3）运行在内核空间，处于中断上下文，与进程无关，处理特定中断。

因此，给出了目前软件开发中最基本的层次架构，上层应用+内核+硬件的框架如图 5-1 所示。

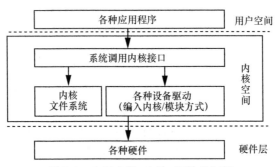

图 5-1 上层应用+内核+硬件的框架

后文主要基于这种框架来展开叙述。有的设备软件层中还有中间件，以提供更快捷的处理。具体实现时可制定 CPU 时间片和进程表中的优先级策略，使设备以最佳状态运行。

设备包括 CPU、存储器（内存和外存）、输入输出设备、网络设备和其他众多外部设备等，这就需要它们相互配合来完成既定的产品功能，为此给出较为通用的 Linux 的内核层次框架如图 5-2 所示。

根据图 5-2，嵌入式设备内核主要包括 5 个子系统，分别如下。

（1）进程管理

该子系统负责管理 CPU 资源，各个进程可以自定义的策略使用 CPU 资源，具体可以在进程表中定义。

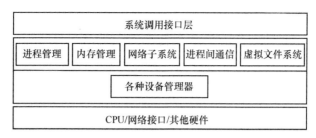

图 5-2 Linux 的内核层次框架

（2）内存管理

该子系统负责管理内存资源，以便让各个进程可以安全地共享设备内存。另外，通过虚拟内存机制将不用的内存保存在外部非易失存储器中，使用时再取回到内存中。内存资源和 Flash 资源都是有限的，读写较大内存块耗时太长，而反复擦写 Flash 对设备也会产生损伤，所以设计时务必要谨慎使用。

目前经常出现的 Segment fault 基本由以下两类原因导致。

- 指针跑空，即运行的一段内存是空的，导致系统崩溃。

- 内存溢出，如申请了 100Byte 空间，但实际数据要用 200Byte，这时就较易出现进程异常。

（3）虚拟文件系统

在该子系统中内核提供访问外部设备的接口，通过统一的文件（如 open、close、read、write）操作。除此之外，还将很多不同功能的外部设备抽象为文件，多半是在/dev 目录下。这些也体现了系统是以文件方式处理设备的。

（4）网络子系统

该子系统专门负责管理系统的网络设备，包括有线类型和无线类型，并支持多种多样的网络驱动和标准，具体开发中可以增加各种特定协议。

（5）进程间通信

这部分和硬件无关，它主要负责系统中进程之间的通信，有些也负责主机之间的通信，具体使用较多的有 socket、管道、共享内存、消息队列、信号，后文将给出具体实现方法。

内核子系统依赖关系如图 5-3 所示。

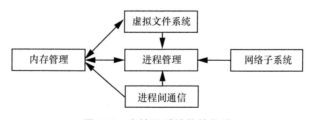

图 5-3 内核子系统依赖关系

从图 5-3 中可看出中心模块是进程管理，其他子系统都涉及进程的阻塞和恢复。例如，进程管理和内存管理之间相互依赖，创建进程要为数据和程序申请内存，放入内存中才能运行。进程间通信的共享内存机制需要两个进程存取一块共用的内存区。内存管理要用虚拟文件系统完成交换，而交换进程的调度依赖进程管理，所以内存管理也依赖进程管理。

基于这种框架，下面讲述在实际操作中需要了解的一些重要知识点。

5.1.1　文件系统

文件系统的基本思想是"一切皆是文件"。在嵌入式系统中，以文件方式处理的不仅有普通文件，还有目录、字符设备、块设备、套接字（Socket）等。对于上层应用程序来说，虽然这些文件类型不同，但操作机制是类似的。

物理层是设备自身的底层存储介质。设备驱动层实现了系统中各种设备的驱动功能。文件系统层要挂载和实现各种具体的文件系统和具体设备驱动。fs_operations 结构封装着各种文件操作的接口函数，由文件系统层完成，为虚拟文件系统提供文件操作接口。虚拟文件系统层管理链接文件、虚拟文件、磁盘文件和设备文件。操作系统文件管理框架如图 5-4 所示。

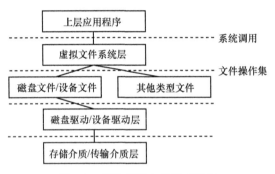

图 5-4　操作系统文件管理框架

5.1.1.1　文件系统框架

不同的文件系统如 Ext2、Ext3、Ext4 和 minix 等可共存。使用同样的 I/O 系统调用可对任意文件进行抽象操作，不必考虑具体文件系统格式。基于这样的思想，可以将虚拟文件系统设计成内核中的一个软件层，不需要任何硬件支持，给上层应用提供接口。

总体上开发板中运行的文件系统分为以下 3 方面。

（1）上层应用进程的系统调用。

（2）虚拟文件系统封装。

（3）挂载到虚拟文件系统中的各种实际文件系统。

在同一个目录结构中，虚拟文件系统封装了具体系统的实现细节，简化了开发步骤。程序可透明地通过统一的系统调用访问各种存储介质，从而增强了移植性。例如，一个写 Flash 的流程为：用户态 write()→虚拟文件系统 sys_write()→实际文件系统写入接口→物理 Flash。

应用程序调用文件 I/O write 操作时，由系统调用 sys_write()找到文件所在的具体文件系统，并将控制权交给它，再由该系统与物理介质产生写交互，将数据写入物理介质中。因此应用程序只需要一个 write 操作即可完成写操作，具体过程对程序是透明的。此外还简化了新文件系统合入内核的过程，它只要提供符合虚拟文件系统标准的各个接口即可，不需要修改内核部分，就能与虚拟文件系统协同工作。虚拟文件系统与其他模块的协同关系如图 5-5 所示。

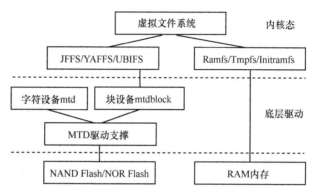

图 5-5 虚拟文件系统与其他模块的协同关系

5.1.1.2 创建过程

构造一个文件系统应考虑以下几方面因素。

（1）介质的物理结构是否合理。

（2）硬件介质的物理操作，通常由各驱动完成，驱动是否稳定。

（3）文件系统的逻辑结构及所绑定的操作。

（4）为上层进程提供的访问接口。

下面介绍创建系统。这是一个格式化磁盘之后建立文件系统的过程，所以创建系统时要在磁盘的特定位置写入该文件系统的控制信息。

例如，Ext2 文件系统由实用工具 mke2fs 创建，具体创建流程如下。

（1）初始化超级块和组描述符。组描述符表紧跟超级块，由若干组描述符（struct ext2_group_desc）构成，共为 32Byte，这样可描述文件系统中所有块组的属性和整体信息。

将所有的组描述符连接成一个组描述符表，可占多个数据块。但是在设备运行时若某个组描述符遭到破坏，整个块组将无法使用，这是非常危险的，所以为防止遭到破坏，组描述符表在每个块组中进行了备份。

（2）检查是否有磁盘坏块，若有则创建坏块链表，并记录坏块。设备的运行时间越长，坏块就会越多。

（3）为每个块组保留存放文件系统基本对象和索引节点位图/数据映射位图的磁盘块。

（4）先后初始化这两个位图。索引节点位图在索引节点的分配和撤销中使用。系统磁盘逻辑分布如图 5-6 所示。

图 5-6 给出了在磁盘可分成多个分区的前提下主分区的逻辑说明。它包含多个块组，在其中一个块组中，超级块、块位图、索引节点位图是一块，其他可为多块。

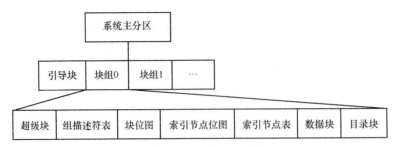

图 5-6　系统磁盘逻辑分布

主分区存储的文件用来正常运行系统和挂载硬件驱动。其他分区也可存储各类文件或文件系统。例如，可将主分区设计为可读模式，其他分区是可读写模式，用来存储各类业务数据，这样可动态更新业务参数。

分区也可以继续划分为引导块和若干块组。引导块在主分区中，包含了引导系统的执行代码。块组则包括各类位图、索引节点和数据块等。这些都需要进行初始化处理。

（5）初始化索引节点表。

（6）创建/root 目录和 lost+found 目录，e2fsck 将坏块和后者连接起来，同时会更新这两个目录块组中的位图信息。

（7）检查是否存在磁盘坏块，如果存在则在 lost+found 目录中记录。

操作系统意外崩溃或发生异常问题时会产生一些文件碎片或垃圾文件。这些碎片通常存放在 lost+found 目录里，这样便于在下一次启动时，文件系统检查（File System Check，FSCk）工具在修正文件系统中获得一些恢复数据的机会。

5.1.1.3　选择文件系统

设备的硬件特性不同，系统需求不同，背景不同，采取的文件系统也就会不同。例如，前文的 Ext2 系统和其他系统的差异也是明显的，相比之下，Ext3 的可用性、数据完整性和运行速度更优越，Ext4 能提供更佳的性能和扩展空间。

很多情况下对于 Flash 较大的开发板采用 UBIFS 类型，而对于 Flash 较小的开发板则较为灵活，如常用的有 SquashFS+JFFS2 混合类型。目前嵌入式系统中主要的存储设备为 RAM 和 Flash 这两种。常用的存储设备较为实用的文件系统类型包括：JFFS2、YAFFS、SquashFS、UBIFS 和 Ramfs 等，设计时还需要考虑设备断电或者重启时是否保留数据。

5.1.1.4　制作文件系统镜像

镜像文件是将特定的一系列文件按照一定格式整理制作成单一的文件，下载烧制到设备上。它可以包含一个分区/多个分区/一块磁盘的所有信息。目前嵌入式开发中经常要制作 img 或 bin 类型的镜像文件，囊括操作系统或分区，擦洗硬盘后直接下载运行，也可在 boot 下直接烧写到开发板上。制作这种文件的流程包括两个部分：一个是根文件系统的制作，另一个是根文件系统和具体文件系统的挂载，最主要的根文件系统制作的步骤如图 5-7 所示。

因为目前很多嵌入式设备选择 UBIFS 作为文件系统，所以本节从实际操作角度考虑，以 UBIFS 镜像的制作为例说明操作过程，具体步骤如下。

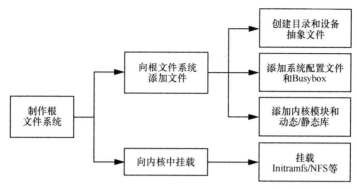

图 5-7　根文件系统制作的步骤

（1）内核的配置参数要支持 UBIFS，再重新编译，这个不必赘述了。

（2）根文件系统 rootfs.img 镜像的制作，通常会有一个 rootfs 文件夹，里面包含很多系统开始启动时就存在的文件和目录，举例如下。

/bin　/etc　/lib　/root　/sbin　/tmp　/var　/dev　/home　/mnt　/proc　/sys　/usr

有些还包括 opt 及文件 init 和 linuxrc。其中相对重要的有/lib、/etc、/dev、/root，这些直接决定了文件系统能否正常启动、启动方式、登录管理、网络管理和各种服务进程的加载。/bin 和/sbin 来自前文的 Busybox，rootfs/etc 可复制自 Busybox-*/examples/bootfloppy/etc 文件夹，Linux 主机上的/etc/passwd、/etc/group 和/etc/shadow 可移植到 rootfs/etc 中，注意修改 shell 解释器。复制并修改/etc/fstab、/etc/inittab 和/etc/profile 文件到 rootfs/etc 中。rootfs/etc/init.d/下的文件尤为重要，包括启动脚本 rcS 和很多重要的上层应用进程及业务的配置文件。

交叉编译时所使用的动态链接库可直接复制到 rootfs/lib 中，也可以交叉编译后将生成的库文件复制进去，但在配置应用进程时要注意在环境变量中配置链接路径，防止进程找不到对应的库。其他文件夹可依据此方法手工创建或移植。

根据生成的这些目录进行根文件系统的制作。如果一切情况正常，一个基本的根文件系统就完成了，后续可以根据具体需求增删。

使用 mkfs.ubifs 工具制作文件系统映像，mkfs.ubifs 工具需要明确的参数，本节举例说明如下，以供参考。

mkfs.ubifs -r rootfs/ -m 2048 -e 126976 -c 1000 rfs –F -o rootfs.img

r：指定根文件目录；m：页大小，常采用 2 048；e：逻辑可擦除块大小；c：最大逻辑块号，即该文件系统占用的最大块数；F：激活"white-space-fixup"，在 U-Boot 下烧写需要激活此功能；o：输出的镜像文件名。

以上命令将 rootfs 文件夹制作成 UBIFS 镜像，包括里面的各种文件，镜像名是 rootfs.img，此卷的最大容量是 124MB。

（3）使用 ubinize 工具可将 mkfs.ubifs 制作的映像文件转换为可直接用命令烧录或者擦写硬盘的文件，这样在系统启动后便于升级更新和调试。

ubinize -o flash.img -m 2048 -p 131072 -s 2048 flash.cfg

o：输出的镜像文件名；m：页大小，常采用 2 048；p：物理可擦除块大小，每块的页数×页大小=64×2 048=131 072Byte；s：UBI 头部信息的最小 I/O 单元，通常与 m 参数相同。

ubinize 时要指定一个配置文件 flash.cfg，内容如下。

```
[linux]
mode=ubi
image=uImage        /*生成的源镜像*/
vol_id=0        /*卷序号，第一个卷*/
vol_size=6MiB        /*卷大小*/
vol_type=dynamic        /*动态卷*/
vol_name=linux        /*卷名*/
vol_alignment=1
[rfs]
mode=ubi
image=rootfs.img
vol_id=1        /*第二个卷*/
vol_size=115MiB
vol_type=static
vol_name=rfs
vol_alignment=1
```

vol_type 表示 volume 的类型，分为 dynamic 和 static 两种，其中 dynamic 类型的设备挂载后可以读写，若要文件系统为只读则可设置为 static 类型。至此，文件系统镜像制作完成。

（4）挂载测试

将制作好的镜像文件烧写到开发板上，正常启动后从串口或者登录网络接口键入 mount 命令，具体的文件系统挂载结果如下。

```
[root@localhost ~]# mount
rootfs on / type rootfs (rw)
ubi0:rfs on / type ubifs (rw,relatime)
proc on /proc type proc (rw,relatime)
devpts on /dev/pts type devpts (rw,relatime,gid=5,mode=620,ptmxmode=000)
tmpfs on /dev/shm type tmpfs (rw,relatime,mode=777)
tmpfs on /tmp type tmpfs (rw,relatime)
sysfs on /sys type sysfs (rw,relatime)
```

从 ubi0:rfs on / type ubifs (rw,relatime) 可看出根文件系统是可读写类型，若是 ubi0:rfs on / type ubifs (ro,relatime) 则根文件系统为只读类型。设备各个驱动模块应正常加载到开发板中。

若要再挂载一个分区，可运行以下命令。

ubiattach /dev/ubi_ctrl -m 1 -d 1

mdev -s 2&> /dev/null

cd /sys/class/ubi

mount -t ubifs ubi1_0 /configs

执行上述命令即可挂载另一个分区，再次运行 mount 命令会增加一条记录，具体如下。

ubi1_0 on /configs type ubifs (rw,relatime)

若要升级或调试文件系统，可以执行以下命令。

ubidetach -p /dev/mtd3

flash_erase /dev/mtd3 0 0

ubiformat /dev/mtd3 -q -e 0 –f flash.img

　　具体命令参数功能不再赘述，其中从 mtd0 开始计算，mtd3 表示第四个分区，即擦写更新第四个分区，执行后必须重启开发板才能生效。请注意在 boot 或系统 shell 下运行命令时，要打开 Windows 系统下的服务器（镜像文件制作出来后保存在 Windows 下，较多情况下使用 TFTP 和 FTP 服务器），这样才能让镜像文件正常传送到开发板上。

5.1.1.5　与上层接口

　　因要面向多个具体文件系统，VFS 会向上层应用提供统一的 API，再通过系统调用封装，这样用户空间程序就可以透明地操作不同的文件系统了。VFS 所提供的常用 API 有 mount()、umount()、open()、close() 和 mkdir() 等。本节以一个读写文件的简单实例来说明 VFS 和上层应用之间接口的实现方法，举例如下。

```
#define BUF_SIZE 128
int main(int argc,char **argv)
{
    int from_fd,to_fd;
    int bytes_read;
    char buf[BUF_SIZE];
    from_fd=open(argv[1],O_RDONLY));
    to_fd=open(argv[2],O_WRONLY|O_CREAT,S_IRUSR|S_IWUSR));
    bytes_read = 0;
    memset(buf, 0x0, sizeof(buf));
    bytes_read=read(from_fd,buf,BUF_SIZE);
    write(to_fd,buf,bytes_read);
    close(from_fd);
    close(to_fd);
    return 0;
}
```

　　上例是一个很简单也很典型的文件复制操作。VFS 为上层应用提供 API，VFS 上层调用接口框架如图 5-8 所示。

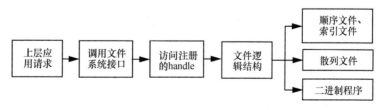

图 5-8　VFS 上层调用接口框架

　　内核中保存一张系统调用表，每项绑定一个调用号。应用程序调用一个系统调用时发生软中断，CPU 从用户空间切换到内核空间，跳转到预设地址。系统调用号放入 EAX 寄存器，参数依次放入 EBX、ECX、EDX、ESI 和 EDI 寄存器中。system_call 是系统调用的入口点，它会根据系统调用号查找系统调用表，找不到则失败返回，找到则调用相应的 sys_xxxx()，函数运行的返回值也放入 EAX 中，如打开操作为：open()→open 封装→system_call()→sys_open()。

调用 open()函数打开文件时，内核会到 dentry 缓存里根据路径参数查找相应的 dentry。若找到了，直接构造 file 对象并返回；若没找到，根据找到的最近目录逐级从磁盘加载 inode，生成对应的 dentry 并缓存，直至找到文件。该函数具体过程比较复杂，open()最终会调用 sys_open()，该函数运行过程概括如下。

它先调用 do_sys_open()函数，将文件名从用户态复制到内核态，通过 get_unuesed_fd()获得一个未使用的文件描述符，再通过调用 do_filp_open()执行文件打开过程。

do_filp_open()调用 open_namei()取出该文件对应的 dentry 和 inode，再通过 dentry_open()构建一个 struct file 对象，用先前的 dentry 和 inode 数据来填充 file 对象的成员信息，再将这个对象和具体进程的 files_struct 对象关联。

对于文本文件和驱动文件如/dev/gpio，使用的方法类似，只是驱动程序里已经注册了对应的 open()、read()和 write()等接口，具体实现有些差别。例如，socket 的 read 和 write 过程即收发数据包，而不是简单地读写文件。

这里给出发生读请求时，通常的 read()系统调用在核心态中的处理层次如图 5-9 所示。

虚拟文件系统层				
Ext2	Ext3	Ext4	NTFS	NFS
页缓存层				
通用块设备层				
I/O调度层				
块设备驱动层				
物理块设备层				

图 5-9 read()系统调用在核心态中的处理层次

收到上层应用的读请求后，首先经过虚拟文件系统层和具体的文件系统层，接下来是页缓存层、通用块设备层、I/O 调度层、块设备驱动层，最后在块设备驱动层操作文件。write()过程和 read()过程类似。

按照分层隔离的思想，概括每层处理方法的总流程如下。

（1）虚拟文件系统层可为上层应用提供一个统一的接口，使操作设备文件也像简单文件一样。

（2）每个具体文件系统层的操作集存在较大差异，但注册的接口方法类似，每种操作对应一个方法，由此方法向下层发出请求。

（3）页缓存层是为了提高内核对磁盘访问的性能。

（4）通用块设备层隐藏了底层硬件块设备的特性，收到上层的磁盘请求后发出 I/O 请求。

（5）I/O 调度层接收上一层发出的 I/O 请求，根据自身设置的调度算法，回调块设备驱动层中已注册的请求处理函数。

（6）块设备驱动层下还有一个物理块设备层。驱动从上层中取出 I/O 请求，发送命令给具体的块设备控制器。

（7）物理块设备层对应具体的物理设备，收到命令后进行数据处理。

5.1.2 设备驱动

驱动设计是嵌入式开发中必不可少的一个环节。它定义了一个设备的功能和性能，为上层应用屏蔽了硬件细节操作，是操控硬件的软件。通常以集成在内核或独立加载模块的方式运行，而且加载模块时，操作系统会将其加载到内核空间，链接到内核，否则切入核心态时内核找不到对应接口。

嵌入式设备驱动的开发目前包括 3 类：字符设备驱动、块设备驱动和网络设备驱动。嵌入式设备驱动框架如图 5-10 所示。

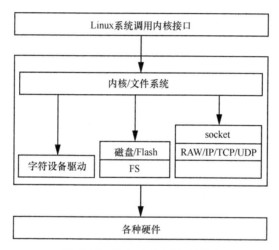

图 5-10 嵌入式设备驱动框架

这 3 类驱动中，字符设备驱动的使用场景较多。目前网络设备驱动集成在内核中，也可以模块方式加载运行。在开发中，较多是在对收发报文的过滤处理和设置接口参数时增删代码。下面先给出常用的流程简介。

5.1.2.1 流程简介

将硬件设备抽象成一个设备文件，上层应用在操作它时和普通文本文件方法类似，作为内核运行的一部分，它主要支持以下步骤。

（1）首先必须有创建设备的初始化和最后不使用的清除。

（2）检测设备运行中的错误，根据应用场景调整参数。

（3）接收应用层数据，传送到设备文件中经内核处理后传送到硬件或返回应用层。

（4）从硬件读取数据后要交给内核处理，再发送到应用层。

驱动提供的接口要为上层提供支持，驱动加载/卸载工作流程如图 5-11 所示。

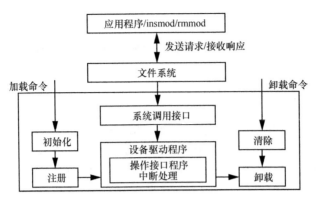

图 5-11　驱动加载/卸载工作流程

从图 5-11 中可看出，主要部分是底层的设备驱动程序模块，包括操作接口程序和中断处理。前者最复杂，负责接收上层数据后操作设备控制器，它的常用代码框架大致如下。

```
#include <....../xxxx.h>
int drv_open() {......}
int drv_read() {......}
int drv_write() {......}
void drv_release() {......}
struct file_operations
{
    .open= drv_open,
    .stop= drv_release,
    .read=drv_read,
    .write=drv_write,
};
int init_module()      //注册驱动
{xxxx_driver_register();......}
init cleanup_module()      //释放驱动
{xxxx_driver_unregister();......}
module_init(init_module);      //驱动加载的入口
module_exit(cleanup_module);      //卸载驱动的入口
```

一个驱动中至少要包含注册、打开、读写、控制、关闭和释放行为。上述函数的具体定义视驱动功能而定，要将其在驱动初始化时注册到系统中。函数 module_init()是驱动的加载函数，通过回调将 init_module 加载入内核，内核就知道该驱动的初始化函数为 init_module()。与此对应，函数 module_exit()从内核中卸载驱动，也是通过回调方式来通知内核驱动的退出函数为 cleanup_module()。有的驱动包含 MODULE_LICENSE("GPL");这样的语句，用来表明此驱动支持通用公共许可证（General Public License，GPL）开源协议。而结构体 file_operations 是驱动和内核之间的交互接口，填充好后注册到内核运行。有些复杂驱动（如网卡驱动）还要增加中断处理和时钟处理。

创建设备时使用命令 mknod 在/dev 下建立设备名文件，如果驱动加载注册成功，则会在/proc/devices 文件中有对应的设备名写入。至此，整个驱动操作过程结束。上层应用程序调用 open、read 和 write 函数时就会调用到驱动在 file_operations 结构体中所注册的对应函数 drv_open、drv_read 和 drv_write 等。该结构的成员大部分是指针，完成与驱动之间的透明交互，给虚拟文件系统提供接口，实际相当于文件层面上的 I/O 操作接口。因此设计一个好的驱动程序不仅要考虑底层硬件功能的实现，还要考虑可供上层调用的各种驱动接口。

5.1.2.2　字符设备驱动

字符设备驱动运行结构如图 5-12 所示。

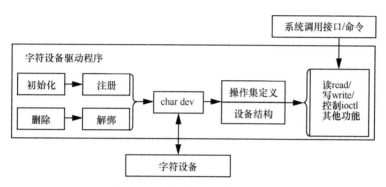

图 5-12　字符设备驱动运行结构

5.1.2.3　网络设备驱动

网络设备驱动开发是目前嵌入式系统中必不可少的环节。发送时将已格式化处理的数据自动发出，CPU 不必干预；接收时以一定的格式组织好收到的数据，通知 CPU 来取。

网络设备不同于字符设备和块设备，有些并不对应/dev 下的文件。从整体的体系结构来看，内核中的网络设备驱动常分为以下 4 个子层：协议层、设备层、驱动功能层和硬件传输层。网络设备层次框架如图 5-13 所示。

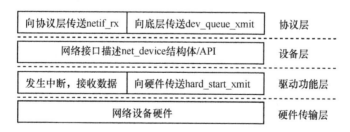

图 5-13　网络设备层次框架

（1）协议层：与硬件无关，提供统一的报文收发接口，使协议对具体的硬件设备透明独立。

（2）设备层：设备中每个厂商会使用不同的硬件，为多种硬件在软件实现上的抽象统一提供了描述网络设备属性和方法的 net_device 结构体（include/ linux/netdevice.h）。它在内核中表示一个网络设备，使上层独立于指定硬件。驱动程序要填充 net_device 的成员并注册或编译到内核中，将硬件操作与内核支持关联起来。

（3）驱动功能层：依赖 net_device 的各成员配置硬件完成相应功能。驱动最基本的工作就是收发数据，再传给内核处理。

（4）硬件传输层：负责报文收发的实体。

内核以链表的形式存储多个网络设备的属性，包括名称、中断号、初始化 API 和打开关闭接口等。内核用 dev_base 的全局指针指向这个链表，对于多网卡设备，每个节点表示一个网络接口。发送数据包时，会根据路由表选择相应的网络接口。查看时，用户经常使用的命令 ifconfig -a 的输出结果就是对所有网络接口的抽象显示。

因此网络驱动的主要工作是填充 net_device 结构中的属性和成员函数后注册到内核，完成对 sk_buff 的逐层处理。

1. 实现过程

网络驱动在操作系统中要正常运行起来，实现以太网业务数据的正常收发，才能在此基础上承载其他业务。在此结合一款设备的以太网驱动样例来分析在嵌入式设备中的实现过程，具体实现流程如下。

- insmod 加载以太网驱动模块（Install Module）。
- init_module()初始化过程。
- register_netdev()注册网络接口。
- 打开设备接口开始收发报文。
- 响应事件，支撑中断和定时器等操作。
- 关闭网络接口并 rmmod 卸载模块（Remove Module）。

先说明一个管理和注册驱动的机制。这种机制包括 platform_device 和 platform_driver，前者表示设备，后者用来注册驱动，通常 device 要先于 driver 注册。这实际上是注册了一个 platform 的虚拟总线，很多设备将网络接口挂在这个虚拟总线上。这样将设备资源注册到内核中统一管理，驱动通过申请可获得这些资源。所以在开发底层驱动时通常要先定义和注册 platform_device，再定义和注册 platform_driver。

在加载驱动前需要初始化资源结构、platform_device 结构和注册设备，这样驱动在注册时就能找到内核中所保存的设备名。

（1）驱动注册

用户通过 insmod 命令将驱动模块加入系统后，先调用函数 init_module()将所定义的 platform_driver 类型驱动挂载到内核中。

```
struct platform_driver testmac_driver =
{
    .probe     = xxxx_probe,
    .remove    = xxxx_remove,
    .driver    =
{
        .name = "xxxx_eth",
        .owner  = THIS_MODULE,
    },
};
static int __init xxxx_eth_init(void)      /*初始化设置*/
```

```
{
    int ret;
    /*根据具体应用场景确定是否需要 PHY*/
    if (phy_mode == PHY_MODE_UNKNOW || phy_mode ==PHY_MODE_DEF)
        phy_mode = PHY_MODE_HAS_PHY;
    else
        phy_mode = PHY_MODE_NO_PHY;
    ret = platform_driver_register(&testmac_driver);
    return ret;
}
```

初始化时调用函数 platform_driver_register()注册 platform_driver 类型变量。内核会比较当前要注册的 platform_driver 中 name 属性值和已注册的所有 platform_device 中的名字值，若找到则注册 platform 成功，否则开发人员需要重新定义命名方法，直到找到为止。

对应的注销函数如下。

```
static void __exit xxxx_eth_exit(void)
{
    platform_driver_unregister(&testmac_driver);
}
```

成功注册到 platform 后，总线驱动轮询探测总线上的设备，将设备的关键数据传给函数 probe()，此时会调用 platform_driver 结构中的 probe 函数指针来完成初始化过程。

（2）初始化

初始化主要是检测、配置和初始化硬件接口，申请所需资源，填充对应的 net_device 结构来设置以太网接口的运行参数，最后注册到内核中。

初始化通常在 probe 对应的 xxxx_probe()函数中实现，这个函数比较重要，流程如下。

① 直接调用 platform_get_resource()获取资源,包括内存、中断和直接存储器访问（Direct Memory Access，DMA）等，因描述硬件需要包括资源和附加数据，它们常定义在板级支持包（Board Support Package，BSP）开发板文件中，即依赖具体的开发板。

② 调用 alloc_etherdev()分配一个 net_device 结构变量 dev 用来描述以太网接口，并使 dev 绑定 ether_setup()（net/ethernet/eth.c），可对 dev 中 hard_header_len、type、最大传输单元（Maximum Transmission Unit，MTU）和 flags 等公有成员赋值。

③ 获得 dev 私有数据和 MTU 大小，设置 dev 中断和私有数据属性。若网络接口需要支持 PHY 操作，则设置和注册 MDIO 总线 mii_bus 结构，动态创建和注册 PHY 设备。网络部件连接关系如图 5-14 所示，图 5-14 显示了通常设备中网线、PHY、MDIO、MII/GMII/RMII 和 MAC 硬件连接。

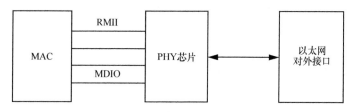

图 5-14　网络部件连接关系

从图 5-14 中可看出，MAC 和 PHY 通过 MII 系列接口传送数据。

④ 设置 dev 要实现的操作函数集 netdev_ops 为 xxxx_net_ops，让 dev 关联私有数据中的 NAPI（New API）结构，定义 NAPI 的轮询函数为 xxxx_net_poll()。xxxx_net_ops 定义形式如下。

```
static const struct net_device_ops xxxx_net_ops =
{
    .ndo_open  = xxxx_net_open,
    .ndo_stop        = xxxx_net_stop,
    .ndo_start_xmit  = xxxx_net_start_xmit,
.ndo_tx_timeout = xxxx_tx_timeout,
};
```

⑤ 设置 ethtool 工具的接口为 xxxx_net_ethtool_ops，以 dev 为参数调用 register_netdev() 注册驱动，成功注册后 dev 插入 dev_base 链表末尾。xxxx_net_ ethtool_ops 定义形式如下。

```
static struct ethtool_ops xxxx_net_ethtool_ops =
{
    .get_drvinfo = xxxx_net_getdrvinfo,
    .get_ethtool_stats        = xxxx_net_get_ethstats,
    .get_settings        = xxxx_net_getsettings,
    .set_settings        = xxxx_net_setsettings,
};
```

上例中对应的注销过程包括注销和释放 DEV，注销 MDIO 总线 mii_bus 结构，释放设备资源。

综合来说，初始化就是要进行硬件和软件上的准备工作。检测硬件资源，为网络接口分配一个 net_device 结构变量并赋值，对接口的私有数据信息成员赋值，这种赋值过程有时在获得硬件资源后进行。目前很多网络接口的初始化和本节介绍的过程大同小异。

（3）打开和关闭

注册了网络接口后要激活它，例如，键入 ifconfig eth0 up 使接口状态变成 UP，否则无法使用，此时会调用 open 成员对应的函数。样例中是 xxxx_net_ops 中 ndo_open 所对应的函数 xxxx_net_open()，它的主要流程如下。

① 判断当前 MAC 是否绑定 PHY，若绑定就调用 PHY（drivers/net/phy）模块提供的函数 phy_connect()，将 MAC 关联到 PHY 上并设置 PHY 属性。

② 申请 MAC 收发中断，绑定中断处理函数，形式通常如下。

```
request_irq(dev->irq, xxxx_net_interrupt, 0, dev->name, dev);
```

上例中 priv 是 dev 中的私有数据，xxxx_net_interrupt 是中断处理函数。

③ DMA 收发初始化，将 MAC 地址写入寄存器。

④ 为 DMA 收发分配物理页，将该页的总线地址分别保存在私有数据属性中并返回该页的虚拟地址，有的厂商驱动还要设置硬件 DMA 模式。

⑤ 为收发数据包 sk_buff 结构分配空间，分配接收队列。

⑥ 设置寄存器，包括溢出控制、DMA 收发地址、DMA 收发通道和最大突发长度等。

⑦ 启动 DMA 收发和 PHY，若没有连接 PHY，则 MAC 自身要设置速率、双工模式和流控制参数。

⑧ 开启 NAPI 后调用内核函数 netif_start_queue() 激活发送队列。

上面过程结束后就可以开启数据传输了，需要说明的是，在驱动中因开启和关闭网络接口的频率较高，所以注册中断较多放在 open 中。

关闭过程是 open 的逆过程，如键入 ifconfig eth0 down 使接口状态变成 DOWN，此时会调用 stop 对应的函数。样例中是 xxxx_net_ops 中 ndo_stop 对应的函数 xxxx_net_stop()。它先调用内核函数 netif_stop_queue()停止传输数据包，再禁用 NAPI，释放网络接口占用的中断、内存和 DMA 资源。最后若是关联 PHY，需要与 PHY 断开连接。

（4）中断算法

在设备的实际应用中，在收到数据、发送完成、出错报告或通报连接状态的改变时都会产生中断。中断处理程序可通过检查中断状态寄存器来获知中断类型，若是发送结束的中断则要设计结束之后的操作。驱动的中断处理模型如图 5-15 所示。

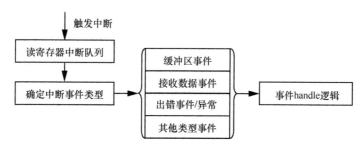

图 5-15　驱动的中断处理模型

在触发中断时，中断处理程序检测芯片的硬件状态寄存器，先判断是哪种类型的行为，再进入各分支处理，举例如下。

```
static irqreturn_t xxxx_interrupt(int irq, void *dev_id)
{
    struct net_device *dev = dev_id;
    int ioaddr, status;
    while ((status = swab16(xxxx_readw(dev->base_addr + ISQ_PORT)))) {
        switch(status & ISQ_EVENT_MASK) {
            case ISQ_RECEIVER_EVENT:      /*接收中断*/
                xxxx_rx(dev);
                break;
            case ISQ_TRANSMITTER_EVENT:      /*发送中断*/
                dev->stats.tx_packets++;
                netif_wake_queue(dev);
                break;
            /*还有其他类型中断处理*/
        }
    }
    return IRQ_HANDLED;
}
```

（5）发送数据

成功打开网络接口后就可以收发数据了。嵌入式产品中的收发功能是驱动中最关键的过程，也是直接衡量产品性能质量的重要指标。

将协议模块传递来的数据包放入 MAC 的缓冲区，若有效数据长度小于帧的最小长度 60，则缓冲区尾部填 0。向外发送数据通常会调用 dev_queue_xmit()。最后调用驱动初始化时 dev 操作集 xxxx_net_ops 中成员 ndo_start_xmit 所指定的钩子函数 xxxx_net_start_xmit()，它是向下发送数据的 API，向硬件提交数据后返回，此时寄存器的数据类型和地址映射不能有错。若发送超时，则调用已注册的 xxxx_tx_timeout()超时处理函数。

（6）接收数据

驱动接收主要采用中断方式和轮询 NAPI 方式。中断方式是要将收到的数据复制到缓冲区再传给上层协议栈。轮询 NAPI 方式由 CPU 建立并维护 NAPI 链表。数据到达时，硬件产生中断信号通知内核。接收软中断会遍历执行链表中每个 NAPI 的轮询函数，从硬件管理的内存队列中读取数据。这样所收到的数据经 PHY 芯片校验后通过 DMA 复制到 MAC 缓冲区，再调用 poll()将数据包传到协议上层继续处理。NAPI 调用流程如图 5-16 所示。

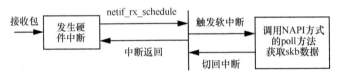

图 5-16 NAPI 调用流程

① 调用 napi_schedule()确定 NAPI 可调度，将设备的 NAPI 结构实例加入 poll_list 中再关中断，以轮询方式收包。

② 设置 NET_RX_SOFTIRQ 触发软中断，用 poll 方法从输入队列中收包，调用接收 netif_receive_skb()交协议上层 handle 处理。

③ 关闭轮询，切回中断，释放 poll_list 中的实例。

④ 开启接收中断，继续接收数据包。

在此给出接收和发送数据包处理流程如图 5-17 所示。

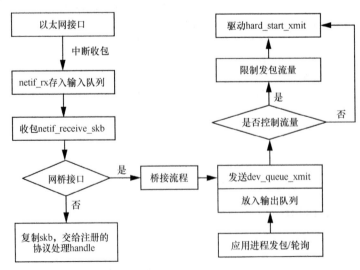

图 5-17 接收和发送数据包处理流程

2. 属性设置

用户经常要键入网络操作命令来读写设备的相关参数，如修改 MAC 地址、IP 地址、获取流量和修改速率等，多数是以 ioctl（Input/Output Control）方式切入内核，并由驱动提供 API，完成后将结果返回上层。例如，键入常用的修改接口速率的命令 ethtool -s eth0 speed 100 duplex full 时，内核在 net/core/ ethtool.c 定义的函数 ethtool_set_settings()里调用了网络接口结构 net_device 中函数集 ethtool_ops 的成员 set_settings 指针所指的函数，而驱动先用以下方式指定了处理函数。

```
.set_settings = xxxx_ethtool_setsettings,
```

函数 xxxx_ethtool_setsettings()找到 dev 所关联的 PHY，并将它和命令 cmd 传给以下函数。

```
int phy_ethtool_sset(struct phy_device *phy, struct ethtool_cmd *cmd)
{
    /*ethtool_cmd 结构负责传递信息，获取 cmd 中速率参数*/
    unsigned int speed = ethtool_cmd_speed(cmd);
    if (cmd->phy_address != phy->addr)
        return -EINVAL;
    cmd->advertising &= phy->supported;        /*下面是检查 cmd 参数是否合法*/
    ……
    /*最常用的是网卡速率、双工模式和自动协商*/
    phy->autoneg = cmd->autoneg;
    phy->speed = speed;
    phy->advertising = cmd->advertising;
    if (AUTONEG_ENABLE == cmd->autoneg)
        phy->advertising |= ADVERTISED_Autoneg;
    else
        phy->advertising &= ~ADVERTISED_Autoneg;
    phy->duplex = cmd->duplex;
    /*自动配置 PHY*/
    phy_start_aneg(phy);
    return 0;
}
```

上述操作适用于 MAC 和 PHY 之间的对接，若是开发板内的芯片之间的通信，不需要经过 PHY，则不存在 PHY 的对应处理。

在调试网络设备时，ifconfig 是经常要用到的命令。例如，在有的应用场景下会涉及 MAC 地址修改或过滤，路由器会过滤掉非法的 MAC 地址，或据此添加转换规则。用 ifconfig eth0 hw ether 00:24:39:45:67:1a 命令配置了 eth0 的 MAC 地址，ifconfig 工具调用 ioctl 并指定命令值为 SIOCSIFHWADDR 后，切入内核态，驱动同样要先指定处理函数，举例如下。

```
.ndo_set_mac_address = xxxx_eth_macaddr,
int xxxx_eth_macaddr(struct net_device *dev, void *in)
{
    struct sockaddr *addr = in;
    /*判断网络接口是否在运行，因为通常运行时不能修改 MAC 地址*/
    if (netif_running(dev))
```

```
        return -EBUSY;
    if (!is_valid_ether_addr(addr->sa_data))        /*判定要写入的 MAC 地址是否有效*/
        return -EADDRNOTAVAIL;
    /*向 dev 的成员 dev_addr 中写入新的 MAC 地址覆盖旧值*/
    memcpy(dev->dev_addr, addr->sa_data, ETH_ALEN);
    return 0;
}
```

还有些网络管理（以下简称网管）系统要统计网络流量来查看当前设备的运行状态或是否受到攻击，驱动会提供函数 xxxx_get_stats()返回 net_device_ stats 结构指针，举例如下。

```
static struct net_device_stats *wifi_get_stats(struct net_device *dev)
{
    struct wifi_private *priv = wifi_netdev_get_priv(dev);
    return &priv->stats;
}
```

上例中，net_device_stats 在接口的私有结构中，具体数据的读写常在驱动的收发包函数中完成。

综上所述，这种层次化的驱动架构给上层协议和底层多种硬件的支持提供了方便。由设备模块抽象出 net_device 结构，通常比较稳定，所以开发人员的主要工作是在驱动功能模块或 net_device 的成员中增删实现代码，并设计好上层应用和底层之间函数调用的对应接口。

5.1.3　进程间通信

进程间通信就是在不同进程之间交换信息，因为进程的用户空间是互相独立的，不能互相访问，所以操作系统要协调不同的进程。进程间通信机制提供了这种可行性。当前的嵌入式设备开发中使用这种通信机制一般都要传输一个字符串、一个消息或数据包。一个程序要想使用所有的方法是非常少见的，也会引起不可靠性，所以要根据设备需求选择安全可靠的进程间通信方法。本节以常用的信号和共享内存为实例，讲述处理过程。

5.1.3.1　信号捕捉

目前大多数开发中信号的处理采用自定义函数，信号到达时调用此函数，这个过程就是信号捕捉过程。本节以常用的 SIGINT 来说明此过程。

（1）上层应用注册了 SIGINT 的处理函数 sighandler。

（2）正在执行主流程操作时，内核捕获到一个中断。

（3）保护好用户态现场数据，然后从用户态切换到内核态来处理中断。

（4）处理完毕后还没有返回用户态时检查到信号 SIGINT。

（5）返回用户态后运行信号注册的处理函数。

（6）运行结束后再进入内核态。

（7）没有其他信号处理时返回原来的用户态进程继续运行。

信号捕捉逻辑如图 5-18 所示。

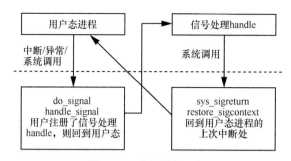

图 5-18　信号捕捉逻辑

此时请注意一点，信号可以在主进程函数中注册，但信号处理和进程使用的堆栈空间不相同，不存在调用关系，是两个独立操作。

5.1.3.2　共享内存

要实现共享内存首先要进行以下两个步骤。

先创建共享内存，再映射它。

将这段共享内存映射到具体的进程空间。

现在可以让多个进程读/写同一块内存了。所有进程对关联的共享内存和 malloc() 等函数分配的内存一样透明使用。本节结合以下程序实例，讲述通信过程。下例中用两个进程，一个写入数据，另一个读取数据。

写入程序如下。

```
#define SHMKEY 240
#define SHMSIZE 256
int main()
{
    int shm_id, num, i = 0;
    int *shm;
    shm_id = shmget(SHMKEY, SHMSIZE, IPC_CREAT);
    shm = (int *)shmat(shm_id, 0, 0);
    while(i < 5)
{
        num = random() % 100;
        *shm = num;
        printf("send ran number %d\n", num);
        i++;
        sleep(1);
    }
    return 0;
}
```

读取程序如下。

```
int main()
{
    int shm_id;
```

```
        int *shm;
        shm_id = shmget(SHMKEY, SHMSIZE, IPC_CREAT);
        shm = (int *)shmat(shm_id, 0, 0);
        while(1)
        {
            sleep(1);
            printf("%d\n", *shm);
        }
        return 0;
    }
```

同时运行写入和读取程序，从运行结果中可以看出，写入程序每隔 1s 产生并发送一个随机数，由读取程序接收。基于共享内存的通信过程如图 5-19 所示。

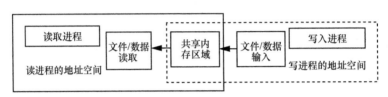

图 5-19　基于共享内存的通信过程

上面的程序给出了通信的基本样例，需要注意的是，如果此时只中止写入，读取程序会一直读最近的数据而不会停止。

在通信结束后，相关的进程还要与共享内存解除映射，并由其中一个进程释放它。

实际开发中很多设备对共享内存的使用还要采取同步机制，因为使用共享内存的安全性非常重要，一个进程对共享内存中数据的改动会影响其他进程，导致意想不到的结果，所以共享内存经常和后面介绍的信号量一起使用，保证进入临界区的操作是原子操作。

5.1.4　实际应用实例

嵌入式设备对网络有很强的支持力，应用场景也很广泛，目前各种移动设备、终端设备和网络设备等功能要求越来越高，普遍要求支持传输控制协议（Transmission Control Protocol，TCP）/IP（Internet Protocol）和其他以太网协议，便于调试和设置设备参数。为此本节将列举与网络相关的重要应用实例，也是用途很广的实例，供读者参考。

5.1.4.1　黑白名单

在网络安全中，黑白名单是常用的功能，实际是一个 IP 地址/端口/协议的控制列表。防火墙要检查数据报文头部的 IP 地址/端口或者载荷中的关键字，再决定下一步的操作。黑名单是丢弃某个连接，而白名单是只允许该连接的数据包通过。本节将根据防火墙的设计逐步提供该功能的一种实现方法——IPSET。

（1）嵌入式设备的内核要在编译时增加 IPSET 的选项支持编译 IPSET 的选项界面如图 5-20 所示。

（2）下载 libmnl 和 IPSET 的源码压缩包，交叉编译。本节提供命令案例如下。

```
--- Network packet filtering framework (Netfilter)
[ ]   Network packet filtering debugging
[*]   Advanced netfilter configuration
[*]     Bridged IP/ARP packets filtering
      Core Netfilter Configuration  --->
<*>   IP set support  --->
< >   IP virtual server support  --->
      IP: Netfilter Configuration  --->
      IPv6: Netfilter Configuration  --->
< >   Ethernet Bridge tables (ebtables) support  --->
```

图 5-20　编译 IPSET 的选项界面

① 编译 libmnl

源码包解压后，运行配置命令 configure，具体如下。

```
./configure CC=mipsel-unknown-linux-gnu-gcc LD=mipsel-unknown-linux-gnu-ld --build= mipsel-unkown-linux-gnu --host=mipsel-nknown-linux-gnu
make;make install
```

② 编译 IPSET

解压后一定要注意标明 libmnl 的库文件路径和内核源文件的路径，再运行以下操作。

```
./configure CC=mipsel-unknown-linux-gnu-gcc LD=mipsel-unknown-linux-gnu-ld--build= mipsel-unkown-linux-gnu --host=mipsel-unknown-linux-gnu --prefix=/usr/local/ipset --with-kbuild= /home/linux-3.0.1-source
make CPPFLAGS=-I/libmnl-1.0.3/include LDFLAGS=-L/libmnl-1.0.3/src/.libs
make install
```

（3）取出 IPSET 文件，将其移植到设备 Flash 中，更换内核（内核需要更换，否则 IpSet 不能得到内核支持）后即可运行。

黑白名单的控制访问可以设置如下。

```
ipset -N limit_host iphash
ipset -A limit_host 10.10.10.100
ipset -N control_site iphash
ipset -A control_site www.baidu.com
iptables -A FORWARD -p tcp --dport 80 -m set --match-set limit_host src -m set ! --match-set control_site dst -j DROP
iptables -A FORWARD -p tcp --dport 443 -m set --match-set limit_host src -m set ! --match-set control_site dst -j DROP
```

上例中 IP 地址为 10.10.10.100 的主机只能访问百度网站。

这里有一点需要注意，这样的设置对正常的以太网数据会起作用，如果数据已经过一层封装则失效。例如，后文的 Small Cell 发送的 GTP（GPRS Tunneling Protocol）明文数据包，GTP 明文数据包如图 5-21 所示。

```
Internet Protocol Version 4, Src: 15.15.15.253 (15.15.15.253), Dst: 20.5.0.2 (20.5.0.2)
User Datagram Protocol, Src Port: 2152 (2152), Dst Port: 2152 (2152)
GPRS Tunneling Protocol
T-PDU Data 1089 bytes
Internet Protocol Version 4, Src: 10.42.150.5 (10.42.150.5), Dst: 36.152.44.96 (36.152.44.96)
Transmission Control Protocol, Src Port: 39336 (39336), Dst Port: 80 (80), Seq: 1, Ack: 1, Len: 1049
Hypertext Transfer Protocol
```

图 5-21　GTP 明文数据包

图 5-21 中显示了外层是以太网数据头，业务数据封装在数据包的内层，相当于二次封装，这时可在 Small Cell 的业务层中增加黑白名单的实现代码，或者外接路由器先接收这种类型包再通过检索关键字的方法用特殊的策略处理。

5.1.4.2 出错的指针

内核空间是有限的，在这有限的空间中，最后一个 page 是专门保留的，一般不会用到这个 page 的指针。若函数返回值是指针类型，在调用出错的情况下或者找不到相关数据时会返回 NULL 指针。目前，在内核中有以下 3 种指针：有效指针、空指针和错误指针。有效指针是指能正确实现了地址访问的指针，不必叙述。

空指针就是通常的 NULL 指针，若在应用程序中访问了 NULL 指针，进程会崩溃，异常退出。这种错误若出现在用户态程序中则不会导致系统崩溃；但若在内核中访问了 NULL 指针，CPU 首先会触发一个异常，结果将是灾难性的。

内核级的程序在死机时，可能会出现一些所谓"oops"信息，举例如下。

```
Unable to handle kernel pagingrequest at virtual address……
```
空指针问题与该信息类似，下面举例说明一个加载模块时的空指针。
```
void oops_test(void)
{
    int *p = NULL;
    int a = 6;
    printk("func oops_test\n");
    *p = a+5;
}
int oops_init(void)
{
    printk("oops init\n");
    oops_test();
    return 0;
}
void oops_exit(void)
{
    printk("oops exit!\n");
}
module_init(oops_init);
module_exit(oops_exit);
MODULE_LICENSE("GPL");
```

很明显，上例中这个模块对内核没什么损害，但函数 oops_test(void)中访问了空指针。实际中可用"if(p==NULL)"来检查此指针是否为空，然后进行下一步处理。

如果当前执行流程在内核态，若内核进程遇到空指针异常问题，说明在内核态运行出错，由函数__do_kernel_fault()完成，它实际上就是查找异常表和异常解决办法并执行，目的是尽快解决异常。

错误指针就是指已经到达最后一个页面，这段地址通常是保留的，不能访问。若指针在这个范围内，程序必然出错。内核提供了错误指针相关的 API，在 include/linux/err.h 中。判断函数返回指针是不是错误指针的方法有使用 IS_ERR 或者 IS_ERR_OR_NULL。

```
static inline long __must_check IS_ERR(const void *ptr)
{
    return IS_ERR_VALUE((unsigned long)ptr);
}
static inline long __must_check IS_ERR_OR_NULL(const void *ptr)
{
    return !ptr || IS_ERR_VALUE((unsigned long)ptr);
}
#define     MAX_ERRNO     4095
#define     IS_ERR_VALUE(x)   unlikely((x) >= (unsigned long)-MAX_ERRNO)
```

内核将指针返回值和错误号关联起来，IS_ERR_VALUE 判断指针是否对应着错误号的表达范围，这样能让出错情况通过返回的指针表现出来。因此在内核实际开发中，判断是否出错的条件就不能简单地写为“if(p == NULL)”，因为错误指针不同于空指针，正确的做法是先使用 IS_ERR() 或者 IS_ERR_OR_NULL() 判断指针返回值，若出错再用 PTR_ERR() 将错误指针转为错误码，并执行相应流程。例如，驱动开发中常见的 device_create() 函数，应该使用以下出错判断及处理。

```
static int usb_classdev_add(struct usb_device *dev)
{
    int minor = ((dev->bus->busnum-1) * 128) + (dev->devnum-1);
    dev->usb_classdev = device_create(usb_classdev_class, &dev->dev,
                MKDEV(USB_DEVICE_MAJOR, minor),
                "usbdev%d.%d", dev->bus->busnum, dev->devnum);
    if (IS_ERR(dev->usb_classdev))
        return PTR_ERR(dev->usb_classdev);
    return 0;
}
```

综上所述，内核在实际运行中会大量使用指针来操作数据和传递参数，因此在调试内核定义一个指针时，一定要注意初始化、变量作用域和赋值等问题。

为此本节给出分析步骤如下。

（1）错误原因提示，因为内核出错有很多种。

（2）调用栈打印出了内核函数层次调用关系，问题大多出在这些函数调用关系中。

（3）CPU 寄存器的参数。

同时还要注意嵌套指针问题，大多用在结构体成员中，即在定义一个指针时内存只为这个指针分配了内存空间，没有为结构体内部的指针分配空间。

5.2　裁剪和移植

因为每个嵌入式设备的硬件平台存在较大差异，要适应不同的体系结构，包括多种外部设备、多网卡及多种文件系统，所以需要对内核和根文件系统进行裁剪和移植，尤其是物理底层和寄存器的处理。同时嵌入式设备的资源有限，尤其是硬件资源非常有限，因此裁剪和移植后要更多考虑实际应用的需求。相比之下，上层应用因为很多是平台无关性的程序，所以可很快进行移植处理。本节将结合实例来说明这一处理过程。

5.2.1　内核裁剪和移植

内核裁剪和移植的实质就是修改和配置内核，根据具体需求来决定添加或删除相关功能，这样才能更好地满足实际应用的需求。

1. 交叉编译

首先要建立交叉编译的环境。不同体系结构的 CPU 使用的编译器是不同的，如 ARM 系列编译工具制作的工具不能移植到 mips 设备中运行，所以交叉编译是将程序整合成 CPU 对应的操作语言。本节将以 mips 为例讲述。

在通用的 Linux 平台下，编译工具较多使用 gcc、g++、ar 和 strip 等，但在 mips 平台下对应的是加上 mipsel-unknown-linux-gnu-前缀的编译工具。例如，编译 C 程序的 gcc 对应着 mips 下的 mipsel-unknown-linux-gnu-gcc，g++对应着 mipsel-unknown-linux-gnu-g++。交叉编译时使用较为广泛的就是 gcc、g++、binutils 和 glibc 这 4 个。其中 binutils 可生成辅助工具，如 ar、as、strip 和 nm 等，glibc 提供运行程序时所需的函数库。读者可下载这些交叉编译工具后安装到 Linux 编译环境中，有时芯片厂商也会提供交叉编译工具来编译程序。使用前要将交叉编译工具路径添加到环境变量 PATH 中，还要注意头文件和库文件的路径，否则编译时会经常出现找不到函数定义的问题。

需要强调的是，嵌入式设备的时钟频率非常重要，初始化时要根据芯片资料来修改，否则编译出来的镜像不能正常运行。

2. 修改 Makefile

很多嵌入式设备的编译通过 Makefile 进行，此文件中要定义好函数库的依赖和代码之间的依赖关系。所以必须要修改内核源代码中的 Makefile 文件，确定对应的内核选项。内核 Makefile 文件说明见表 5-1，内核中的 Makefile 文件主要在表 5-1 说明的路径中。

表 5-1　内核 Makefile 文件说明

文件名称	功能描述
Linux 顶层 Makefile	内核所有 Makefile 的核心，总体控制编译
.config	配置文件，用来决定要使用的功能项
arch/体系结构/Makefile	特定体系结构 Makefile，决定该结构下要编译的相关文件
net、drivers 等 Makefile	子目录下的 Makefile，编译特定目录下的源程序
scripts/Makefile 系列	构建编译内核的通用规则脚本

编译内核或上层应用程序时要先指明交叉编译器。如在 mips 结构下要将 Makefile 中的 ARCH 赋值为 mips，将 CROSS_COMPILE 赋值为 mipsel-unknown-linux-gnu-，其他辅助工具可引用这些变量定义，举例如下：

```
AS                  = $(CROSS_COMPILE)as
LD                  = $(CROSS_COMPILE)ld
```

类似这样便定义了一系列工具。同样的方法也可以定义在上层应用程序中，只是设置方式不同，如交叉编译 NTP（Network Time Protocol）时，先要配置 Makefile 参数才能正确编译，下载压缩包后解压，配置好环境变量，输入以下命令。

./configure--prefix=/usr/ntp   --exec-prefix=/usr/ntp   --host=mipsel-unknown-linux-gnu   CC=mipsel-unknown-linux-gnu-gcc

在生成的 Makefile 文件中就自动加入了交叉编译信息，也可手动修改，再运行 make 即可编译 NTP 源代码了。

3. 配置内核参数

对设备硬盘设置分区，可在内核中指定，也可在 boot 中指定参数后传递给内核，这样在不同的实际应用中可不必修改内核代码、配置内核分区，保持内核的独立性。

内核源代码自带很多配置选项，芯片厂商通常会在 arch/mips/configs 路径下包含特定的较多配置文件，名称通常是 xxxx_ defconfig 形式，需要根据具体芯片型号选择好配置文件，然后复制到源代码的顶层目录下，改名称为.config。此文件保存的是裁剪内核的结果，可以手工直接修改此文件。但需要注意的是，在有些情况下手工修改后编译未必能生效，因为实际编译时可能会复原到修改之前的内容，所以最好通过下面的命令界面来配置内核参数。

配置内核使用 make menuconfig 命令较广，在顶层目录下输入此命令，会弹出编译内核选项界面如图 5-22 所示。

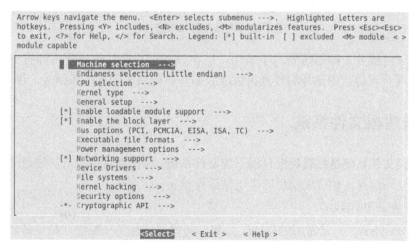

图 5-22 编译内核选项界面

这些菜单内容来自于内核源代码各目录下的 Kconfig 文件，该文件按一定的格式包含了各配置项。make menuconfig 时读取.config 文件，并用此文件来初始化各菜单项的选择值。

从图 5-22 中可看出，此界面包含了驱动、网络、文件系统、安全和总线等重要组成部分的配置数据，主要原则是要去掉与设备无关的选项，尽可能节约设备的资源。另外有时要根据实际需求修改部分代码，如分区、NAND Flash 驱动、网络接口驱动和网络入口 API 检测数据包等，外加 USB 接口时要注意修改驱动代码，后文在 Wi-Fi+USB 方式的 4G/5G 路由模块将举例说明。具体细节读者可查看相应资料来分析。

4. 编译内核

配置好内核后即可编译，如果出错，通常可运行以下命令进行调试。

- make clean，清理编译环境，去除已编译的文件。
- make modules，编译各模块，生成一个以.ko 为后缀名的模块文件，设备内核启动后可 insmod 加载或 rmmod 卸载此模块。
- make uImage，有的内核版本运行 make zImage，将模块代码编译连接到内核镜像中。

实际操作时内核中的各模块还会存在依赖关系，要通过 make dep 命令创建内核配置所对应的依赖关系树。

若这些命令都能正常运行，将会在顶层目录下生成一个内核镜像 uImage 或 zImage 等类文件，将其下载到设备中，具体下载方法很多。然后使用更新内核命令，例如，在 UBI 类型文件系统中的命令为：ubiupdatevol /dev/ubi0_0   /root/uImage

这样就替换了设备中运行的内核，然后重启系统后再运行的就是新内核，对于多分区设备要确认当前所更新的分区是否对应着新内核。至此，嵌入式内核的编译和移植工作结束。

综上所述，内核裁剪和移植过程如图 5-23 所示。

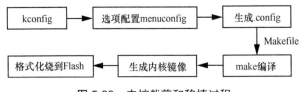

图 5-23　内核裁剪和移植过程

通过定制内核可去掉不需要的子模块，这样设备运行时系统进程将拥有更多的内存和 CPU 资源，而且可将新增部分编译到内核或者编译成模块来动态加载卸载，操作更灵活。

5.2.2　搭建根文件系统

嵌入式根文件系统是挂载到根目录下的文件系统，内核在启动最后从硬盘中读取它的目录和组织框架到内存，加载成功后即可正常运行设备。

1. 编译安装 Busybox

先讲述 Busybox。它是常用的程序工具集，同样要进行交叉编译，是设备软件必不可少的一个工具，若没有 Busybox，很多任务将无法正常运行。仍以 mips 为例，下载解压源码包后，输入 make menuconfig 命令，选择好所需工具后，再通过 Busybox Settings→Build Options→Cross Compiler prefix 的顺序设置交叉编译器 mipsel-unknown-linux-gnu-，设置安装目录后开始键入 make 和 make install 命令编译安装。

上述过程都成功后，在 Busybox 下会生成_install 目录，里面的文件夹 bin 和 sbin 需要复制到根文件系统 rootfs 文件夹中。

2. 选择文件系统

要选择对应的文件系统，首先要从 make menuconfig 配置菜单中进入 File systems 选项，删除不需要的文件系统。选择所支持的文件系统界面如图 5-24 所示。

```
Arrow keys navigate the menu.  <Enter> selects submenus --->.  Highlighted letters are
hotkeys.  Pressing <Y> includes, <N> excludes, <M> modularizes features.  Press <Esc><Esc>
to exit, <?> for Help, </> for Search.  Legend: [*] built-in  [ ] excluded  <M> module  < >
module capable

          --- Miscellaneous filesystems
          < >    ADFS file system support (EXPERIMENTAL)
          < >    Amiga FFS file system support (EXPERIMENTAL)
          < >    Apple Macintosh file system support (EXPERIMENTAL)
          < >    Apple Extended HFS file system support
          < >    BeOS file system (BeFS) support (read only) (EXPERIMENTAL)
          < >    BFS file system support (EXPERIMENTAL)
          < >    EFS file system support (read only) (EXPERIMENTAL)
          < >    Journalling Flash File System v2 (JFFS2) support
          <*>    UBIFS file system support
          [ ]      Extended attributes support
          [ ]      Advanced compression options
          [ ]      Enable debugging support
          < >    LogFS file system (EXPERIMENTAL)
          < >    Compressed ROM file system support (cramfs)
          < >    SquashFS 4.0 - Squashed file system support

                     <Select>    < Exit >    < Help >
```

图 5-24　选择所支持的文件系统界面

图 5-24 中是选择 UBI 类型文件系统作为根文件系统时所必需的内核支持项。为根文件系统生成一个文件夹 rootfs，保存生成的文件。本节将以此为例讲述构建根文件系统的主要过程。

一个嵌入式设备中的根文件系统必须要有以下 5 类文件。

（1）Busybox 工具集。

（2）系统运行时的动态/静态链接库。

（3）rootfs/etc 和 dev 下的配置文件和抽象文件。

（4）能在当前嵌入式平台下运行的应用程序。

（5）rootfs/dev 下的 console 和 null 文件，可进入 rootfs 里，具体如下。

mknod　–m　660　dev/console　c　5　1

mknod　–m　660　dev/null　c　1　3

3. 构建 rootfs 目录

具体操作请详见第 5.1.1.4 节，这里介绍主要步骤如下。

（1）创建根文件系统的目录。

（2）添加或修改启动脚本和设置环境变量。

（3）向目录中增加应用程序和动态/静态链接库文件。

（4）完善其他系统目录和设备的业务配置文件。

（5）选择好要加载的文件系统。

（6）制作镜像文件固化到设备的 Flash 中启动。

>>>>>>>>>>>>>>>>> 第 6 章

GPON ONU 开发

吉比特无源光网络（Gigabit-Capable Passive Optical Network，GPON）由光网络单元（Optical Network Unit，ONU）、光线路终端（Optical Line Terminal，OLT）和无源光网络（Passive Optical Network，PON）组成，采用单纤双向传输机制，上行最大传输速率达 1.244Gbit/s，下行速率达 2.488Gbit/s，传输距离更长。其中，ONU 提供接入网用户侧的接口；OLT 集中控制管理 ONU，提供接入网的网络侧与核心网之间的接口，通过光缆网络与 ONU 连接，具有带宽分配和运行维护管理 PON 的功能。很多运营商都将其视为接入业务宽带化改造的理想技术。

6.1 GPON 概述

在宽带接入技术中，GPON 以光纤为介质，以光波作为载波传送信号，将用户接入核心网。解析以太网帧，数据部分被映射到 GPON 封装方式（GPON Encapsulation Mode，GEM）净荷中并封装头部信息进行传输，因为采取标准的周期为 125μm 的 GEM 格式帧封装各种协议，所以装载能力更强，可直接支持时分复用（Time-Division Multiplexing，TDM）业务。TDM 业务数据按照固定的字节数复用到 GEM 帧中，相当于透传处理。

上行方向，从 ONU 发送的信号只会到达 OLT，波长为 1 310nm；下行方向，OLT 发送的信号通过分光器广播到各 ONU 或者直达 ONU，波长为 1 490nm，ONU 通过过滤取出发给自己的数据。GPON 的网络结构如图 6-1 所示。

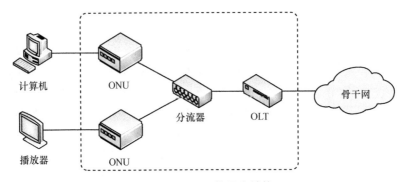

图 6-1　GPON 的网络结构

GPON 结构中较为典型的是树形结构，最大分路比是 1:128，但通常是达不到的，光信号有个衰减的过程，所以实际应用中常采取分路比为 1:16、1:32 或 1:64 等方案。各个 ONU 按照 OLT 所分配的时隙传送数据，所以上行可共同使用上行信道，不会发生冲突。

在光纤连接上设备后，物理层负责进行光/电转换和恢复时钟数据，对应光传输接口，即 PON 口。它的参数决定了最大分路比和传输距离，可根据光网络类型来确定 OLT 和 ONU 之间具体的发光功率和灵敏度等参数。

汇聚（Transmission Convergence，TC）层相当于链路层，也是核心层，主要完成 ONU 注册和对上行业务流的接入控制。TC 层又分为成帧子层和适配子层，本节只讲述 GEM 适配，GPON 系统 TC 层模型如图 6-2 所示。

TC层	适配子层	OMCI：识别Port-ID，负责OMCC与实体交换
		GEM：负责SDU与PDU转换
	成帧子层	测距；分配时隙和带宽；安全

图 6-2 GPON 系统 TC 层模型

各层协议栈功能如下。

（1）成帧子层完成封装 GPON 传输汇聚（GPON Transmission Convergence，GTC）帧、测距、安全处理、分配时隙和带宽等功能，生成下行帧头，解码上行帧头，可从中提取物理层操作管理和维护（Physical Layer OAM，PLOAM）和 GEM 信息，基于 Alloc-ID 路由 GEM 适配器数据。OLT 的成帧子层和 ONU 的成帧子层相互对应。

（2）适配子层中的 GEM 适配子层可承载高层协议业务。向下可将各种类型的数据适配成 GEM 帧格式，向上完成 GEM 解帧，将数据还原成原始的数据，完成 GEM 服务数据单元（Service Data Unit，SDU）和 GEM 协议数据单元（Protocol Data Unit，PDU）格式之间的转换，其中包括光网络单元管理控制接口（ONU Management and Control Interface，OMCI）通道数据。

（3）OMCI 适配子层向下将数据适配成 GEM 帧格式。OMCI 信息适配到 GEM 帧中的 Port-ID，向上通过 Port-ID 识别通道，完成 OMCI 通道数据和实体的交换。

很明显，TC 层模型实际上是一个逐层适配的过程。除此之外，还有负责管理用户流量和安全的控制管理平面协议栈以及负责嵌入式操作维护管理（Operation Administration and Maintenance，OAM）、PLOAM 和 OMCI 的用户平面协议栈，通过专用通道传输数据。其中，嵌入式 OAM 和 PLOAM 管理物理层和 GTC 层，而 OMCI 提供更高层的业务配置。

其中，OMCI 实现是比较重要的模块，通过 OMCI 可使 OLT 管理 ONU，并可兼容多个厂商的 OLT 和 ONU 之间的互通。各 ONU 厂商也为此进行了多次协议互通测试，该协议在 ONU 初始化时建立的 GEM 连接上运行。后面有专门的章节讲解 OMCI 在 ONU 上的实现方法。

除了协议栈之外，还有一个重要的动态带宽分配（Dynamically Bandwidth Assignment，DBA）功能，由 OLT 检查 ONU 发出的 DBA 报告，或根据检测输入业务流来分析拥塞状态，然后分配或更新带宽资源。实际开发中，这部分的工作量主要在 OLT 设备上。

综上所述，TC 层协议栈如图 6-3 所示。

根据此协议栈，可得出 TC 层上下行数据收发的大致过程。

（1）上行方向

- Port-ID 决定了数据包的具体类型。
- 将 GEM 帧的所有分片存放在内存中，再将包移入各特定的目标队列，如 PLOAM 消息放在 PLOAM 队列，DBA 数据放在 DBA 队列，但 TDM 包直接发到 GEM 接口。
- 重组 GEM 帧后写入内存，然后发出。

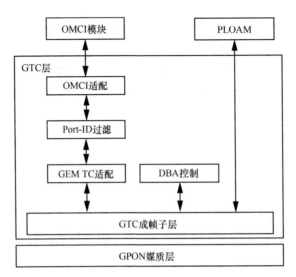

图 6-3　TC 层协议栈

（2）下行方向

- 根据不同的 Port-ID 将包存储在不同的接收队列中。
- 将队列的数据包封装成 GEM 帧。
- Port-ID 对应着 ONU-ID，给 ONU-ID 对应的目的 ONU 发送数据。

结合 OLT，GPON 软件流程包括 OLT 和 ONU 的交互，GPON 软件层次流程如图 6-4 所示。

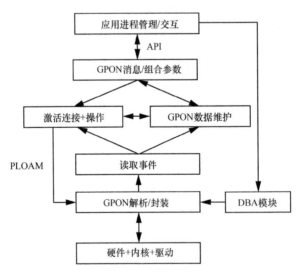

图 6-4　GPON 软件层次流程

上层管理/人机交互在目前开发中多数以键入命令行的方式来操作。在命令/消息处理中解析此命令行，然后调用各子过程。

（1）功能操作模块处理输入的命令，将参数以 PLOAM 消息的方式封装下发。

（2）数据库管理负责提供各功能的配置数据和结果报告，也可供其他模块读写。

（3）激活过程包括序列号、测距和给每个 ONU 分配 ONU-ID 等，激活成功的后续操作由操作模块负责。

（4）DBA 模块专门负责带宽处理。

每个子过程的处理结果可通过 GPON 抽象层的封装处理后发出。

6.2 ONU 框架

在 GPON 系统中，一个较为典型的 GPON ONU 功能模块如图 6-5 所示。

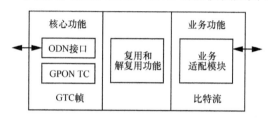

图 6-5　GPON ONU 功能模块

图 6-5 中左侧是 GPON 的核心功能模块，包括光分配网（Optical Distribution Network，ODN）接口子模块和 GPON TC 子模块。前者要收发光信号，包括光/电转换，属于物理子层的功能。后者是 TC 层，可承接传输复用和用户业务复用的功能，包括 GTC 帧封装、MAC 和 ONU 管理等，这样可提取与自身 ONU 相关的信息，并封装和分析不同用户的信息。

复用和解复用功能负责完成核心功能模块和业务功能模块之间的多种数据调度。

业务功能模块提供用户数据和 GEM 数据之间的转换，业务通常包括数据业务和语音业务，同时产品还集成 Wi-Fi 传输功能。

6.2.1 硬件逻辑

设计硬件时本节选择了一款 ONU 产品为样例介绍其组成部分，因为 ONU 要使用光纤与 OLT 传输数据，包括光模块部分。上、下行方向分别负责完成 1.244Gbit/s、2.488Gbit/s 的光电转换功能，CPU 使用 MIPS 处理器，同时提供基于 IP 的语音传输（Voice over Internet Protocd，VoIP）和路由功能，还包括串口器、交换芯片、CES（Circuit Emulation Service）芯片、百兆/千兆接口和无线模块。ONU 硬件逻辑结构如图 6-6 所示。

图 6-6 中，微处理器（Micro Processor Unit，MPU）模块用来配置和管理设备内部的各组件，包括与 CES 模块完成 CES 恢复算法（这取决于 CES 芯片的能力）。线路接口单元（Link Interface Unit，LIU）模块是负责收发和处理信号的脉冲编码调制（Pulse Code Modulation，PCM）设备组件。这里的 GPON 芯片起着核心作用。对接入的光纤传输，很多厂商的 GPON 芯片可提供集成的解决方案，关键特性至少要包括以下方面。

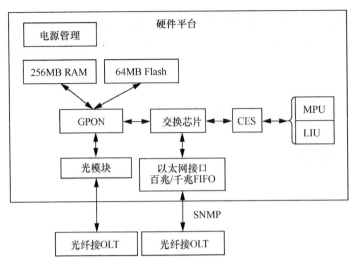

图 6-6　ONU 硬件逻辑结构

（1）针对操作系统的 BSP、底层驱动和设备启动时的状态检测。

（2）100/1 000Mbit/s 的以太网 MAC 和分组桥接，有的旧版本 ONU 还支持 10Mbit/s。

（3）1.244Gbit/s、2.488Gbit/s 的上下行速率和时钟数据恢复（Clock Data Recovery，CDR）电路支持。

（4）二波段和三波段（除了前面两种波长外，还增加了 1 550nm 波长）收发器接口和同步时钟接口。

（5）通过 GEM 进行分组处理和提供 TDM 业务的功能。

（6）信令和控制数据处理，独立处理与 GPON 相关协议。

ONU 在正常运行后要和 OLT 之间保持时钟同步，这取决于 OLT 的实现机制，如很多设备的同步采用 8K 时钟信号，并通过 GMII 对接交换芯片，通过 SPI 对接 MPU 模块，这些在设计时视具体需求而定。每个厂商选择使用的 GPON 芯片不同，硬件设计的框架就会存在较大差异。

6.2.2　状态流程

ONU 建立正常的上下行通信首先要完成激活注册，共有 7 种状态。这个状态流程是一个通用流程，具体描述如下。

（1）初始状态 O1。这是 ONU 刚上电时的状态，只要收到下行流就进入待机状态 O2。

（2）待机状态 O2。ONU 等待网络参数，在收到 Upstream_Overhead PLOAM 消息后设置自身运行参数，进入序列号状态 O3。

（3）序列号状态 O3。OLT 发出序列号请求消息，ONU 应答。OLT 记录应答 ONU 的序列号，并给所发现的 ONU 发送 Assign_ONU-ID 消息来分配一个 ONU-ID，相当于标识符。ONU 获取该值后进入测距状态 O4。

（4）测距状态 O4。OLT 发送测距请求，ONU 收到该请求后发出 Serial_Number_ONU

PLOAM 消息响应，然后 OLT 进行测距。OLT 发送 Ranging_Time PLOAM 消息，通知 ONU 新的均衡时延参数，ONU 获得后更新时间，进入运行状态 O5。

（5）运行状态 O5。ONU 根据时延值发送上行数据。测距成功后，ONU 可依据各自的均衡时延来发送信号，修改上行帧发送起点，保持上行帧的同步。

（6）POPUP 状态 O6。运行状态的 ONU 检测到信号丢失（Loss of Frame，LOS）或帧丢失（Loss of Signal，LOF）时进入该状态。此时 ONU 停止发信号，OLT 检测到 ONU 的 LOS 告警消息，尤其在光纤中断时 ONU 会进入该状态。

（7）紧急停止状态 O7。当 ONU 收到 OLT 发送的有 Disable 选项的 Disable_Serial_Number 消息后进入该状态，关闭激光器，此时禁止 ONU 发出信号。

ONU 的运行状态流程如图 6-7 所示。

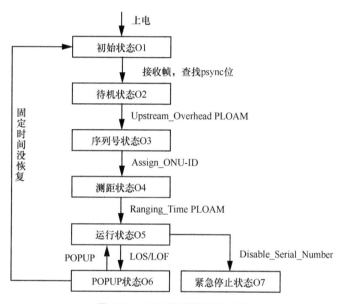

图 6-7　ONU 的运行状态流程

解决 ONU 故障后需要再度激活它，OLT 发送有 Enable 选项的 Disable_Serial_Number 消息，ONU 收到后进入待机状态 O2，再重新开始协商和参数分配过程。目前很多芯片供应商会以一个特定的命令行方式供开发人员查看具体的状态。

对 ONU 的安全认证通常有以下两种方式。

（1）以 MAC 地址作为认证信息，这种方式实现简单。

（2）IEEE 802.1x 认证方式，ONU 发给 OLT 的基于局域网的扩展认证协议（Extensible Authentication Protocol Over LAN，EAPOL）请求消息中包含用户名和密码，然后由 OLT 回复处理。

这两种方式也可混合使用。

6.2.3　软件实现

通常将 ONU 视为一种接入终端网络的产品，满足用户接入的需求。为方便读者理解，本节继续采用第 6.2.1 节中的 ONU 设备样例，提供 GPON 光口作为上联口对接 OLT。将软件系统划分成 BSP、操作系统、驱动层、支撑平台和系统管理 5 个较大的子系统，对此分别介绍如下。

（1）BSP：提供设备 CPU 系统的初始化运行，包括系统时钟、通用 I/O、以太网接口、boot 引导和版本下载等。

（2）操作系统：完成内存、定时器、进程等管理。

（3）驱动层：包括交换芯片/Wi-Fi/GPON 芯片驱动，常以模块方式加载，主要负责 ONU 硬件各部分操作接口的封装和配置。

（4）支撑平台：以 API 方式由上层应用调用，它解析下发的命令或参数后再发给驱动或内核，包括 ONU 芯片的驱动读写、设备指示灯、Wi-Fi 驱动、版本加载和系统控制等。

（5）系统管理：完成设备业务的配置和网管平台对 ONU 的统一管理，并和后台的数据库交互，数据库负责保存和提供读写管理数据的 API。

其他还包括以太网协议的支持，如虚拟局域网（Virtual Local Area Network，VLAN）、生成树协议（Spanning Tree Protocol，STP）、TCP/用户数据报协议（User Datagram Protocol，UDP）/IP 等相关二层、三层协议。ONU 软件层次模块如图 6-8 所示。

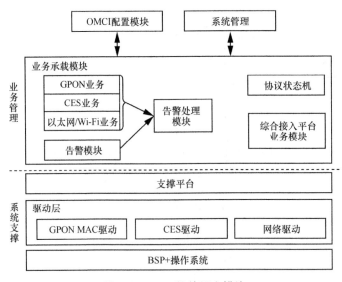

图 6-8 ONU 软件层次模块

1. **系统支撑**

此模块由 3 部分组成：BSP、操作系统和支撑平台。

CPU 初始化是根据硬件配置相应的内核寄存器，它与具体厂商选择的 CPU 类型密切相关。这种过程的设计通常要从 CPU 硬复位的第一条指令开始，电路单板的配置不同，系统参数也会不同，根据单板的不同配置修改相应设计。

为了保持上层应用的独立性，在更换不同厂商提供的 CPU 时要使用对应的 BSP 和操作系统的适配接口。这样移植时，BSP 对 CPU 进行适配后，操作系统就屏蔽了 CPU 的操作过程，支撑平台又屏蔽了操作系统的具体实现。

2. 网络驱动

该模块主要由交换芯片或 PHY 实现，它提供交换芯片或 PHY 的访问配置方法，通常采取命令行的方式。交换芯片是二层芯片，集成百兆和千兆端口的数据交换。通常至少要具有以下特性。

- 输出端口支持 CoS（Class of Service）队列。
- 支持输入、输出端口的镜像。
- 支持多播互联网组管理协议（Internet Group Management Protocol，IGMP）Snooping。
- 支持多 MAC 地址和 VLAN 设置。

操作 PHY 的命令是通过 ioctl 实现具体的读写 API，要在内核中事先注册。

3. CES 驱动

设备提供了 CES 芯片的读写接口，需要完成以下方面。

- 处理 E1 和以太网接口之间的数据包转换。
- 恢复时钟、告警和性能管理功能。
- IPv4（Internet Protocol version 4）和多协议标签交换（Multi-Protocol Label Switching，MPLS）等协议的配置功能。

4. GPON MAC 驱动

该模块提供对 GPON 芯片的访问和配置，通常由芯片供应商提供接口，例如，Broadcom 的芯片提供的命令行可查看当前芯片配置的参数。它需要完成以下方面。

- ONU 的初始化处理。
- 封装管理接口的命令，可查看当前 ONU 的运行状态。
- 以读写方式来控制 ONU 的部分运行流程，尤其是 OLT 下发给 ONU 的配置参数。

5. 业务承载模块

设备运行时需为系统配置数据的操作接口，完成这部分工作通常要由一个独立的平台来实现，而且设计这个平台时要和具体的硬件无关。这样上层应用就和硬件操作细节隔离开了，不必关心具体的硬件结构的封装实现，直接调用硬件的抽象接口就可使用数据业务通道和控制通道。

业务承载模块运行架构如图 6-9 所示。

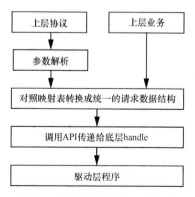

图 6-9　业务承载模块运行架构

在调用这个模块接口时要注意安全保护，采取信号量机制，每次只能有一个写操作，防止多次调用后修改了驱动的配置。

6. 网络协议业务

这部分主要提供的是二层协议模块，包括 STP、VLAN 和 IGMP Snooping 等。有些协议需要上层应用和内核配合实现。上层使用开源代码，具体参数配置到内核中。目前的开发中通常由芯片厂商提供内核的交叉编译实现，也可以在此基础上针对具体协议进行修改。

对于 STP，网桥呈现环形结构时要阻塞一部分网桥端口，这样可防止因出现环路而产生的广播风暴。对于一个网络动态拓扑结构，为使任意终端之间只有一条路由，要配置每一个端口的转发状态。在连接出现故障时，若重新配置网络端口，要保证所形成的新生成树不能干扰任意终端之间的通信。

对于 IGMP，多播权限由 OLT 集中管理，OLT 是权限管理的主体，ONU 承担执行者的角色。很多 ONU 设备支持 IGMP Snooping 模块，该模块的主要作用是侦听用户传送的 IGMP 报文，通过多播 VLAN+多播 IP/MAC 的模式来维护二层多播地址表，从而定义了一个终端用户加入/退出 IP 多播组的过程。多播 MAC 地址见表 6-1。

表 6-1 多播 MAC 地址

属性	组 MAC 地址	绑定端口列表		
内容	01-00-5e-22-33-44	2	4	…

用户发出加入请求，ONU 将收到的 IGMP Join 报文打上 VLAN 后发送给 OLT。OLT 收到后先进行用户识别，若找不到对应数据，则发送 IGMP Report 给上层路由器。根据多播权限表获取该用户的多播业务权限参数，将此权限控制参数集组成报文通知 ONU。ONU 解析报文后在本地多播表中增加表项，将 MAC 绑定到端口上，这样就建立了映射关系，后续可确定转发的具体端口，即只有多播表中的端口才能转发多播包。

同样，若用户要离开多播组，ONU 也将 IGMP Leave 报文打上 VLAN 发送给 OLT。ONU 根据接收到的报文从多播表中删除此对应用户表项，关闭此端口的多播流转发。

ONU 还可周期性发送 IGMP Query 报文，检查多播组内的成员是否还存在。成员收到后发送 IGMP Report 响应。IGMP Snooping 模式如图 6-10 所示。

图 6-10 IGMP Snooping 模式

需要强调一点，针对每个表项有个关联定时器的老化操作，通常默认定义为 180s 或 300s，可通过命令行修改，这样可及时更新多播表。

对于有的 ONU 上集成的 Wi-Fi 模块，多数设备采取胖 AP（Access Point）模式，收到无线终端数据后经光纤转发到 OLT。

对于 Trunking 功能，把多个物理链路捆绑成一条逻辑链路，可在一对系统之间建立一条高性能的链路，即使其中一条链路失效，其他链路仍可正常运行，只是可用带宽会减少。这种将以太网设备间的多个点对点组合而成的连接属于链路层，因此对网络层是透明的。

具体可建立多个 Trunking 组和组内端口的绑定，每种类型的 ONU 有所差异，取决于系统性能。如有的设备最多只能支持 6 个 Trunking 组，每个组只能绑定 4 个端口。

7．系统管理

此模块相当于设备的管家，可集中配置系统的各部分子功能，包括版本的升级加载、用户管理等，可以使用命令行或 Web 方式来完成，也可以通过向 ONU 发送 OMCI 帧来完成。

系统管理子功能框架如图 6-11 所示。

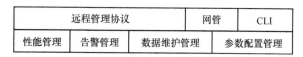

图 6-11　系统管理子功能框架

图 6-11 中，参数配置管理子功能在系统管理中最为重要。

（1）配置 ONU 的 GEM Port-ID 对应的 VLAN。

（2）交换芯片或 PHY 的参数设置。

（3）以太网端口配置，包括百兆/千兆接口属性、使能状态、MAC 地址和 VLAN 参数。设置端口对接不同的 VLAN，例如，选择 4 个端口中的 3 个对应不同的 VLAN，不同 VLAN 之间不能互通。实现二层屏蔽功能，第 4 个端口为 Trunking 模式，任何来自用户端口的数据可通过它上行发送到 OLT，实现用户数据的汇聚功能。有的芯片可支持双层 VLAN tag。

（4）GPON 端口配置，包括 ONU 的序列号、密码、误码参数、ONU 状态处理。

（5）检测端口的流量，限制某用户流量。

对于告警管理，检测到 ONU 告警后可通过命令行来读写或采用 PLOAM 消息形式上报。告警信息主要有以下几类。

（1）上层的 OMCI 告警，包括各种门限的告警，如 GEM frame loss、Lost Packet、电池和电力等。

（2）硬件检测反馈的告警，即 G984.3 协议中定义的 ONU 告警，如 LOS 和 LOF。

（3）ONU 用户侧的端口状态告警，包括端口性能、UP/DOWN 状态。

数据维护管理和性能管理则相对简单，主要包括以下方面。

（1）以太网帧、GEM 帧和 OMCI 帧统计。

（2）CPU 和内存的占用率、端口状态的检测。

（3）链路状态测试和时钟查询。

系统管理较多是以管理信息库（Management Information Base，MIB）方式来实现的，设计时要注意 MIB 的同步管理，主要包括以下 3 种场景下的 MIB 数据同步。

（1）ONU 开启。

（2）ONU 的 MIB 属性自身值发生变化。

（3）OLT 下发给 ONU 的配置参数与先前的属性不一致时。

上述各模块和功能项正常运行后，ONU 应进入与 OLT 正常通信的状态，针对具体的各业务模型可以通过 OMCI 协议进行配置，具体请看第 6.3 节内容。

6.3 OMCI 实现

OMCI 是比较重要的模块，负责使 ONU 和各厂商的 OLT 互通。要开发此模块，必须熟悉 G983.2、G983.4、G984.3 和 G984.4 等协议，成功建立 OMCI 通道才能使 ONU 接收 OLT 的下发参数。本节将继续第 6.2.1 节中的 ONU 作为样例来介绍主要流程。协议的具体内容篇幅较长，请读者自行查阅。

6.3.1 OMCI 基本点

G984.3 协议规定了 GTC 层的机制，包括帧结构、封装方法、ONU 注册激活、测距、服务质量（Quality of Service，QoS）、安全和 DBA 功能。而 G984.4 协议则主要针对 OMCI，包括 OMCI 消息结构、管理框架和实现原理。根据 G984.4 协议，可将 OMCI 对 ONU 的管理功能划分成以下 4 个部分。

（1）ONU 设备配置管理，控制识别 ONU，读写 ONU 配置参数。

（2）接入网接口/用户网接口（Access Network Interface/User Network Interface，ANI/UNI）管理。

（3）连接和流量管理。

（4）性能监控和安全管理。

G984.4 协议中对这些功能的实现提供了对应的管理实体，具体参数值由 OLT 通过配置命令下发给 ONU。

在 OMCI 管理 ONU 过程中，Tcont 是非常重要的基本控制单元，由 Alloc-ID 标识。它提供了多个物理队列并将上行数据汇聚到缓存中，容纳 GEM 优先级队列或转来的 GEM 包，并在所分配的 Alloc-ID 时隙中发送上行数据。

不同的 Tcont 由不同的 Alloc-ID 标识，可映射支持不同类型的业务。Tcont 可配置成优先级队列模式，一个队列可映射多个上行数据流，每个 GEM 数据流映射到 Tcont 后，经优先权控制处理并加上 GTC 帧头后传到 OLT。也可配置成速率控制模式，使每个队列只映射一个上行流，且速率固定，所以起始阶段首先要配置 Tcont。

每个 ONU 中 Tcont 的支持数要根据芯片性能来确定，例如，最多有 7 个 Tcont。ONU 可默认配置第一个 Tcont 为光网络单元管理控制通道（ONU Management and Control Channel，OMCC），单独使用。一个 Tcont 所能支持的 GEM 端口数最多是 32 个，每条下行数据流对应着一个由 Port-ID 标识的 GEM 端口。建立 OMCC 流程如图 6-12 所示。

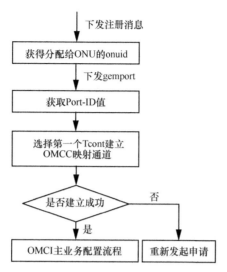

图 6-12　建立 OMCC 流程

在建立 OMCI 的 Tcont 时所需要的 Alloc-ID 就是 ONU 注册所获得的 ONU-ID。接着 ONU 在处理 OLT 下发配置 GEM 端口的 PLOAM 消息时会记录此 Port-ID，通过此值将 GEM 端口和 Tcont 建立对应关系。后续 OMCI 帧就会通过此端口下发到 ONU，上行的 OMCI 帧也是通过此端口发送到 OLT。

这个过程也属于后文的初始化阶段。通道建立成功后，ONU 即可支持多种以太网数据映射到 GEM 端口，主要包括以下 3 类映射。

（1）基于源端口的映射。

（2）基于 MAC 地址控制的映射。

（3）基于 VID（VLAN ID）、TCI（Tag Control Information）、VID+TCI 的映射。

需要强调和注意的是，一些特殊业务需要的通道会独占一条 GEM 端口对应的数据流，如多播、TDM 和 OMCI 都需要单独占用一条下行流。配置时还要注意参数的格式和正确性。

6.3.2　模块框架

OMCI 模块包括一个用于收发信息的字符设备和 OMCI 消息的处理单元。在/dev 目录下抽象出一个字符驱动设备，提供 open、read 和 write 等 API，这样就通过 OMCI 的收发接口与此驱动设备交互来读取 OLT 下发的配置消息，解析后交给上层来处理具体业务，然后返回应答给 OLT，也有的设备用 socket 来循环读取配置消息。同时向上层业务模块提供了管理 ONU 各实体的 API。OMCI 功能框架如图 6-13 所示，将 OMCI 按图 6-13 的方式来划分子功能块。

从图 6-13 中可以看出，OMCI 子系统内分成了配置、告警、性能、适配和解析 5 个部分，其中配置部分最为重要。此内部结构要完成以下工作。

（1）收到告警消息后上报，同时要保持 ONU 和 OLT 之间告警数据的同步。

（2）MIB 同步，这样的同步在设备运行过程中包括以下 3 种。

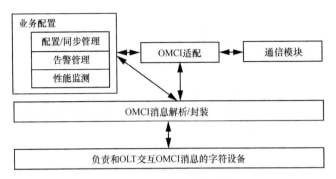

图 6-13 OMCI 功能框架

- ONU 启动时和 OLT 之间的 MIB 同步。
- OLT 下发管理实体操作命令时要确保两侧的 MIB 数据同步。
- ONU 自身的属性值改变时的两侧 MIB 同步。

其中还有一个 MIB 复位的操作，这通常发生在刚建立 OMCC 链路时，此时 ONU 是 OLT 新发现的设备。上层应用也可强制 MIB 复位，复位后仍然要进行同步操作。

（3）读取业务性能统计数据后上报。

（4）对收发的 OMCI 帧解析封装，消息类型不同，每个设备的具体处理方式存在差异。

（5）分解实体操作参数，绑定对应的 handle 来完成。对 GPON、CES 和以太网等功能要调用不同的业务操作接口，具体业务功能对应的管理实体包括 ONU 设备管理、ANI/UNI 接口管理、连接关系和流量管理等方面。handle 操作时要注意将与某一实体关联的其他实体的属性数据同步更新。

（6）软件版本的维护和下载升级。

为完成上述工作，应降低各子模块处理的耦合性，首先建立主进程，由它发出命令给各子模块，各子模块依次完成相应功能后给出响应。然后设置超时定时器，若操作失败，主进程会再次重启运行逻辑。最后开始管理实体的业务处理。

OMCI 事件逻辑框架如图 6-14 所示。

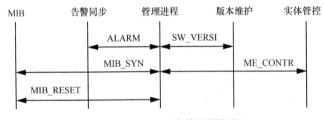

图 6-14 OMCI 事件逻辑框架

根据上述设计，将该模块划分成数据管理和业务逻辑控制两个运行单元。

1. 数据管理

数据管理包括以太网业务、无线局域网（Wireless Local Area Network，WLAN）业务、OLT 配置和 ONU 应答及主动上报等，按 GTC 协议中管理实体和交互消息的定义封装成 OMCI 帧。因为每个芯片模块需要的数据格式存在较大差异，数据处理过程如图 6-15 所示。

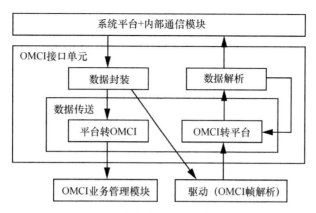

图 6-15　数据处理过程

驱动收到帧后先解析，再发送到 OMCI 接口单元中。它负责和系统平台（这个平台负责设备软件中各模块的数据统一处理）的关联，相当于 OMCI 业务管理模块和系统平台的中介。收到数据后先判断数据的目的模块，若是管理模块则直接送交处理；否则解析成系统平台可处理的数据后挂载到队列的缓冲区内，再发给平台。若解析成功则先存储，下一次处理会将其覆盖；若失败则重复 3 次（具体重发次数可自行定义），3 次后丢弃。

反向时，收到平台的数据后按 OMCI 格式封装，调动驱动 API 传递数据，同时通知 OMCI 业务管理模块来更新 MIB。

2．业务逻辑控制

业务逻辑控制过程如下。

（1）系统上电后启动 OMCI 接口单元，它会绑定到系统平台上，发出关联请求。

（2）系统平台给出应答，若无应答，转回步骤（1）继续握手，有应答则继续。

（3）向平台发出查询 UNI 信息和序列号的请求消息，平台给出回复。

（4）该单元存储回复的数据，以备后续其他模块查询。

（5）OMCI 业务管理模块向 OMCI 接口单元申请读取 UNI 信息和序列号等信息。

（6）OMCI 接口单元回复上述设备属性数据。

此过程中若任意一步超时都将启动重发，业务逻辑控制框架如图 6-16 所示。

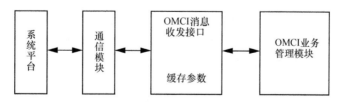

图 6-16　业务逻辑控制框架

6.3.3　OMCI 管理设计

OLT 和 ONU 之间的 OMCI 消息结构包括多种标识符、TCI、消息类型和消息内容等元素,其中 TCI 用来匹配从 OLT 下行发送到 ONU 的命令以及从 ONU 到 OLT 的回复。协议中的超时机制表明,软件中要定义消息的响应时间,具体方法为:高、低优先级协议消息的响应时间均小于 3s,但不相同。

这里的高、低优先级应根据 TCI 元素的最高有效位编码判断,"0"和"1"分别表示低优先级和高优先级。

OMCI 业务管理模块负责解析收到的消息,将参数存储到 MIB 中并配置到 GPON 芯片中,最后封装返回,内部逻辑比较重要。

下面介绍 OMCI 消息处理和业务配置过程。

1. 数据解析

OMCI 消息将映射到以下结构中。

```
struct OMCI_MSG_FUNC
{
    unsigned char meClass;        /*管理实体标识号*/
    unsigned short msgType;       /*操作类型,包括 set 和 get*/
    OMCI_FUNC func;               /*对应的处理函数*/
};
```

从上例中可以看出,要从 OMCI 帧中解析出的结构包括 GTC 协议中的管理实体标识号、操作类型和对应的处理函数,这样解析消息后映射到此结构中便能执行对应的读写操作,并将对应属性值赋值到系统平台的处理结构中。

2. MIB 管控

运行 OMCI 业务管理模块时所需的数据较多以 MIB 的方式保存。对于 MIB 操作,包括 get、set、create 和 delete 等操作命令。

(1)若是 get 操作,可直接从 MIB 中获取。

(2)set 和 create 写数据可能会改变 MIB 的数据,这时除了采用安全机制外,还可用消息来通知其他模块,处理结束后给出回复消息,再通知 OLT。

若属性数据发生改变,需要发出通知或告警。MIB 管控操作流程如图 6-17 所示。

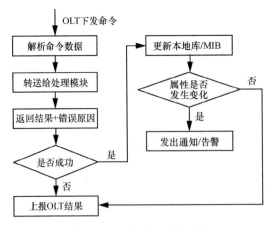

图 6-17　MIB 管控操作流程

概括一下，当收到消息 set、create、delete、开始/结束软件下载、激活/提交版本时，需要更新 ONU 侧 MIB。这些是 MIB 管控必须支持的。

3．流程概述

作者结合自身的嵌入式开发经验进行总结，OMCI 处理流程如图 6-18 所示。

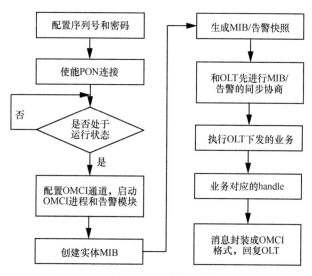

图 6-18　OMCI 处理流程

OMCI 初始化时要激活 GPON 的光信号连接，配置序列号和密码，这样就能在物理层上建立和 OLT 之间的通信。但要在 ONU 处于运行状态 O5 时开始启动 OMCI 模块状态机，此时可进入配置 OMCI 的状态。若失败，则需要重新注册。总过程如下。

（1）要正常收发 OMCI 消息，首先要保持 ONU 和 OLT 之间的 MIB 同步，因此要将自身的 MIB 生成一个快照然后上报给 OLT，在此过程中 OLT 会设置 ONU 为同步 Sync 状态。上报完毕后，OLT 根据此数据修改 ONU 的状态，设置为正常运行（RUNNING）状态。

（2）在 OMCI 数据通道建立成功后，OLT 可以对 ONU 下发 OMCI 消息进行实时配置，也可以保留先前的配置参数集再一次性发送给 ONU。

（3）ONU 循环读取并解析下发的 OMCI 消息，调用绑定的 handle 函数，需要注意的是，必须要转换成符合 GPON 芯片运行格式的参数才能完成正常配置，配置后根据不同的运行结果来回复 OLT。

所以整个过程可分为初始化阶段和业务模型配置阶段。

（1）初始化阶段

初始化分成 3 个子进程同时运行：上层 OMCI 环境处理、OMCI 状态机和接收 OLT 消息。其中第一个子进程按以下步骤操作。

① CPU Rx 队列配置，通常队列的优先级是 0~7，但各个厂商的队列数有所不同，有 8 个队列的，也有 16 个队列的。

② 从 PLOAM 消息中获取 onuid 和 GEM 的 Port-ID，根据 onuid 配置 Tcont 和 Tcont 队列，并以此 Port-ID 来配置 OMCI 的业务流。

③ 启动 DBA 报告，设置 Port-ID 的映射模式。

④ 发消息通知 OMCI 状态机，使其进入运行状态。

第二个子进程按以下步骤操作。

① 可将与 OLT 的交互参数用数据表或数据库的方式存储，注册 G984.4 协议中业务模型必需的管理实体，这种建立数据表或数据库的方式可使用链表或一套自定义的协议库，管理实体包括 ONT-G、ONT-DATA、PPTP-ETH 和 ANI-G 等。

② 自定义 MIB 上传库和 MAC 芯片配置参数，包括 TcontID、GemportID、TCI 和 FlowID 等，填充初始化的 ONT-G 和 ONT-DATA 实体，即自身镜像，与 OLT 建立 MIB 同步。

③ 创建 CRC 的校验表，进入 UNI 侧设置状态。

④ 根据 ONU 的自身镜像属性和以太网的 UNI 属性，给前面所注册的 PON 侧和 UNI 侧的管理实体属性赋初始值并加到数据表/库中，进入 OMCI 的 RUNNING 状态。

第三个子进程按以下步骤操作。

① 监听驱动或 socket，获取来自 OLT 的消息，判断具体的消息类型和长度，即 PLOAM 类型、OMCI 类型还是告警类型。

② 根据协议的固定结构校验消息，不合法则丢弃，否则取出并保存下行消息中的重要字段到数据表/库中以备回复使用。

③ 根据检测出的管理实体值调用对应的 handle 接口，在此函数中通过检索消息类型来确定具体的操作，如 set、get、create 和 delete 操作有不同的对应函数，处理后更新数据表/库中的实体属性，再将填充回复数据校验后封装成 OMCI 消息，向 OLT 回复。这样，一次上下行 OMCI 消息处理结束，OMCI 若无异常，则一直处于 RUNNING 状态。

为避免出现数据的嵌套操作和安全性访问，前面的子进程在启动时要设置好优先级和先后顺序，同时对芯片的配置较多采用 ioctl 的方式切入内核态运行，由具体的芯片厂商提供驱动参数支持及宏定义。

有些 ONU 设备还有中间平台层，OMCI 模块除了进行自身处理外，还要将数据传送到平台层上，写入对应的 MIB 中，其他芯片或模块就可到平台上读取这些配置参数来进行相应的处理。例如，设置 CES 的端口环回和编码参数时，OMCI 将解析下行配置消息再发送给平台或直接发送给平台分析处理，由它找到平台上的对应节点并配置好该节点的属性参数。后续 CES 芯片即可通过读取此节点数据来设置自身的属性，这样可保持各个芯片处理的独立性，降低耦合的依赖风险。

在 ONU 和 OLT 交互过程中，OMCI 消息在 ONU 上的处理框架如图 6-19 所示。

收到消息时还有 CRC 和 TCI 计算比较的过程，合法后，调用先前已注册的 OMCI 接收消息 API 进入后续的业务和数据逻辑。

（2）业务模型配置阶段

介绍完上面的准备工作后，就可以开始具体的业务模型配置了。通过 OMCI 协议，ONU 在 OLT 的管理下建立单播/多播/广播/VoIP/TDM 模型。本节将选择较为常用的 IEEE 802.1p 单播上行模型作为样例来讲述实现过程，此模型包括各管理实体的关系，根据 GPON 标准协议，基于 VLAN 的上行数据映射流程如图 6-20 所示。

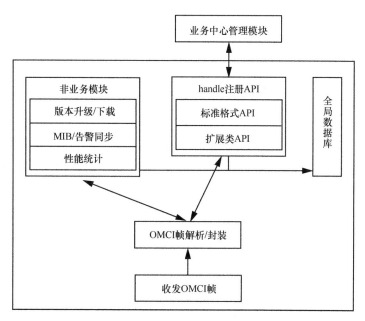

图 6-19 OMCI 消息在 ONU 上的处理框架

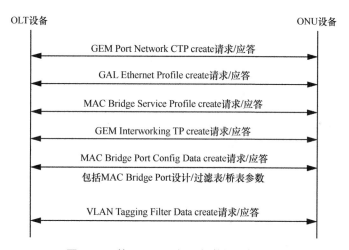

图 6-20 基于 VLAN 的上行数据映射流程

OMCI 消息结构见表 6-2。

表 6-2 OMCI 消息结构

字节数/Byte	5	2	1	1	4	32	8
字段名	GEM 头	事务标识	类型	设备标识	消息标识	消息净荷	尾部

从表 6-2 中可以看出,主要数据就在后面的 48Byte 中。消息类型是 1Byte,首个比特位是 0,第二个比特位标识是否要回应,第三个比特位标识是否回应消息,后面 5 个比特位才表示具体的消息类型,包括 get、set、create、delete 和 upload。消息标识是 4Byte,其中 2Byte 标识实体的 ID,另外 2Byte 标识一个实例的 ID。通过分析这两个 ID 和操作,即可绑定到具体实体的 handle

处理函数。

先要在 OLT 上配置特定 ONU 的接入属性和 VLAN 参数。如注册 ONU 的类型和厂商、接入端口、VLAN 类型（hybrid、access 和 trunk 3 种）和具体的 VLAN 值。因为上行方向基于 Tcont 通道处理业务数据，所以按照以下顺序来配置。

（1）配置业务 Tcont

前面的 OMCC 选择一个 Tcont，这次的配置 Tcont 不能和它重复，假设使用第二个 Tcont 来配置业务，命名为 Tcont2，这时需要从 OLT 下发 Tcont 的配置命令。ONU 收到 OMCI 消息后调用 Tcont 实体对应的 handle 进行解析处理。根据 set 或 get 操作，给出样例代码如下。

```
typedef struct omci_me_proc
{
    unsigned short meType;
    OMCI_FUNCTION func;
}OMCI_ME_PROC;
```

其中 meType 是实体类型，OMCI_FUNCTION 是函数指针。再定义各实体对应的 handle，本节只列出 Tcont，其他实体类似。

```
OMCI_ME_PROC   me_map_function[60]=
{{OMCI_ME_TCONT,(OMCI_FUNCTION)omci_tcont},
……
};
int omci_tcont(ONURECV_OMCI* msg)
{
    int ret = 0;
    switch(msg->omciHeader.ucMsgType)
    {
        case OMCI_SET:
            ret = omci_tcont_set(msg);
            break;
        case OMCI_GET:
            ret = omci_tcont_get(msg);
            break;
        default:
            exception(msg);
            ret = −1;
            break;
    }
    return ret;
}
```

根据不同的类型运行不同的分支，其他实体进行类似处理。下面给出 Tcont 实体的主要流程。

```
intomci_tcont_set(ONURECV_OMCI* msg)
{
    ONURECV_OMCI resp;
    if(tci_repeat(&resp, msg)== 2)          /*通过检测 TCI 判断是不是重复性操作*/
        return 0;
```

```
        /*从消息中解析出 Tcont 的 ID 和 Alloc 的 ID 值*/
        tcontid = (unsigned long)(msg-> omciHeader.meId & 0x00ff);
        allocid =( unsigned long) (((msg->content[ 2 ] )<< 8) | (msg->content[ 3]));
        /*以 config 开头函数将参数通过 ioctl 配置到芯片，这里是配置到对应的 Tcont 中*/
        ret = config_tcont(allocid,tcontid);
        /*保存本次操作参数，resp 记录操作结果并回复 OLT，后面的操作类似*/
        save_tcont_db(msg);
        omci_olt_resp(&resp);
        return 0;
}
```

（2）基于 Tcont 配置 GEM Port

OLT 要标明是单播业务，绑定 Tcont，并为此 GEM Port 命名后再下发配置消息给 ONU，对此实体的操作要分上行、下行或双向逐类处理，主要流程如下。

```
int omci_gemport_set(ONURECV_OMCI* msg)
{
        ONURECV_OMCI resp;
        unsigned char direct;
        unsigned long flow_id, port_id, tcont_id, tcont_queue;
        if(tci_repeat(&resp, msg) == 2)
                return 0;
        /*获得 GEM Port 操作参数*/
        get_gemparam(msg, &tcont_queue, &tcont_id, &port_id);
        direct = msg->content[2];
        config_tcont_queue(tcont_id, tcont_queue, 0xc0, 0x100000, 0);
        get_gemflow(tcont_id, tcont_queue, port_id, &flow_id);
        /*配置 GEM 流*/
        config_gem_flow(tcont_id, tcont_queue, port_id, flow_id, direct);
        save_gemport_db(msg);
        omci_olt_resp(&resp);
        return 0;
}
int config_gem_flow(unsigned long tcont_id, unsigned long tcont_queue, unsigned long port_id, unsigned
long flow_id, unsigned char direct)
{
        int ret = 0;
        remove_downstream_flow(flow_id);
        remove_upstream_flow(flow_id);
        if((direct == UNI_TO_ANI))      /*配置上行流*/
                ret = config_upstream_flow(tcont_id, tcont_queue, port_id, flow_id);
        if((direct == ANI_TO_UNI))      /*配置下行流*/
                ret = config_downstream_flow(tcont_queue, port_id, 0, flow_id, 15);
        if((direct == ANI_AND_UNI))     /*配置上行/下行流*/
        {
                ret = config_upstream_flow(tcont_id,      tcont_queue, port_id, flow_id);
                if(ret == 0)
```

```
                    ret = config_downstream_flow(tcont_queue, port_id, 0, flow_id, 15);
        }
        return ret;
    }
```

要将 GEM Port 配置到 tcont_queue，把上下行流 flow_id 映射到相应的 Tcont 队列中。

（3）创建管理实体

配置 IEEE 802.1p 映射业务时要创建管理实体。这个过程相对复杂，涉及好几个实体的操作，而且管理实体的操作之间存在参数的依赖。OLT 首先下发创建 IEEE 802.1p 映射服务实体的消息，ONU 处理流程如下。

```
int omci_8021pmap_create(ONURECV_OMCI* msg)
{
    ONURECV_OMCI resp;
    unsigned char uci;
    unsigned long flow;
    if(tci_repeat(&resp, msg) == 2)
        return 0;
    for(uci = 0;uci < 8;uci++)
    {
        get_flow_gem(msg,&flow);        /*从 GEM Port 记录中获取流参数*/
        config_8021map_tci2flow(60, uci, flow);
    }
    save_8021p_db(msg);
    omci_olt_resp(&resp);
    return 0;
}
```

后续下发 IEEE 802.1p 的配置映射类型消息，处理与创建流程类似。主要是保存 OLT 下发的业务类型，以此来定义后续实体的业务。

然后下发 MAC 桥服务实体创建消息，除了自身操作外，还要将其参数配置到系统平台上，供其他模块使用。

```
int omci_macbridge_service_set(ONURECV_OMCI* msg)
{
    ONURECV_OMCI resp;
    if (tci_repeat(&resp, msg) == 2)
        return 0;
    save_macbridge_service_db(msg);
    omci_olt_resp(&resp);
    send_omcimsg_tosystem(msg);        /*发到系统平台上*/
    return 0;
}
```

接着下发创建 GAL 以太网的实体消息，要保存其中的 GEM 净荷长度的最大值参数。再后来是下发创建 GEM Interworking 终端点的实体消息，与上面操作类似，即保存下发的参数。最后是创建 MAC 桥端口配置数据实体。这个实体复杂性较大，ANI、IEEE 802.1p 和 UNI 操作都要使用它。本节中的样例是 IEEE 802.1p 映射模型，所以讲述此种模型下的处理方法。

```
int omci_macbridgeport_create(ONURECV_OMCI* msg)
{
ONURECV_OMCI resp;
    unsigned char type;
    if(tci_repeat(&resp, msg) == 2)
        return 0;
    type = msg->content[3];
    switch(type)
    {
        case OMCI_ME_MACBRIDGEPORT_CONFIG_DATA_TPTYPE_8021P:
            /*硬件配置，使流的 ID 和 vlan_id 对应*/
            macbridgeport_config_data_create_hwop(msg);
            break;
        ......
    }
    save_macbridgeport_db(msg);
    omci_olt_resp(&resp);
    return 0;
}
```

（4）实体创建后的配置

首先配置 IEEE 802.1p 实体参数，配置 TCI 到流的映射。处理逻辑与之前的主要差异是解析消息得到的参数不同。然后是创建和设置 UNI 侧的 MAC 桥端口配置数据实体，即绑定 UNI 侧的桥端口。此时要将此 OMCI 设置消息发到系统平台上进行处理，因为涉及 STP、流量和限速等操作，所以要设置 CPU 寄存器，同时保存参数并向 OLT 回复。

（5）业务 VLAN 的配置

业务配置中 VLAN 的机制非常重要，分 ANI 侧和 UNI 侧两种情况。在 ANI 侧，VLAN 过滤表实体要绑定之前创建的 ANI 侧的 MAC 桥端口配置数据实体，具体的 vlan_id 和 priority 设置要配置到芯片上。

OLT 先下发创建 VLAN 过滤表实体的消息，ONU 收到后的流程如下。

```
int omci_vlan_filter_create(ONURECV_OMCI* msg)
{
    ONURECV_OMCI resp;
    MAC_BRIDGE_PORT macbridge_port;
    if(tci_repeat(&resp, msg) == 2)
        return 0;
    /*查找对应的 MAC 桥端口*/
    find_macbridge_port(msg, &macbridge_port);
    /*配置 VLAN，保存参数后回复 OLT*/
    config_vlan_filter_create(msg);
    save_vlan_filter_db(msg);
    omci_olt_resp(&resp);
    return 0;
}
```

```
void config_vlan_filter_create(ONURECV_OMCI* msg)
{
    unsigned long flow;
    unsigned char uci;
    /*寻找对应的 GEM Port 流，通过 ioctl 操作将桥端口和 vlan_id 绑定到流上*/
    if(find_gemport_flow(msg, &flow) == 1)
    {
        config_bridge_port(flow);
        for(uci = 0;uci < 8;uci++)
            config_vid_tci_to_flow_type_8021p(msg, uci, flow);
    }
    return;
}
```

创建后就是下发配置 ANI 侧 vlan_id 和 priority 的过程。ONU 要将这些数据配置到芯片中，处理过程和前面的创建流程类似。

对于 UNI 侧的 VLAN 过滤，OLT 先下发创建 VLAN tag 操作配置数据实体消息，注意要和 UNI 侧的 MAC 桥端口配置数据实体对接。

```
int omci_vlantag_cfgdata_create(ONURECV_OMCI* msg)
{
    UNI_ETH eth_port;
    ONURECV_OMCI resp;
    if (tci_repeat(&resp, msg) == 2)
        return 0;
    /*查找对应的 UNI 侧以太网接口*/
    find_uni_pptpeth(msg, &eth_port);
    omci_olt_resp(&resp);
    /*发到系统平台上，供其他模块操作 UNI 侧接口时使用*/
    send_omcimsg_tosystem(msg);
    return 0;
}
```

然后下发 UNI 侧的 VLAN 过滤表实体的创建和设置消息，消息参数保存到数据表/库中，发到系统平台上，并向 OLT 回复。系统平台要建立或修改 UNI 侧的 VLAN tag 过滤表，设置对 VLAN tag 的处理和过滤策略，这样 UNI 侧接口在收到 untag 包后会进行相应处理。

至此，OLT 和 ONU 之间的 IEEE 802.1p 单播上行模型业务配置完成。

4. 业务功能测试

测试目的是判断基于 VLAN 方式建立以太网业务连接是否正常。本实例的步骤如下。

- 要按上述步骤创建一条基于 VLAN 映射方式的以太网业务流。
- 检查并分析创建和设置管理实体的 ONU 数据（包括实例数量）是否正常。
- 连接计算机，检测能否正常入网，测试流量及性能，必要时注意抓包检验。
- 删除这条业务流，检测此时连接业务是否中断。
- 重建一条业务流，检查步骤同上，若业务正常，则说明设备运行正常了。

由此可见，业务功能测试的目的就是要查看基于 VLAN 映射方式的以太网业务流能否成功自由创建或删除。

需要强调的是，配置过程中的一些函数中带有常数，这个是和芯片相关的，每个厂商对应的参数不同，请读者仔细阅读芯片资料。

6.4 其他重要模块

对于设备软件中运行的其他模块，这里重点讲述告警实现和性能统计。相比之下，这两部分的实现不及 OMCI 模块复杂，但也是 ONU 和 OLT 之间接入通信时不可缺少的实现模块。

6.4.1 告警模块

OMCI 模块运行后，通知告警进程开始运行，先在初始化阶段设置定时器，定时进行告警处理，包括 ONU 检测到 LOS/LOF 时也要将告警消息主动发送给 OLT。告警实例如下。

```
typedef struct
{
    unsigned short me_type;
    unsigned short me_id;
    unsigned short bmap[28];
}ALARM;
```

上例中，成员分别是管理实体的类型、id 和位图值。告警的具体功能如下。

（1）获取 GPON 芯片、CES 和以太网产生的告警及恢复消息，上报 OLT，并按不同的实体类型，将告警号所对应的位图信息保存到当前告警库中。

（2）驱动自身发出告警，如光信号检测时存在异常或光纤断开。

（3）性能检测超过阈值。

（4）OLT 要求 ONU 完成告警同步，即将当前的告警参数保存到告警同步库中，包括某一实体相关的告警或所有告警的快照。

（5）MIB 重置。

（6）设置告警屏蔽后，在定时到达时恢复告警，通知 OLT。

综合来看，告警模块分为告警轮询和告警上报两类处理，即 ONU 中管理实体和底层驱动发出的告警检测/统计、告警上报及与 OLT 之间的交互。告警模块内部组成如图 6-21 所示。

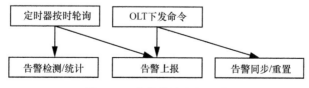

图 6-21 告警模块内部组成

其他模块产生的告警数据除保存到告警库中以外，在上报 OLT 时要注意，均需要封装成标准的 OMCI 消息格式再上报。

1. 告警同步

告警同步的运行逻辑是先创建告警同步库，然后将某时刻的告警数据添加到库中，让 OLT 来逐条下发获取告警信息，ONU 返回数据结果。

告警同步的逻辑可选择在单独告警模块中处理，也可由 OMCI 调用读写 API 的方式来访问当前告警库，包括获取告警记录，再发送消息给告警模块。该流程如下。

（1）由 OMCI 创建告警同步库，统计库中的记录总条数。

（2）将记录数通知告警模块。

告警模块需要查询时，输入索引号即可获得对应记录，并将结果上报给 OLT。

2. 告警轮询

采用前面提到的定时器向底层查询告警信息，告警轮询处理如图 6-22 所示。

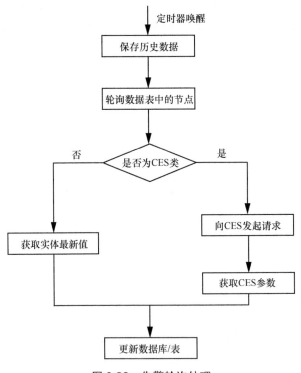

图 6-22　告警轮询处理

据此所能查询到的告警有以下两种。

（1）ONU 实体告警，检测到此类告警后，实时更新告警库中的对应属性并上报 OLT。

（2）自定义的其他类型告警，其他模块以 OMCI 消息格式或自定义格式发出的告警，也要检测并保留告警状态，并发给中间平台层处理，不必上报 OLT。

3. 告警重置

告警重置可由 OLT 下发或 ONU 触发，OMCI 在完成清空告警库数据的操作后，通知告警模块重置 MIB 消息。

4. 定时器轮询

定时器轮询用来定时查询告警信息。初始化时先启动定时器，通过 API 轮询各类型告警信息。

（1）若是管理实体的告警，查询实体告警表，如有改变则更新，将改变信息发给 OLT。

（2）对于其他告警，先检测其告警状态是否有变化，如有变化，则通知系统平台，并保留最新状态。

5. 处理流程

总结来看，设备的告警上报有以下两种消息源。

（1）驱动 MAC 上报的告警，即驱动告警，根据具体类型选择发送给平台层或 OLT。

（2）中间平台层（包括性能统计）检测到其他芯片的变化时发出告警，若告警库存在此类型告警则更新，否则生成新信息加入告警库中，后续就可实时更新。

两种告警处理的消息结构不相同。但收到消息后，都要解析告警号、位图和消息 ID，结合当前状态将数据封装入告警库或上报 OLT。

为了处理的快捷简单，目前告警库的数据多采用链表的存储形式，具体的流程实现可使用状态机的方式来完成告警各子功能的处理，总的框架代码类似如下。

```
void alarm_proc(void * input)
{
    int msgid;
    msgid = EVENT();
    switch (STATE())
    {
        case ALARM_INIT:        /*告警初始状态*/
            alarm_init();
            break;
        case ALARM_RUNNING:
            if (msgid == MAC_ALARM)
                alarm_from_mac(input);
            else if (msgid == SYS_ALARM)
                alarm_from_sys(input);
            break;
        case ALARM_MIBRESET:
            alarm_mibreset(input);
            break;
    }
}
```

与 OLT 进行 OMCI 消息交互时也要实时处理告警消息，即状态和事件的绑定。

综上所述，在常设的"允许向 OLT 上报"前提下，告警处理流程如图 6-23 所示。

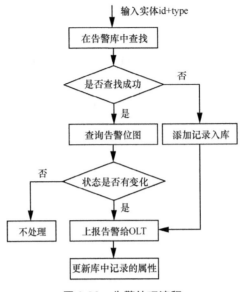

图 6-23　告警处理流程

6.4.2　性能监测

OLT 需要动态查询 ONU 的运行性能。在 ONU 开启性能统计进程时，先在初始化阶段建立性能点链表，再设置定时器（如 10min），则在 10min 到达时统计设备运行的性能数据并上报给 OLT，ONU 性能统计如图 6-24 所示。

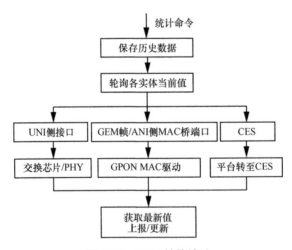

图 6-24　ONU 性能统计

图 6-24 表示每隔 10min 可自动采集设备的性能数据。因性能数据保存在对应的管理实体中，所以轮询性能值时首先要确定各项统计数据对应的管理实体，然后分项进行统计，具体如下。

（1）UNI 侧以太网接口，这里既可通过调用交换芯片或 PHY 的函数，也可通过访问寄存器来获取统计收发的数据量。

（2）GEM 帧和 ANI 侧光纤绑定的 MAC 桥端口，通过调用 GPON 芯片所提供的驱动 API 来获取当前数据。

（3）CES 芯片，调用系统平台函数，由系统平台向 CES 芯片发出请求，获得 CES 响应后再交给性能统计模块。

最后保存所获取的最新值。具体设计时，还需考虑长时间和短时间的采集是否存在差异。

若是 OLT 向 ONU 下发查询性能数据的请求，OMCI 模块将此消息转发给性能统计进程。若它获取当前最新值失败，则不发出告警消息，否则需要进行以下处理。

（1）为缩短响应时间，防止超时问题，首先回复 OLT。

（2）通知 OMCI 模块，更新数据表/库中管理实体的对应数据。

（3）检查这个最新值是否大于阈值，若大于，则发出告警消息。

结合告警模块，本节给出了性能越界的告警处理，如图 6-25 所示。

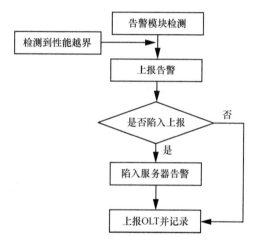

图 6-25　性能越界的告警处理

性能越界的告警在性能统计模块中进行，调用告警模块所提供的上报接口，并将此次记录写入日志中。其他告警由告警处理模块独立完成。

6.5　系统间交互

有的厂商设备具有多种芯片，对应多个软件系统，例如，ONU 中必需的 GPON MAC 芯片系统和 CES，Small Cell 中的 TD-SCDMA 和长期演进（Long Term Evolution，LTE）双模系统等。但 ONU 设备对外交互接口是 GPON MAC 系统。因此，作为一个设备的整体架构，要支持多个系统，就要支持系统间有效信息的交互，即 CES 需要配置参数，由 MAC 系统接收后再转发给它。

系统间的信息交互大多采用网口连接的方式进行，在开发板的内部走线，再抽象出网络接口，具体的通信协议由支撑的内核负责。消息交互是双向的，例如，ONU 的双系统包括以下方面。

（1）业务配置

这种交互有以下两种应用场景。

- OLT 下发与 CES 业务相关的实体配置消息，经 OMCI 分析后传到 CES。
- 远程登录 ONU 后输入业务配置命令，将与 CES 相关的业务数据传到 CES。

CES 执行并回复结果给 MAC 系统，它保存结果到 MIB 后再转给 OLT。ONU 多系统业务配置如图 6-26 所示。

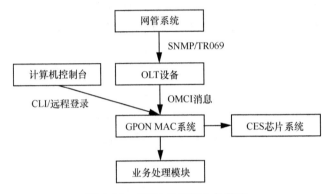

图 6-26　ONU 多系统业务配置

（2）状态参数查询

在网管系统或手工命令中可随机查询当前 CES 的运行状态。由 MAC 系统接收，判断数据目的系统，若是与 CES 相关，经网口转发给 CES，并返回查询结果。

（3）版本更新

设备整个软件包括 GPON MAC 系统和 CES 版本两部分。下载方法也有以下两种。

- 通过 OMCI，MAC 系统将 CES 版本文件传送到 CES 固定 Flash，再启动升级脚本。
- 由命令行/网管通过 FTP/TFTP 方式先下载到 MAC 系统，再转发到 CES 中。

（4）告警和性能统计上报

上报告警和性能信息既可通过 OMCI 通道，也可通过网管上报。机制和具体架构与前述的多系统业务配置类似。但在网络中多了一个自动配置服务器（Auto Configuration Server，ACS），它关联到 OLT，并通过 OLT 在它和 ONU 之间建立管理通道。随后通过本地超文本传输协议（HyperText Transfer Protocol，HTTP）浏览器/命令行读写 ONU 参数。这样所有的配置信息通过 TR069 协议/HTTP 发送到 ONU，实现远程控制 ONU。

为便于说明开发方法和过程，本节中所给出的实现方法可作为例子供参考，读者一定要结合具体的应用场景，在综合了解 OLT 和 ONU 之间的框架基础上才能设计出稳定的算法。

>>>>>>>>>>>>>>>> 第 7 章

机顶盒实例

数字电视已进入千家万户，与之配套的机顶盒（Set Top Box，STB）的使用也日益广泛。作为一种转换设备，它的主要功能是将所接收的数字电视信号转换成可播放的模拟信号，即将有线电缆、卫星天线和宽带网络等媒介所传播的声音和图像等数字信号调制解调成模拟信号，通过电视和音箱展现出来。本章主要将基于一款实用的有线数字视频广播（Digital Video Broadcasting-Cable，DVB-C）家用机顶盒设备来提供其软件方面的开发和设计。

7.1　设备结构

机顶盒已经成为信息家电中一款重要的技术设备，目前常用机顶盒在部署时起着信号的承接作用，既要接收运营商传送的声音、视频、图片等信号，解析后提供给电视播放，又要接收用户的控制指令，进行播放或暂停节目等操作。电视一般通过高清多媒体接口（High Definition Multimedia Interface，HDMI）线或 AV（Audio & Video）线连接机顶盒，在较新的技术体系中也在使用数字生活网络联盟（Digital Living Network Alliance，DLNA）技术获取机顶盒端的数据；用户一般通过红外遥控器控制机顶盒，也存在蓝牙、网络、鼠标等控制手段。

机顶盒设备的硬件除电源外通常包括嵌入式 CPU、网络接口、存储器、人机交互、媒体流输出和拓展接口六大组件，机顶盒硬件组件框架如图 7-1 所示。

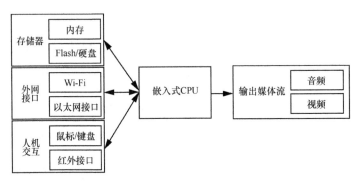

图 7-1　机顶盒硬件组件框架

嵌入式 CPU 是机顶盒的核心计算部分。随着技术的发展，目前的机顶盒平台普遍使用冯·诺依曼结构（在 CPU 内部以多级缓存的方式又普遍使用着哈佛结构的改进型架构），因此 CPU 和存储器、内存一起负责程序和逻辑的运行，即从存储器中载入程序和数据到内存中，再由 CPU 按程序处理这些数据。

除此之外，CPU 还承担着控制和调控其他硬件资源的功能，以前 CPU 一般要通过不同的总线协议来控制这些外部硬件资源，导致软件程序复杂难以实现。但目前很多厂商已将 CPU、解码器和图形处理器等多个处理单元集成在一个主芯片内统一控制，提供了更好的性能和更简洁的编程控制方式。

机顶盒还提供了丰富的外部接口，包括网络接口、串口和 USB 接口等。其中网络接口一般使用 RJ45 以太网接口，有些厂商还配置了 Wi-Fi、ZigBee、蓝牙等无线接口。媒体播放接口一般有 RCA（Radio Corporation of America）端子、数字音频接口（Sony/Philips Digital Interface Format，SPDIF）接口和 HDMI 等。

有了硬件平台的支撑，就需要软件负责实现图形界面、内容重现、监控和音视频播放等基本功能了。

7.2 基本原理

机顶盒接入互联网后，各模块协同运行。机顶盒数据处理流程如图 7-2 所示。

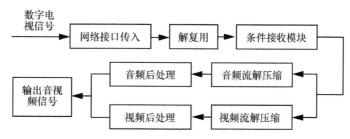

图 7-2 机顶盒数据处理流程

播放 DVB-C 节目时，机顶盒收到同轴电缆有线网络下行信号后，进行以下操作。

（1）经正交振幅调制（Quadrature Amplitude Modulation，QAM）解调、解交织后输出 MPEG（Moving Picture Experts Group）信息流，这个流中包含音频流、视频流和数据流 3 种信息。解复用模块要将不同节目区别开，分离出音频流、视频流和其他数据流。音频流、视频流送入各自的译码模块，数据流则送给操作系统处理。

（2）条件接收模块解扰音频流、视频流，由 MPEG 解码器完成信号的解码处理，解码算法通常由操作系统提供，部分高端平台为得到更好的用户体验也提供硬件解码。

（3）目前的机顶盒平台，解码后的音视频 PCM 数字信号往往有两种处理方式：一种方式为交给数模转换进行播放，通过 AV 线将模拟信号交给电视播放；另一种方式是交给视频编码器编码，生成适合 HDMI 传输的数字信号交给电视播放（部分电视可接受 PCM 播放，所以在某些厂商的机顶盒中选择 HDMI 绕过编码直接透传 PCM 信号）。

播放网络音视频时，机顶盒向服务器 post 请求，然后 get 数据，在该数据中存在音视频的 URL（Uniform Resource Locator）。对此 URL，通过不同的传输协议进行音视频数据的获取，目前较为常用的流媒体传输控制协议有实时流协议（Real Time Streaming Protocol，RTSP）、实时消息协议（Real Time Messaging Protocol，RTMP）和 HTTP 等。

1. 工作协议

机顶盒入网后主要采用实时传输协议（Real-time Transport Protocol，RTP）来传输多媒体数据流，RTP 建立在 UDP 上，是一种在互联网上处理多媒体流的协议，目的是提供实时数据传输所需的时间戳信息和同步各数据流。内核运行 RTP 层次如图 7-3 所示。

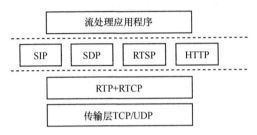

图 7-3　内核运行 RTP 层次

图 7-3 中的实时传输协议（Real-time Transport Control Protocol，RTCP）封装了控制信息，分组短，也用 UDP 传输。实际应用中 RTP 需要和 RTCP 协作实现流量监控、QoS 和拥塞处理等功能，提高音视频实时数据的传输效率。

RTSP 是以 C/S（Client-Server）方式运行的播放多媒体控制的应用层协议，采用方法 method 的接口方式来完成流控制和响应，支持流媒体进行前进、后退、暂停和继续等播放控制。

内核将按照 RTP 格式来封装流数据。将多媒体数据经压缩编码后封装为 RTP 报文，再送到传输层的 UDP 处理。多媒体数据封装形式如图 7-4 所示。

图 7-4　多媒体数据封装形式

从图 7-4 可看出，RTP 由包头和数据两部分组成。包头中有 3 个元素对同步比较重要。其他内容请读者自行查阅。

（1）序列号

序列号（16bit）的初始值是随机数，以后每发送一个 RTP 包增加 1，可供接收方检测包的丢失情况。

（2）时间戳

时间戳（32bit）记录了包数据的第一个字节采样时刻，后续不断增加，是实现同步中不可少的元素。

（3）同步源标识符

同步源标识符（32bit）说明了 RTP 包的来源，一个会话中没有两个相同的标识符值。

通常在机顶盒的软件开发中采用应用程序的方式实现 RTP 的功能。建立会话时要确定目的传输地址，包括一个网络地址和两个端口。两个端口通常相邻，一个给 RTP，另一个给 RTCP。发送时 RTP 从应用层收到媒体流并将其封装成 RTP 格式，RTCP 收到控制信息并将其封装成 RTCP 格式发往各自所分配的端口。接收过程进行相反处理。

2. MPEG-2 编码标准

该标准是数字音视频的编码方案，包括数字电视和图像通信多个领域的编码标准。它提供了一套音视频压缩、编码和复用的方法。

MPEG-2 编码标准的规范结构是系统层包含分组基本流（Packetized Elementary Stream，PES）层，PES 层再包含压缩层。系统层负责解决传输问题，将数个音频码流、视频码流和其他数字码流整合成一个或多个数据流，便于存储转发。其他两层对音视频数据进行压缩编码后，打包生成 PES，还需要加入 PES 包信息，再将 PES 包分割插入传输流和节目流中。即最后输出节目流和传输数据流。

（1）节目流存储从媒体中恢复的应用，传输和保存一个节目的编码数据。每个流对应一个节目，包大小可变。

（2）传输流负责非可靠信道的数据传输，可将多个节目整合成一个流，允许一个节目包括多个音频流、视频流，包长度固定为 188Byte。

MPEG-2 传输流系统处理如图 7-5 所示。

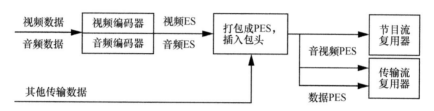

图 7-5　MPEG-2 传输流系统处理

3 种数据打包形成 PES，载荷是原始流的连续数据。多个 PES 流复用时需要加入各流之间的同步信息。传输流采用类似于以太网的打包方法，即组合成含有包头和包尾的数据，每个传输流包承载一个 PES 包的数据内容。对每个 PES 用不同的 PID（Packet Identifier）唯一标识各种流，接收时可通过识别 PID 来区分流，实质就是一种包交换，而流的传输仍依赖底层服务。

所以传输流中重要的基本元素包括 PES、节目时钟参考（Program Clock Reference，PCR）和节目特定信息（Program Specific Information，PSI）等。

（1）PES 包含实际编码的音视频、自定义的数据和时间标志 PTS（Presentation Time Stamp）。

（2）PCR 用作视频解码的基准参量，同步接收端的音视频和输入源端的视频。若检测到本地时钟与 PCR 不一致，需要通过锁相环调整本地时钟，使它和 PCR 一致。

（3）PSI 包含了各 PID 之间的关系，用来设置和引导接收端解码传输流（Transport Stream，TS）。它由节目关联表（Program Association Table，PAT）、节目映射表（Program Map Table，PMT）、条件接收表（Conditional Access Table，CAT）和网络信息表（Network Information Table，NIT）组成，前两个表最关键。每个表通过不同的 PID 来标识区分。

接收传输流时通过 PID 找到 PAT，列出了所有节目。每个节目对应一个 PMT，它列出节目的音视频和 PCR 对应的 PID 等信息，设置 PID 过滤器，然后就可接收节目的传输数据包了，若传输数据包的 PID 和 PID 表不匹配将被丢弃。CAT 用来发送特定节目的授权信息，NIT 包含网络参数和其他自定义信息。

对于机顶盒的基本工作原理，每个厂商使用的方法也会不同，存在一定的差异。请设计者参考具体的电路板，理清线路的连接走向。

7.3 软件实现

目前市场上有很多种类机顶盒，作为嵌入式设备，大多数软件系统仍由 U-Boot、内核、文件系统和上层应用 4 个部分组成。设备的启动顺序如下。

（1）设备上电，从 U-Boot 开始运行。

（2）读取内核镜像，加载并运行内核。

（3）挂载根文件系统，还要挂载具体分区系统。

（4）运行 init 进程后执行启动脚本。

（5）运行应用层程序，开启应用服务。

后续设备就可以对用户的输入进行响应了。本节将基于这样的运行顺序来逐个讲述各层次的软件实现。

7.3.1 层次架构

根据设备的框架可将机顶盒软件分为以下三层架构。

（1）底层主要包括操作系统和硬件驱动程序，封装对硬件资源的访问，支持硬件的初始化和读写操作，例如，遥控器接收寄存器、芯片管脚、高频头、解复用器和显卡芯片等；同时也封装一些系统函数，如进程锁、线程、信号量和消息队列等。这层通常由提供业务芯片的生产厂商完成。

（2）中间层封装了流媒体相关的协议、浏览器和设备管理等，向应用层提供功能接口。作为应用层的支撑和接口，这层的工作量最大。

中间层封装了对内核和驱动抽象的接口。它的开发有以下特点。

- 提高了机顶盒应用程序的代码重用性和可移植性，缩短开发周期，提高开发效率。
- 使应用程序开发与机顶盒硬件平台无直接关系，只需要按照中间层 API 编写代码。
- 在中间层中对应用程序占用的资源进行管理，把应用程序占用的资源与系统程序占用的资源分开，提高系统安全性。

这一层也可称为业务层，可使用底层提供的各种方法函数来运行机顶盒的各种业务，例如，抛出遥控器按键值、从码流中分解出音视频数据、画框画圆和显示图片等。

（3）应用层运行较多应用程序，包括设备配置管理界面、游戏和媒体播放等。

据此从应用角度来划分，机顶盒模块层次结构如图 7-6 所示。

应用层除了有图 7-6 中所示的浏览器和游戏等应用程序外，还有节目指南和视频点播等。具体开发时原则上不能直接调用驱动层接口、驱动适配层接口或操作系统的资源，而是通过调用中间层提供的接口来间接实现所需要的功能。

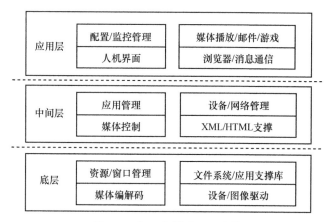

图 7-6 机顶盒模块层次结构

还有的设备应用层以用户界面（User Interface，UI）的方式实现机顶盒和用户之间的交互，即人机界面层。调用中间层提供的多种方法向用户提供丰富漂亮的界面，例如，中间层抛出遥控器的键值时，需要换台，换音视频，同时显示这个台的信息界面。

综上所述，可看出中间层的任务很重，因此本书将重点介绍中间层的实现算法。

7.3.2 底层

底层分为两部分：硬件驱动程序和操作系统接口单元。前者重点是音视频的处理模块、电视信号的转换模块，包括机顶盒中各硬件的驱动和音视频编解码的驱动，主要用于完成对硬件设备的操作。后者包括网络传输的实现流程，其中有 TCP/IP 协议栈的初始化内容和流协议 RTSP 的实现，为上层提供控制管理接口。这部分通常由芯片厂商提供。

有的设备集成了适配层，它包括操作系统适配和驱动层适配。前者提供标准的 OS 接口，有信号量、互斥、定时器和线程。后者除了可访问底层硬件平台和操作系统，还提供一套适配层接口给中间层调用。

底层内核的实现可参考前文的内核说明。驱动的开发方法依据以下框架完成。

（1）设备的加载 register 获得驱动号，并登记到系统的设备数组中。

（2）设备的初始化 init_module 和释放 release 过程。

（3）提供内核和设备之间、上层应用和设备抽象文件之间的数据读写方法。

（4）检测和处理运行中的错误。

这样的框架仍是通过之前所述的 struct file_operations 结构变量来完成相应的操作集。因视频解码是机顶盒的核心模块，直接决定设备的功能，而且这个流程比较通用，所以下面讲述视频的解码流程。

视频解码的主要操作是解码图像。触发解码器后它由闲置状态转换到运行状态，重构图像后转换为闲置状态，并等待后续指令。主要运行步骤如下。

（1）初始化过程。

（2）搜索起始码，产生中断。

（3）开始中断处理，然后直到序列结束。

1．初始化阶段

首先初始化解码设备，将其加入设备列表中；设置位缓存寄存器和视频显示寄存器；设置可开启视频中断的寄存器。

随后启动解码，负责将压缩数据转化为图像的流水线开始运行。

2．搜索阶段

这个阶段的实质主要是搜索起始码再解码的过程。视频解码设置流程如图 7-7 所示。

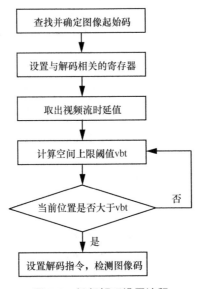

图 7-7　视频解码设置流程

处理流程说明如下。

（1）视频数字序列中有序列头起始码。首先检测器寻找这个序列头的起始码，找到后由 CPU 产生中断，开始中断处理。处理结束后开始搜索图像起始码，取出所需要的视频序列和图像编码结构中的头部信息。

（2）经 PES 分析器处理后通过位缓存送入解码流水线。

（3）对图像头要取出 vbv_delay（视频流时延值）确定解码开始，据此设置位缓存的 VID_VBT 值（空间上限阈值）。

（4）设置解码指令寄存器，流水线开始解码。

（5）检测器寻找后续图像的起始码，开始新的解码过程，直到序列结束。

3．中断处理

这是比较重要的阶段。如前文所述，中断的优先级通常较高，以函数表的形式注册，控制着主要的解码操作，包括解码开始、停止和异常 3 个过程，对应命令和事件两种队列。

设计时将带有标识 ID 的命令压入队列后由 CPU 依次执行，如重置位缓存等。对事件采取回调方式，为每个事件注册回调函数，这样收到通知后可执行该函数，即事件在注册后负责各业务模块之间的通信，如解码新图像时要发给显示模块一个事件，激活视窗的显示。

4. 上层解码

完成底层的视频解码流程后，对应的上层程序的解码流程如下。

（1）注册解码器后，打开文件，从中提取流信息，这一步若失败则没有后续逻辑。

（2）搜索当前所有流，查找类型为 CODEC_TYPE_VIDEO 的流。

（3）找到后打开对应解码器。

（4）解码需要内存，为帧分配内存，这样可缓存从码流中提取的数据并检测帧类型。

（5）若是视频帧则调用视频解码接口，执行后关闭解码器和所输入的文件。

每个操作尤其是业务层面的操作在底层都要有接口支撑，如打开解码器接口 open_codec()，为帧分配内存是 alloc_codecframe()，需要快速做出响应。

在此需要强调一点，音频和视频虽然都是媒体流，但对它们的处理算法差别很大。标准不同，实现原理也有很大差别，不同算法的复杂度也会不同，不能简单等同。

7.3.3 中间层

中间层主要是将机顶盒的应用程序指令下发到驱动层，通过它去调动硬件设备完成相应的功能。作为一种业务平台，它也是数字电视的核心技术，为减少耦合性，通常由它为应用层提供标准程序接口，这样应用可透明调度系统和硬件。

目前有些设计者采用直接调用驱动层的软件来编写应用程序，这样虽然可以满足一时的需求，但随着应用需求的增加，此方法越来越不适用，在机顶盒中使用中间层才是一个很好的解决方案。

中间层的软件子模块较多，联系紧密，中间层业务模块逻辑关系如图 7-8 所示。

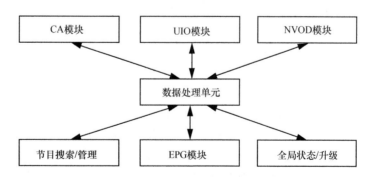

图 7-8 中间层业务模块逻辑关系

图 7-8 中既包括逻辑关系也包括数据的传送方向，其中较为重要的是数据处理单元。除此之外，还有全局状态机要负责管理接收消息后各模块的状态切换，以控制业务流程的正常运行。限于篇幅，本节将给出重要业务模块的设计算法，具体细节不多赘述。

中间层涉及很多信息表的读写，每个表有不同的属性 ID。因后文的模块算法会使用这些表，所以在这里列出主要信息，主要信息表的描述见表 7-1。

表 7-1　主要信息表的描述

表名称	全名称	描述内容
NIT	网络信息表	提供频点和节目类型信息，可识别多条传输流
PAT	节目关联表	传输流中各节目业务的 PMT 和 NIT 的包标识符 PID
PMT	节目映射表	每个业务的流和 PCR 的位置
CAT	条件接收表	服务器私有信息，应用在节目解密上较多
SDT	业务描述表	描述特定传输流的节目
EIT	事件信息表	以时间表形式出现的当前/下一个/一周的节目事件
BAT	业务群关联表	业务群信息即一系列相关的节目信息，用来浏览一类节目
TDT	时间和日期表	当前的时间和日期

表 7-1 中的信息表数据在传输流里，每个特殊表的 ID 是固定的，过滤出来即可获取。它们直接对应着节目菜单，信息表和节目菜单的关联如图 7-9 所示。

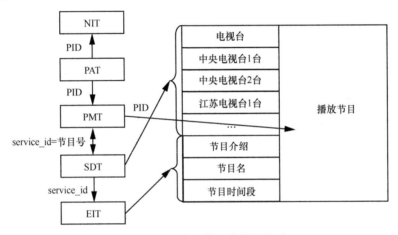

图 7-9　信息表和节目菜单的关联

7.3.3.1　数据处理单元

数据处理单元即 SI（Service Information）模块，大多厂商的运行方式是相同的。针对中间层众多的信息表，数据处理单元主要完成对这些表的解析功能。上层或其他模块向该单元提出请求时，它将读取表的相关分段，组合到一个用结构体表示的新表中返回。另外，为了降低耦合性，建立一个解析任务，专门解析各信息表数据，要获得表中数据时只需要向此任务发消息，它解析后返回结果数据。同时为了保持数据的同步性，在表中数据发生改变时要通知上层应用，生成负责监控的后台进程。数据处理算法流程如图 7-10 所示。

算法设计说明如下。

（1）打开 demux 配置接口（因为读取传输流数据后要送到解复用模块，通常采用 DMA 方式交给 demux 解复用处理，再复制入缓冲区，这样不占用 CPU，效率高），注册相关的回调函数，通常在时间更新、消息/事件触发和信息表数据变化时会调用这些函数，这样也便于下面的后台的监控任务实时调用。

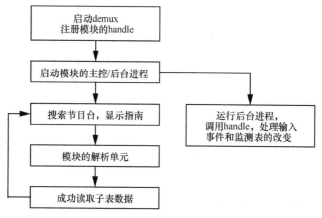

图 7-10　数据处理算法流程

（2）启动前台的业务逻辑控制和后台监控，都是一直运行的任务。该单元主要包括前台任务和后台监控任务的实现。

1.　前台任务

在收到上层应用或其他模块的读取信息表请求时调用 API，它读取各信息表，参数包括 PID、业务 ID 和数据等，注意要在所设定的超时时限内读取信息表中的数据，否则出错返回。

每种信息表的超时时限不一致，输出的内容也不一致，例如，PAT 输出传输流的 ID、NIT 的 PID、PMT 的 PID 和节目编号等；而对于 NIT 要输出业务名、各频道频率等。再将结果数据组合成一个临时子表返回给源端。

2.　后台监控任务

注册自身信号的回调，定期调用解析任务提供的接口，检测信息表的数据和系统时间，这样在数据发生改变时将发出信号来通知上层。通过读取 TDT 中记录的时间再进行比较。对版本的监控则没有统一的算法，因为很多信息表中绑定了不同的版本信息，需要根据收到的消息或触发的事件类型来读取不同信息表。

运行业务时该单元的算法要和其他模块结合使用，例如，结合后文的电子节目指南（Electrical Program Guide，EPG）业务，EPG 业务的信息表关联如图 7-11 所示。

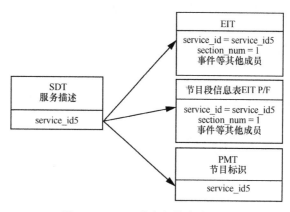

图 7-11　EPG 业务的信息表关联

在这个简单的频道实例中，SDT 的业务 ID 标识了频道名，EIT 中每个短事件对应着此 ID。因节目指南在 EIT 的段信息表/调度表的短事件中描述，所以一个节目指南只属于一个具体的频道。这样 SDT 中的业务 ID 就和 EIT、PMT 中的业务 ID 串联起来了。读者可以将其理解成类似数据库中各项表的逐层嵌套。

7.3.3.2   CA 模块

条件接收（Conditional Access，CA）模块支持智能卡、demux 和平台初始化等功能，给上层应用提供接口。例如，在切换节目和频点时，上层应用将请求发送到 CA 中，CA 检测到事件后接收与自身相关的两个数据流——授权控制信息（Entitlement Control Message，ECM）和授权管理信息（Entitlement Management Message，EMM），再进行相应处理。

同时 CA 和其他模块存在的调用关系很多，在创建后台任务时调用系统适配层的接口，例如，调用 demux 接口来获取 ECM/EMM 数据。这种交互功能通常以回调的形式实现，具体设计时初始创建的总接口如下。

```
sys_App *create_cas(cas_policy *in_policy)
{
    /cas_priv *ca_priv =malloc(sizeof(cas_priv));
    /memset(ca_priv, 0, sizeof(cas_priv));
    /*下面是 CA 的初始定义过程*/
    if(in_policy != NULL)
        ca_priv->App_policy = in_policy;        /*配置策略*/
    /else
        ca_priv->App_policy = def_policy();         /*若是空值，则配置默认策略*/
    /ca_priv->App_instance.init = ca_init;      /*配置实例的初始化 handle*/
    ca_priv->App_instance.proc_msg = ca_proc_msg;        /*消息处理 handle*/
    ca_priv->App_instance.get_msg_timeout = ca_msg_timeout;        /*超时处理*/
    ca_priv->App_instance.state_machine = ca_state_machine;        /*状态机*/
    ca_priv->App_instance.priv_data = (void *)ca_priv;        /*私有数据*/
    return &ca_priv->App_instance;       /*返回应用实例，以备后续回调处理*/
}
```

上例是 CA 模块的基本框架，其他模块与此类似。后续的实现是对这些 handle 的具体定义过程。这里较为重要的是 ca_proc_msg()回调函数的处理，初始化正常完成后，该函数以对消息进行分类处理的方式实现。下面以对 ECM 和 EMM 数据的处理为例说明。

```
void ca_proc_msg(handle_t handle, os_msg *msg)
{
    cas_priv *ca_this = (cas_priv *)handle;
    event evt = {CAS_SET_SID, 0, 0};
    cas_sid sid = {0};
    class_handle ca_handle = class_get_handle_by_id(NIM_CLASSID);
    switch(msg->id)
    {
        case CAS_SID_SET_ASYNC:
        {
```

```
                    /*获得消息中的属性参数*/
                    memcpy(&sid, (cas_sid *)msg->para.sid, sizeof(cas_sid));
                    set_cas_sid(handle, &sid);
                    ca_this->tuner_id = msg->para.tuner_id;
                    ca_this->get_ts_by_tunerid(ca_handle, ca_this->tuner_id, ca_this->ts_in);
                    /*设置媒体流 PID、频道参数和 ECM/EMM 信息*/
                    set_ecm_emm_info(handle, &sid);
                    ……
                    break;
                }
            }
```

ECM/EMM 信息的设置先写入 CA 表中，再通过 I/O 的方式设置到底层驱动中。CA 的 ECM/EMM 运行流程如图 7-12 所示。

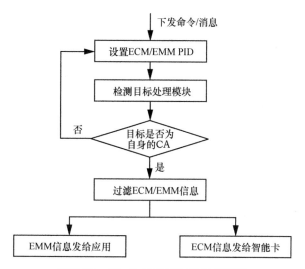

图 7-12　CA 的 ECM/EMM 运行流程

（1）CA 获得上层应用下发的 ECM 数据。

（2）通过智能卡获得密钥 SK 加密处理后的控制字 CW 以完成解扰功能。

（3）获得 EMM 数据回调给应用以完成授权功能。

其他消息处理过程类似。

7.3.3.3　EPG 模块

EPG 模块建立在搜索各信息表数据的基础上，完成与用户之间的接口，收到用户命令解析处理，然后将结果返回给用户，这就要求该模块能对各类操作做出快速响应。

EPG 模块的实现框架有 3 个运行主体：创建过程、消息处理和 EPG 数据库的管理。数据库的设计较为重要，收到消息时操作如下。

（1）为各节点（包括业务节点、事件节点、网络节点和传输流节点等）分配缓存。

（2）搜索相关信息表，将运行结果通知 UI 框架或底层。

消息的处理以数据库的信息为中心。在为数据库分配一个内存块后要设置它的策略，EPG 与其他模块的关系如图 7-13 所示。

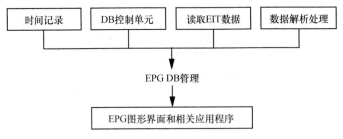

图 7-13　EPG 与其他模块的关系

从图 7-13 中可看出，这些交互都与数据库有关，为方便众多数据的组织，将 EPG 数据库内部的节点以二叉树的形式组织起来。EPG 数据库组织算法如图 7-14 所示。

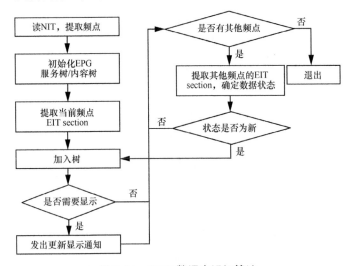

图 7-14　EPG 数据库组织算法

组织过程说明如下。

（1）在上层下发的消息中提取一个基本频点，分析网络中的业务信息，初始化 EPG 业务树装载业务节点，初始化业务内容树装载业务的指南节点。

（2）分析 NIT，根据传输流总数获得网络中的传输流，解析 TS 的网络参数。

（3）分析 SDT，根据业务总数逐个解析业务内容和装载业务的传输流。

（4）分析 EIT，获得节目的具体指南内容，组成节目菜单。

（5）分析 PAT，获得当前传输流携带的节目信息和具体节目的 PMT 绑定的 PID，根据这个 PID 来分析对应的 PMT，获得节目的音视频和数据流 PID。

（6）按网络→传输流→业务→事件→节目顺序，将这些点信息存储到 EPG DB。

（7）根据不同的版本号或消息通知更新库。

数据库建立成功后上层应用若要获取具体节目的指南信息，则调用接口触发消息。EPG 收到后查询数据库再反馈结果。

此外 EPG 要提取节目对应的指南信息，包括正在播放、下一个要播放和一周的节目指南。前两者由在 EIT 中的 PF（Present/Following）数据描述；若是一周指南则从 EIT 的调度信息中获取。因每个电视频道分配有一个业务 ID，而且解析所有频道的信息量会太多太费时，所以 EPG 需要提取此 ID 值，将搜索解析出的频道所对应的频点信息锁定后再去提取频道对应的节目指南，这样每次操作一个频道即可，减少操作信息量，避免了时间的浪费。

7.3.3.4　UIO 模块

UIO（Userspace I/O）是运行在用户空间的 I/O 技术，在机顶盒中较多用来处理用户的按键输入，因为要将驱动层的热键转换成虚拟键并通知 UI 层，所以键的映射表中包含热键和虚拟键两个成员，这个关键在于对硬件中断的响应。它的初始创建方式与 CA 模块类似，但有些差异。

```
sys_app *create_uio(uio_policy *in_policy)
{
    uio_priv *uio_priv = malloc(sizeof(uio_priv));
    /*设置 UIO 运行方法*/
    uio_priv->uio_impl_info = in_policy;
    /*初始化 UIO 实例，没初始化的成员赋空值，结果返回该实例*/
    memset(&(uio_priv->uio_instance), 0, sizeof(sys_app));
    uio_priv->uio_instance.init = init;
    uio_priv->uio_instance.single_step = uio_single_step;
    uio_priv->uio_instance.priv_data = (void *)uio_priv;
    return &uio_priv->uio_instance;
}
```

函数 init()中的初始化算法如下。

（1）根据 UIO 设备的类型和 ID 找到虚拟的 dev。

（2）初始化消息列表。

（3）设置 key 映射表，这个 key 对应机顶盒遥控上的按键。

（4）设置 magic 键表，从上到下的键映射表建立成功。

UIO 模块消息/按键处理算法如图 7-15 所示。

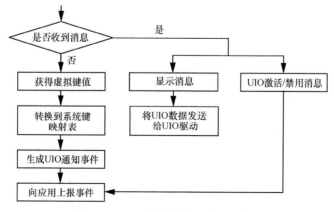

图 7-15　UIO 模块消息/按键处理算法

7.3.3.5 节目搜索/管理

节目的搜索是从一个主频点包含的信息中分析出每个节目对应的具体数据，再提供给用户，实质就是一个数据的获取、解析和组合的过程。节目搜索流程如图 7-16 所示。

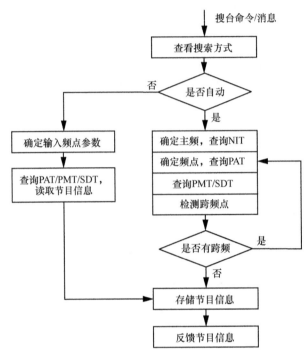

图 7-16 节目搜索流程

节目搜索通常有手动指定和自动全局搜索两种，下发的扫描参数包括扫描模式、频道类型和 PID 参数等，对应的处理流程说明如下。

（1）输入手动搜台命令后，传递到搜索模块，它在手动搜索分支中根据输入频点分析 PAT，从此表中获取 PMT 的 PID 和业务 ID。据此分析 PMT，找到音视频 PID 等数据。

再搜索 SDT 的分段数据，获取网络 ID、传输流 ID 和节目名称等属性，将属性保存到节目结构中并关联到业务 ID 上，然后返回给上层，运行速度较快。手动搜索查询信息表如图 7-17 所示。

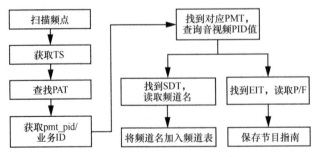

图 7-17 手动搜索查询信息表

（2）在自动搜索分支中需要根据主频点来分析 NIT，这个表中记录了所有频点，先锁定第一个频点，再依次分析 PAT、PMT 和 SDT，如上操作，保存后返回。操作结束后以同样方法继续下一个频点的搜索，因是全局搜索，所以运行时间相对较长。

这里运行的结果是要获取节目信息和频点信息结构并送给上层应用。前者包括业务 ID 和类型、音视频 PID 和类型、逻辑频道号、节目名称和传输流 ID 等。后者包括频点值、调制类型和符号率等。

综上所述，搜索模块的算法就是要取出用户设定的频点，搜索 NIT、PAT、PMT 和 SDT 等表中的分段数据，分析对应的频点属性，再依据频点搜索出对应的节目内容，包括名称、音视频类型和 PID 等基本属性，将这些信息传递给上层应用。搜索模块是机顶盒中必不可少的技术，也是很多模块的运行基础。

节目管理包括节目信息的存储、查询、修改和保存等操作，为上层的节目播放和浏览提供支持，也是比较重要的功能。节目管理内部框架如图 7-18 所示。

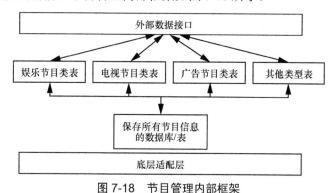

图 7-18 节目管理内部框架

该框架的设计说明如下。

（1）上层要下发各消息和命令，包括添加、删除和排列等多种操作，有外部接口支持。

（2）节目表包括各类电视节目、广播节目和点播节目等，主要包括在搜索过程中动态建立的列表和自身保持的原数据。对这些列表在数据库中均有索引支持，这一步尤为重要，要使列表和数据库的信息保持同步。

（3）对底层的适配，封装了操作系统和底层模块的接口。

7.3.3.6 NVOD 模块

准视频点播（Near Video On Demand，NVOD），作为一种轮播技术，可将每个节目在多频道上间隔一段时间后不停播放，这样便可提供随时点播业务，为用户提供了极大方便。该模块的实现是建立在搜索各信息表的基础上进行的。NVOD 模块运行关系如图 7-19 所示。

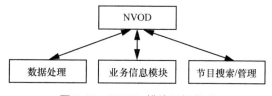

图 7-19 NVOD 模块运行关系

NVOD 模块运行时先从数据处理单元中读取 NVOD 频率值，再将读取的 SDT 和 EIT 中的数据组合封装成 NVOD 信息。因为有节目搜索/管理的支持，就可支持快进、快退和片花播放等功能。

1. 信息表

NVOD 的实现涉及很多信息表，较主要的有 SDT、EIT、PMT 和 NIT 等，可通过解析 SDT 和 EIT 的参考业务描述符、时移业务描述符和时移事件描述符等来实现点播功能。下面以典型的 NVOD 搜索过程说明信息表的应用，NVOD 搜索流程如图 7-20 所示。

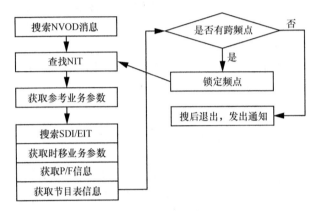

图 7-20   NVOD 搜索流程

NVOD 搜索流程说明如下。

（1）发送 NVOD 搜索消息给解析任务，先找到并确定主频点（有的运营商会提供一个主频点，在此主频点上发 NIT，它包含了整个网络频点信息表），搜索 NIT，提取并分析该表中的数据，获取参考业务信息和频点并锁定。

（2）搜索 SDT，同样提取 SDT 中数据，获取参考业务和时移业务信息。

（3）组合前面的参考业务参数，再同理提取 EIT 中的 PF 数据，获取参考事件的属性信息（包括名称和标识），再搜索 EIT，从中读取调度信息，提取分段数据，获取与参考事件对应的各时移事件信息，包括起始/播放/持续的时间描述等。

（4）判断是否继续搜索其他频点，若是则重复上述搜索 SDT 和 EIT 的过程，否则退出。

在此流程中，查找信息表数据是按照参考业务→参考事件→时移事件的遍历顺序进行的，最后确定时移事件。该时移事件可说明具体节目何时播放、持续多久。

2. 模块运行框架

信息处理表示数据逻辑，而业务逻辑由模块框架决定。它有 3 个运行主体：创建过程、NVOD 对消息的处理和所维护的状态机逻辑。创建过程与 CA/UIO 模块类似。状态机有空闲、系统正扫描、时移业务扫描开始、时移业务扫描终结和 NVOD 退出 5 种状态，状态的迁移取决于消息的处理。消息有 3 种类型：开启 NVOD、开启参考业务和关闭 NVOD。例如，在收到开启参考业务消息后，运行步骤如下。

（1）要设置事件回调接口。

（2）设置当前状态为"系统正扫描"状态。

（3）设置盲扫模式，取出消息中携带的网络接口模块（Network Interface Module，NIM）频道信息，传递给频道扫描操作 handle。

这里的事件对应着数字视频广播（Digital Video Broadcasting，DVB）事件，例如，在获得 PMT 时会激活一个 DVB_FOUND_PMT 事件，DVB 任务暂停时会激活一个 DVB_PAUSE 等。其他两种消息处理方式类似。

设置好回调接口后，收到事件时首先分析事件参数，然后分以下两种方式处理。

（1）创建和填充 DVB 请求消息并放入消息队列后发给底层。

（2）将此参数赋值给 NVOD 的私有业务属性。例如，若激活 DVB_FOUND_PMT 事件，PMT 请求数递减，减为 0 时设置状态为"扫描终结"，再将时移业务参数保存到私有属性中。

7.3.4　应用层

应用层通常以应用程序的方式运行，执行运营商提供的服务功能，可分成本地驻留和可下载两种，包括浏览器、下载游戏、电子节目指南和界面显示等，具有较强的独立性。目前随着技术水平的提高，基于交互式的应用也越来越多了。本节重点讲述在这些应用场景下该层的模块设计框架和不可缺少的 UI 设计。

7.3.4.1　设计框架

设计应用层开发时，按不同功能将应用层划分为不同的任务模块，每个任务用独立的模块处理，而且每个任务在负责执行各种运营商提供的服务时，原则上要尽可能设计成平台无关性，减少对硬件的依赖。基于此原则，一个典型的运行框架通常包括以下两个阶段。

（1）设备运行后的初始化阶段。

（2）具体业务的运行阶段。

1．初始化阶段

该阶段实现过程如下。

（1）在机顶盒开机后生成应用层任务，调用以下函数。

```
mtos_task_create((unsigned char *)"initTask", taskStart,NULL,SYS_TASK_PRIORITY,
                 (unsigned long *)taskStartP, 4096);
```

这样就创建了一个名称为 initTask，主过程为 taskStart，参数是 NULL，任务优先级是宏定义 SYS_TASK_PRIORITY，栈指针是 taskStartP，栈大小是 4 096Byte 的任务。

（2）任务创建时依次按以下步骤运行。

① 中断初始化，注册字符输入输出接口。

② 获取硬件时钟，初始化系统时间。

③ UART/GPIO 初始化，包括设置波特率、标准数据位数和停止位数等。

④ 配置内存映射全局参数，分配的内存空间初始化。

⑤ 获取系统版本，激活硬件中断。

⑥ 初始化消息队列，创建定时器任务。

（3）具体业务模块初始设置如下。

① 用户自定义的设置，包括 AV、EPG、play、record 和 GUI 内存地址和大小的赋值。

② 驱动组件包括 DMA、HDMI、数据管理器和安全认证等初始化。

③ 中间件初始化，包括以下方面。

- 注册过滤器链表包括 jpeg、mp3 传输/解码、record、EPG 和 DVB 表等。
- 设置时区、GB2312 映射表、网络服务等。

④ 应用 App 注册。

⑤ 创建 UI 框架任务。

其中应用 App 注册比较重要，直接关联到后面的业务。每个 App 以下列结构定义。

```
typedef struct
{
    unsigned short app_id;        /*App 的 ID 值*/
    char *app_name;        /*App 的名称*/
    unsigned char priority;        /*App 的优先级*/
    unsigned long stack_size;        /*App 的栈大小*/
    app_t * app_instance;        /*App 的实例，一个应用只有一个全局实例*/
}app_info;
```

例如，对"搜索 App"定义如下。

```
{APP_SCAN,"app_scan",SCAN_TASK_PRIO,SCAN_TASK_SIZE,create_app_scan()}
```

注册时以数组的方式加入应用框架中并建立消息队列。同时为和中间层的正常交互，需要绑定 BAT/CAT/EIT/NIT/PMT/SDT 消息缓冲区。

2. 业务运行阶段

这个阶段负责完成各项用户服务功能，也是系统设计的重要部分。各个任务之间或与中间层之间可通过消息的方式进行通信。为了和前文保持一致性，下面就以典型的开机时节目搜索作为实例来讲述运行时所采用的算法。开机时节目搜索如图 7-21 所示。

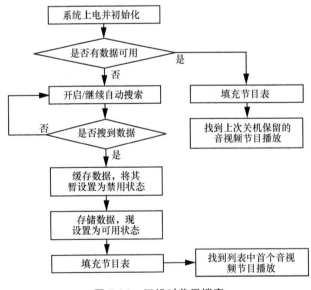

图 7-21　开机时节目搜索

通常是在找不到可用数据时开始自动搜索过程，该过程的实现方式如下。

（1）在 UI 中注册事件和映射表，方法及相关说明如下。

```
void ui_init_scan()
{
    cmd_val cmd;
    cmd.id = APP_CMD_ACTIVE_SCAN;
    cmd.data = APP_SCAN;        /*命令属性赋值，包括 ID 和数据*/
    app_frm_send_cmd(APP_FRAMEWORK, &cmd);        /*通知中间层开始搜索*/
    /*向消息队列中注册一个事件消息映射表,使中间层在搜索过程中出现 APP_SCAN 事件时向上层
UI 发出一个消息*/
    register_app_event_map(APP_SCAN, ui_scan_event_map);
    /*上层收到消息时取出数据，对此消息的处理是在 UI 的 APP_FACTORY_MODE 和
APP_DO_SEARCH 这两个分支中进行*/
    register_app_msg(APP_SCAN, APP_DO_SEARCH);
    register_app_msg(APP_SCAN, APP_FACTORY_MODE);
    return;
}
```

（2）在 ui_scan_event_map 中要定义各事件对应的消息，部分信息如下。

```
BEGIN_APP_EVENT_MAP(ui_scan_event_map)
    RELATE_EVENT_MSG(SCAN_EVENT_TP_FOUND, MSG_SCAN_TP_FOUND)
    RELATE_EVENT_MSG(SCAN_EVENT_NIT_FOUND, MSG_SCAN_NIT_FOUND)
END_APP_EVENT_MAP(ui_scan_event_map)
```

为每条消息定义一个对应的 API 函数，方法如下。

```
BEGIN_MSG_PROC(do_search_proc, class_proc)
    ON_CMD(MSG_SCAN_TP_FOUND, on_tp_found)
    ON_CMD(MSG_SCAN_NIT_FOUND, on_nit_found)
END_MSG_PROC(do_search_proc, class_proc)
```

为了衔接中间层，设计了消息队列，此时会将一个 MSG_SCAN_PG_FOUND 消息放入队列中，由中间层读取。

（3）中间层收到消息后搜索信息表，结束后返回查到的结果数据。

消息对应的函数 on_pg_found()负责分析中间层上传的结果。它的运行算法如下。

• 将结果数据复制到临时缓冲区中，分析出节目的各条属性内容。
• 根据节目 ID 获得节目框架，再从框架中获取图标，设置和图标相关联的文本内容，最后显示图标。
• 根据节目列表，分别用静态文本和 unicode 设置相关域，最后逐个显示节目。

（4）搜索成功后存储数据，设置数据的可用标志为 TRUE，将数据加入节目列表中并播放列表中的第一个频道。

至此就完成了开机时搜索节目的运行流程。很多其他业务也按照上层↔中间层↔底层的方式类似处理。

7.3.4.2　UI 设计

在机顶盒中 UI 的设计较为重要，一个良好的界面能给人赏心悦目的感觉。各 UI 元素的

布局和组织决定了操作的方便性。通常情况下它要实现的主要功能如下。

（1）机顶盒的流程操控，通过不同的用户输入进行对应的业务调度。

（2）接收用户的输入来控制屏幕界面的显示、切换和回传等操作。

（3）获取 SI 信息，分类组织后显示。

1．模块间关系

基于此功能，UI 和其他模块关系如图 7-22 所示。

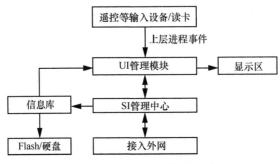

图 7-22　UI 和其他模块关系

对遥控器的输入和读写智能卡等属于上层用户事件，要以事件的方式发送到 UI 管理模块。该模块需要 SI 信息，例如，EPG 数据、用户操作和选择条项等都依靠 SI 获取。它们之间的交换过程是通过 SI 管理中心模块与 SI 信息表的缓冲区以请求 ↔ 应答的消息方式完成的，即收到请求后先查找信息库再反馈，UI 做出响应但可不必返回运行结果。而对于变化相对较少的数据也可放入 Flash 中备份。

2．菜单元素组织

在电视屏幕上显示的图片、按钮和导航指南等都属于 UI 元素，需要将它们以单链表节点的方式连接起来进行更好地调度。

每项菜单属性用以下结构表示。

```
typedef struct
{
    unsigned char menu_id;        /*菜单 ID*/
    unsigned char is_close;       /*开启或关闭*/
    unsigned char play_status;      /*play 状态*/
    /*菜单操作函数，返回值为 signed long 的函数指针*/
    oper_menu_f oper_func;
}menu_attr;
```

对菜单的操作以下列数组方式定义。

```
static   menu_attr_t public_menu_attr[] =
{
    {MENU_ID_MAINMENU, OFF,PS_START, oper_main_menu},
    {MENU_ID_DO_SEARCH, OFF,PS_STOP, oper_do_search},
    {MENU_ID_PROG_LIST, OFF, PS_START, oper_prog_list},
```

```
    {MENU_ID_LANGUAGE, OFF,PS_STOP, oper_language},
    ......
};
```

上例中最后一个成员为菜单对应的操作函数，例如，搜索的行为由函数 oper_do_search()
定义。

3.结构设计

挂载这些元素后需要在运行时找到对应的行为函数。为此 UI 的主体框架是一个消息/
事件的循环读取流程，UI 主体消息流程如图 7-23 所示。

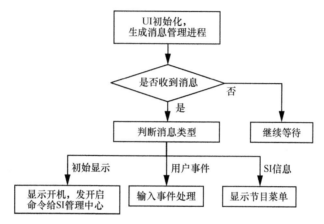

图 7-23　UI 主体消息流程

UI 主体消息流程说明如下。

（1）在 UI 运行时首先要触发初始化消息，搜索节目表后显示开机画面，向中间层处理
单元 SI 发送命令。

（2）SI 返回结果，UI 创建并显示各菜单，以后的运行包括中断、信号处理、定时器任
务和处理用户输入，这里主要指静等用户输入。

（3）用户输入后要根据所识别的事件类型（包括智能卡插入拔出、全局用户输入事件、
UI 元素事件和其他低优先级事件）关联不同的回调函数，UI 事件处理流程如图 7-24 所示。

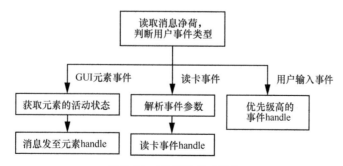

图 7-24　UI 事件处理流程

GUI 元素事件指 GUI 上的组成部分，如焦点更替、光标转移等事件。

厂商之间的 UI 存在很大差异。但 UI 模块是机顶盒软件的"脸面",直接决定了用户能否接受此机顶盒,因此需要结合具体需求和应用场景选择适用的芯片,完成良好的设计。

7.4　代码移植

安卓系统是近年来较为流行的开源嵌入式操作系统。基于 Linux 内核,封装了自己的底层和中间层,借此底层和中间层,用户便能制作自己的安卓应用,这些应用程序就是安卓系统的上层应用。

因为采用独有的交叉编译器,原先用 C 语言编写的驱动和应用程序可十分方便地移植到安卓系统中,所以一个机顶盒的应用程序要移植到安卓系统中,便是要将自身的人机界面层改为安卓上层应用;将自身的业务层通过 JNI(Java Native Interface)的方式嵌入安卓的 framework 层中供上层调用;将自身的硬件驱动层嵌入安卓的底层供 framework 层调用。但还需要注意以下方面。

(1)内核版本和核心库的升级。

(2)一些专用驱动和接口驱动的改变,不同厂商的 CPU 寄存器存在差异。

Wi-Fi 应用开发

Wi-Fi 是利用射频技术进行数据传输的技术，它可弥补运营商在铺设有线网络过程中存在的不足，以实现网络延伸，使无线局域网利用现有的有线网络架构让用户可以不通过网线接入核心网。Wi-Fi 无线连接可给 PC 的无线网卡、终端设备（如 PAD、移动电话等）提供无线接入方式连到公网。

Wi-Fi 实际上就是一种高频无线电信号，这种无线+有线的获取网络资源的模式，操作简单，成本较低。它给用户提供无线接入方式，但是它的服务器仍然部署在有线网络中，所以它仍然需要有线网络的支持。

8.1　Wi-Fi 概述

作为使用范围较广的无线技术，通常架设无线网络必不可少的设备就是一个 AP，或者设置无线网卡实现 AP 功能。AP 主要在 MAC 层中作为无线传输点轻松连接到有线局域网中，可以将它想象成网络的集线器，并有较广的覆盖面。尤其是目前使用宽带的用户，配置好一个 AP 后，其他主机只要插入无线网卡，然后连接到这个 AP 即可，或者通过共享方式连接上网，使用方便。

8.1.1　基本点

Wi-Fi 的物理层协议属于 IEEE 802 协议集，即以 IEEE 802.11 标准作为网络层以下的协议。所以内核中的网络层以上部分的处理对有线网络和 Wi-Fi 都是一样的流程。

IEEE 802.11 的 MAC 层负责终端和 AP 之间的通信，主要过程包括扫描、接入、安全设置、同步、漫游和 QoS 等。其中扫描包括主动扫描（发送 Probe Request 帧）和被动扫描（监听 Beacon 帧），安全设置包括认证和加密两种。本节首先解释 Wi-Fi 通信开发中需要了解的重要术语。

1．重要术语

AP：接入点，无线网络中的一个特殊设备节点，通过这个设备节点进行数据转发，其他设备可和无线网络的内外主机保持通信。

AC（Access Controller）：无线控制器，管理无线网络中的 AP，并为用户提供认证功能，还可以实现鉴权和计费统计功能，或者通过和鉴权服务器交互来实现对接入终端的鉴权功能。

Station：工作站，是连接到无线网络的设备。

SSID（Service Set Identifier）：标识一个无线网络，相当于网络的名字，所以每个无线网络有自己的 SSID。终端/工作站可扫描所有网络，选择其中一个 SSID 接入。

BSS（Basic Service Set）：一组主机/设备组成的集合，构成 IEEE 802.11 无线网络的基本单元。目前应用较广的架构是 Station ↔ AP ↔ Station/交换机/AC；另一种类型是独立基本服务集（Independent Basic Service Set，IBSS），也就是 Ad hoc，通信方式为 Station ↔ Station，是一种临时性组网，本书介绍前一种架构。

BSSID（BSS Identifier）：标识一个 BSS，格式类似于 MAC 地址，48Byte 地址格式，也就是无线接入设备的 MAC 地址。

Assosiate：连接，当一个终端要加入无线网络时，要和 AP 建立关联。

DS（Distributed System）：分布式系统，负责将报文转发到目的地址，它是接入点之间转发报文的骨干网络。路由器通过 DS 可学习目的地址对应设备的具体位置，然后才能正确转发。目前工作方式较多采用以太网。

IEEE 802.11 系列帧包括管理帧、控制帧和数据帧 3 种。其中管理帧有 11 种类型，用于认证加密、隔离和工作站加入/退出无线网络等；控制帧有 6 种类型，用于权限处理、获知信道和回复确认等；数据帧有 8 种子类型，用于数据业务的承载。控制帧和数据帧在实际应用中经常搭配在一起，具体类型对应着报文中的 Type 域和 Subtype 域。

2. 物理层协议和信道

目前国内采用的信道频点基本是 2.4GHz 和 5.8GHz，Wi-Fi 物理层协议标准见表 8-1。

表 8-1　Wi-Fi 物理层协议标准

标准名称	频段/GHz	最大传输速率/(Mbit·s⁻¹)	信道带宽/MHz
IEEE 802.11a	5.8	54	20
IEEE 802.11b	2.4	11	20
IEEE 802.11g	2.4	54	20
IEEE 802.11n	2.4/5.8	600	20/40
IEEE 802.11ac	2.4/5.8	1.73	20/40/80

从表 8-1 中可看出，当协议标准选择 IEEE 802.11b、IEEE 802.11g 或 IEEE 802.11b/g 时，只能使用 20MHz 信道带宽；而选择 IEEE 802.11b/g/n 混合时，可同时使用 20MHz 和 40MHz 的信道带宽。

信道带宽较大程度上决定了传输速率。IEEE 802.11n 在 MAC 层上改进较大，将信道绑定，即两个信道合并成一个再进行传输，组成 40MHz 带宽，又因为 MIMO 特性，可以同时使用两对天线进行传输且互不干扰，所以性能提升很大。IEEE 802.11ac 是 2014 年推出的新标准。

上述协议是无线网络通信的基本协议，现在的 Wi-Fi 模块基本集成了多种协议标准供配置。每种协议标准的使用没有绝对的优劣，要综合考虑干扰和成本等因素，不同的标准所需要的硬件支撑也不同。这些也是设计驱动程序所必须考虑的。

对于信道的划分在国内分为以下两种。

• 2.412～2.472GHz：13 个信道，1～13，每个信道间隔为 5MHz。

• 5.725～5.825GHz：5 个信道，149、153、157、161、165，每个信道间隔为 20MHz。

其中，1、6 和 11 信道组合没有干扰，类似还有 2、7 和 12 信道组合，3、8 和 13 信道组合也是互不干扰的。

3. 链路层协议

链路层从上到下包括逻辑链路控制（Logical Link Control，LLC）子层和 MAC 子层。IEEE 802.11 完成 MAC 子层。LLC 子层与具体的传输媒介无关，和对应的 LLC 层实体交换数据。MAC 子层和传输媒介相关，负责实现访问连接控制和数据分组的拆分/重组。链路层将 MSDU（MAC Service Data Unit）封装成 MPDU（MAC Protocol Data Unit），通过物理层传给对应的 MAC 子层实体再由其进行逐层还原传到 LLC 实体中，层次化清晰明显。链路层传输流程如图 8-1 所示。

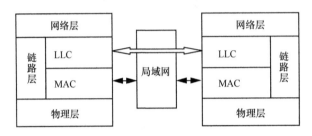

图 8-1　链路层传输流程

在 MAC 子层主要完成以下功能。

（1）信道管理，包括信道扫描/测量/切换。

（2）连接管理，包括进行/断开认证、建立/断开/重新连接、连接管理。

（3）QoS 和功率控制，包括 QoS 调度、电源管理。

（4）安全设置和时间同步，包括密钥管理、证书设置和时间同步支持。

为此 MAC 子层推出了新协议，如 IEEE 802.11e、IEEE 802.11f 等，Wi-Fi MAC 层协议标准见表 8-2。

表 8-2　Wi-Fi MAC 层协议标准

标准名称	具体功能
IEEE 802.11e	QoS，支持实时业务
IEEE 802.11f	接入点之间的漫游、切换
IEEE 802.11h	选择动态频率，控制传输功率
IEEE 802.11i	安全设置，包括认证和传输数据的加密算法
IEEE 802.11s	Wi-Fi Mesh

表 8-2 中的协议都用来规范 MAC 子层功能，可支持速率控制、安全设置、QoS 和漫游切换等业务，为各功能扩展提供实现平台。

MAC 栈内部的实现对 LLC 上层和应用程序均保持透明和独立性。上层需要通过高层接口与 MAC 数据处理模块交互来收发数据，与 MAC 管理模块交互可管控栈的运行过程。通过底层接口可访问物理层驱动。射频模块负责在接收端/发送端解调/调制载波信号，要将这些信号处理成 CPU 所需的数据。MAC 栈同样可以利用操作系统的内存管理和时钟处理机制。MAC 子层栈架构如图 8-2 所示。

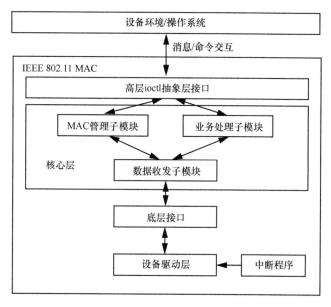

图 8-2　MAC 子层栈架构

MAC 子层栈结构中主要包含以下 3 个子模块。

（1）数据收发子模块和物理设备驱动层交互，可收发数据。

（2）业务处理子模块从 LLC 层收到数据，加上控制信息组成 MAC 帧后，通过数据收发子模块发出去，接收解析后再发到 LLC 层。

（3）MAC 管理子模块管理和维护接入终端/AP 的状态数据。

因此 IEEE 802.11Wi-Fi 设计开发可分成两部分：射频基带设计和 MAC 实现。即 RF 的 IC 芯片+Wi-Fi 的 MAC 控制器+存储器+对应的驱动软件可构造一个基本的无线系统。

8.1.2　应用模式

目前 Wi-Fi 运行主要有以下 5 种模式。

（1）AP 模式，相当于无线接入交换机，也是使用较为典型的一种模式。

（2）路由模式，还有路由功能，通过一个广域网（Wide Area Network，WAN）有线口和公网连接。

（3）中继模式，用来转接无线信号，扩展 AP 的信号覆盖范围，实现远距离传输中信号的中继放大，但 SSID、安全设置和信道等属性设置必须和前一个设备一致。

（4）桥接模式，和中继模式功能类似，也能形成新的信号覆盖和中继放大。而且在此模式下，SSID、安全设置和信道等属性设置可以和前一个设备不一样。

（5）客户端（Client）模式，通过有线和主机连接，另一侧无线接入下一个 Wi-Fi 设备上，相当于一块无线网卡。

使用 Wi-Fi 时家庭用户选择 AP 和 Client 这两种模式较多，所以本节主要介绍这两种模式的运行机制。

1. AP 模式

AP 模式是一种最基本的 Wi-Fi 运行模式，让无线设备作为信号的接入点。将通过网线接收的网络信号经过 AP 芯片的编译处理后转换成无线信号发出，这样就形成了一定范围内的无线覆盖。不同厂商的芯片或参数设置会有不同范围、不同强度的覆盖。除了移动电话、手持终端和 PC 外，也允许其他无线设备接入，如 Client 模式下的 CPE（Customer Premise Equipment）；同时多个 AP 之间也可互连，所以可将 AP 模式下的 Wi-Fi 看成无线网络的中心交换点。AP 模式下的设备部署如图 8-3 所示。

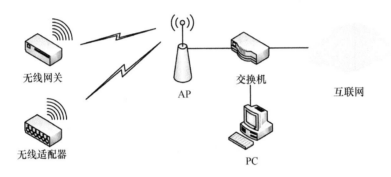

无线网关

无线适配器

AP

交换机

互联网

PC

图 8-3   AP 模式下的设备部署

图 8-3 中由 AP、终端和分布式系统构成的服务区即 Wi-Fi 所覆盖的区域，将有线传输转成无线传输了，其中 AP 在各无线站点和有线网络之间转发或缓存数据。图 8-3 中的交换机可以是普通以太网交换机或者 AC，后面还可能会再接到 ADSL（Asymmetric Digital Subscriber Line）或其他功能服务器上。接入的终端必须使用与 AP 相同的 SSID、信道和密码。开放式运行下的 AP 不需要密码。

在实际工程中部署的 AP 可连接多个终端，AP 上的动态主机配置协议（Dynamic Host Configuration Protocol，DHCP）服务器会给每个连接终端分配 IP 地址，各终端也可以设置静态地址、网关和域名系统（Domain Name System，DNS）地址。但请注意 AP 连接的终端数有上限，若连接终端太多则可能会出现 AP 因业务负担过重而不能正常运行的问题。

除此之外，还可以建立 AP 连接下点对点和点对多点的模式（即桥接模式），通过多个 AP 连接多个有线局域网来实现通信和资源共享。若连接时距离较远，可考虑使用天线。

这里要提到一个无线隔离的概念。它也称为 AP 隔离，是指在多个终端连接到 AP 后，彼此之间隔离，不能直接交互，只能访问 AP 的下一跳设备接入的网络。具体过程是 AP 解析收到的报文，检查目的地址，若是单播地址且是内部挂接的另一个终端则直接丢弃。若要通信则需要进行特别配置，这样可保护不同终端的数据安全。因为在不同 VLAN 下主机通常无法互相访问，所以这有些类似于 VLAN 隔离。

2. Client 模式

Client 模式也称为主从模式，在此模式下运行的 AP 实际作用等同于无线终端，下行方向将接收到的无线信号经过芯片处理成有线网络信号，再转发给局域网内的各终端设备或 PC。在室外应用中，这是一种 1:N 的点到多点的连接方式。设计时要考虑局域网内部的 PC 为 1:N 或终端连接数，通常不超过 6 台，所以比较适合家庭用户上网。

整个局域网对外相当于一个无线终端的接入，而将中心 AP 设备确定为 AP 模式，这样在其无线覆盖区域内 Client 模式的设备采用信号搜索的方式发现中心 AP。AP 收到请求和完成认证后，返回认证成功，这样就连接到中心 AP 上了，然后局域网主机便可通过它接入外网。这种模式是典型的"一主多从"模式。

考虑信号的传输、干扰和天线辐射的实际情况，通常采用这种模式布网时各个网络距离不是很远，这样收发无线信号会较为顺利。

对于普通家庭用户来说，这种类型的广泛应用在 CPE 上得到了体现。例如，有些偏远地区不能光纤入户，或运营商铺设光纤成本较高时，则可在一定高度处配置中心 AP，然后每个用户的 PC 通过有线方式接到信号较强的 CPE 上，CPE 再通过无线方式接入中心 AP 后即可上网。接入不同 CPE 的终端之间的数据交互经过中心 AP 完成转发。

很明显，这种主从模式的好处是能极大方便运营商统一管理子网，提高了网络资源的利用率，也可以节约部署的成本。从另一个角度看，除了连接对象不同外可视为 AP 模式和点对多点模式的结合运用。

结合上述这两种模式，若在局域网内同时部署 AP 模式和 Client 模式架构，即无线的 AP+Client 模式应用，AP+Client 模式应用架构如图 8-4 所示。

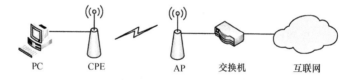

图 8-4　AP+Client 模式应用架构

8.2　无线驱动模块

在嵌入式设备中，无线驱动通常以模块方式加载运行。在系统运行时基于一个物理设备生成一个对应的私有网络虚接口（vap），接口名称大多以 ath/wl 为前缀，有独立的功能和属性，通常可支持前文所述的不同应用场景下的一种或几种无线模式。设备会提供 Web 或者命令行方式来让用户配置此接口的属性。本节同样以一款实用 Wi-Fi 设备基于 MADWiFi（Multiband Atheros Driver for Wi-Fi）架构讲述无线驱动和设备运行的处理流程，这种驱动程序的架构可从下向上划分为三层。

（1）HAL（Hardware Abstraction Layer）：硬件抽象层。

（2）MAC：MAC 层，其中又分成低 MAC 子层（LMAC）和高 MAC 子层（UMAC）。

（3）OSIF（OS Interface）：OS 接口层。

这种逐层的支持尤为重要。HAL 可屏蔽不同芯片的差异，注册回调支撑上层调用，不同厂商的芯片子功能和寄存器的读写等由具体的驱动软件开发工具包（Software Development Kit，SDK）代码对应实现。LMAC 负责与芯片相关的底层操作和 MAC 下半部分的协议处理；UMAC 负责实现与 IEEE 802.11 协议相关的子功能和对 OS 接口的支持。内部层与层之间通过回调函数的方式进行交互，具体处理过程请参见第 8.2.4 节。

8.2.1　创建接口

Wi-Fi 设备包括实际物理接口和 vap 虚接口，在 insmod 装载驱动后创建实际物理接口。

1．创建物理接口

初始化从 init_ath_pci()开始，通过函数 pci_register_driver(&ath_pci_drv_id)注册 PCI，而 ath_pci_drv_id 重要成员定义如下。

```
struct pci_driver ath_pci_drv_id =
{
    .name        = "ath_pci",
    .probe       = ath_pci_probe,
    .remove      = ath_pci_remove,
    ......
};
```

成员 probe 赋值为 ath_pci_probe()函数指针，它调用 alloc_netdev()生成 net_device 类型的设备节点 dev 和私有数据结构 ath_pci_softc，由 ether_setup()完成 dev 的部分初始化。再调用 __ath_attach()，这个函数比较重要，它绑定了 dev，设置 dev 中的相关属性参数和操作函数成员。其中初始化 ath_softc_net80211 结构(它是 UMAC 层的核心数据结构，也是 net_device 的私有数据）尤为重要，它的主要流程如下。

（1）通过 ath_attach()调用 ath_dev_attach()来分配和初始化 ath_softc 结构（该结构记录了无线网卡在 OS 中注册的接口属性和到 HAL 的索引、与 MAC 层之间的交互参数以及待发送报文缓存队列，它是 LMAC 层核心结构），注册 hook 函数，包括负责 802.11 帧处理的 ieee80211_ops 和接口操作如设置通道和扫描等行为的 ath_ops，再调用 ath_hal_attach()完成 HAL 层的初始化。

（2）通过函数 osif_attach()来注册 OSIF 的事件 handle。

（3）初始化无线接口的发送队列和接收队列及接收缓冲区。

（4）设置和定义 dev 中函数和属性成员，其中结构体成员 netdev_ops 赋为以下变量，最后一个成员设置了 ioctl 接口是 ath_ioctl()。

```
static const struct net_device_ops athdev_net_ops =
    {
```

```
    .ndo_open      = ath_netdev_open,
    .ndo_stop      = ath_netdev_stop,
    .ndo_start_xmit = ath_netdev_hardstart,
    ……
    .ndo_do_ioctl = ath_ioctl,
};
```

（5）对私有 ioctl 请求 iwpriv 命令，通过 ath_iw_attach() 绑定对应的 handle。

（6）定义 tasklet，即软中断的下半部分处理，对应着中断队列、处理函数和设备指针，在发生中断时内核线程遍历中断向量表，找到挂起的软中断向量，迅速调用对应的处理函数。

（7）申请中断后在设备中通过 register_netdev() 注册 dev。

成功返回后表示实际物理接口创建成功。

2. 创建虚接口

一个 Wi-Fi 物理接口可以创建多个虚接口 vap，可以理解成 Wi-Fi 的子接口，这种接口大多以 ath 为前缀命名。创建时上层应用下发 create 命令：wlanconfig ath0 create wlandev wifi0 wlanmode ap。

然后通过 ioctl 传送到驱动模块中的 ath_ioctl() 命令分支 SIOC80211IFCREATE 里，对应的事件函数是 osif_ioctl_create_vap()，主要处理步骤如下。

（1）将用户态的创建请求数据复制到核心态，确定要生成的虚接口名称。

（2）定义 net_device 结构体变量 dev，调用 alloc_netdev() 为其初始化并分配内存，该函数参数依次是 dev 私有成员大小、名称和绑定的 setup() 函数指针，它指向 ether_setup()。

（3）分配接口的私有数据结构，将 dev 绑定到该结构中的成员 netdev 中。

（4）调用 wlan_vap_create() 根据 Wi-Fi 的模式创建虚接口，在 ath_attach() 中注册了虚接口 vap 的创建 API 是 ath_vap_create()，wlan_vap_create() 调用此 API 创建和初始化虚接口，主要是设置 Wi-Fi 虚接口的属性参数，如 MAC 地址、BSSID 和操作模式等。

（5）调用函数 osif_vap_setup() 注册虚接口中事件处理的 handle。

（6）赋值 vap 对应的 dev 中各成员，其中结构体成员 netdev_ops 赋为以下变量，即注册 vap 的操作 API 和相关属性。

```
static const struct net_device_ops ieee80211_dev_ops =
{
    .ndo_open = ieee80211_vap_open,
    .ndo_stop = ieee80211_vap_stop,
    .ndo_start_xmit = ieee80211_vap_hardstart,
    ……
};
```

（7）设置虚接口的包过滤策略、ioctl 处理接口 ieee80211_ioctl() 和扫描事件的 handle。

（8）通过函数 register_netdevice() 将 dev 注册到网络系统中。

如上创建好接口后要激活它，这样驱动会设置硬件使其开始进入扫描状态。除 Wi-Fi 设备私有的属性和功能要初始化外，系统还会建立 proc 和 sys 文件系统上与用户空间的交互接口，这样可通过串口登录设备来查看相关参数。

8.2.2 终端接入

对于常用 AP 模式下的 Wi-Fi，终端或 AP 在启动后和主 AP 要经过 3 个阶段后可接入。

（1）扫描阶段，要在区域内搜索无线 SSID，终端或设置为 Client 模式的 Wi-Fi 发出 Probe req 帧扫描后，会有较多 AP 返回 Probe resp 帧，或者侦听 Beacon 帧。

（2）认证阶段，要在 AP 列表中选择一个 SSID，先发送身份认证 Auth req 请求帧，AP 收到后响应 Auth resp 帧。

（3）关联阶段，认证成功后终端与 AP 建立关联，发送 Assoc req 帧给指定的 AP 请求关联，AP 返回 Assoc resp 帧响应。

这个接入过程是管理帧之间的收发交互，是传统的认证方式，涉及具体的应用场景时可自行修改。

实际应用中还包括加密、漫游和同步等子功能。之前介绍的 IEEE 802.11 MAC 层负责终端与 AP 之间的通信，成功后可以开始上下行数据传送。若终端要断开与 AP 之间的关联时发送 Disassoc 或 Deauth 帧给 AP，AP 清除对应的站点状态信息，或者 AP 拒绝终端加入也发送这两种帧，并指明拒绝原因。

8.2.3 删除接口

创建了物理接口和虚接口后，当不需要时可删除它，卸载驱动也可删除接口。在 rmmod 卸载驱动后删除一个物理接口的过程与创建过程相反。前文创建物理接口中的成员 remove 赋值为 ath_pci_remove() 函数指针，从它开始运行，主要在 __ath_detach() 中完成，要删除 net_device 类型的节点 dev，具体函数流程和对应功能描述如下。

```
ath_pci_remove()
    __ath_detach()
        osif_detach()/*释放 OSIF 事件 handle*/
        free_irq()/*释放中断请求*/
        unregister_netdev()/*注销 dev*/
        ath_rx_cleanup()/*回收 rx 系统资源*/
        ath_tx_cleanup()/*回收 tx 系统资源*/
        ath_detach()/*释放 UMAC 子层 ath_softc_net80211 结构的占用资源*/
            ath_dev_free()/*释放 dev 参数和 LMAC 子层的 ath_softc 结构资源*/
            ath_hal_detach()/*释放 HAL 层对象*/
    free_netdev()/*释放 dev 空间资源*/
```

运行中还有物理接口的功能、属性参数和定时器资源也需要释放，最终释放了驱动中 HAL、MAC 和 OSIF 三层所占用的资源。

删除一个虚接口的上层命令是 wlanconfig ath0 destroy，下发到驱动里对应的命令分支是 SIOC80211IFDESTROY，事件函数是 osif_ioctl_delete_vap()，删除虚接口流程如图 8-5 所示，相当于创建虚接口的逆过程，在此不再赘述。

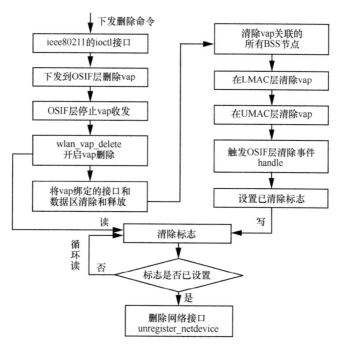

图 8-5　删除虚接口流程

8.2.4　实现架构

前面提到的 MADWiFi 可分成三层，重点是 MAC 层。它的 vap 处理是 IEEE 802.11 的业务支撑，与硬件无关，包括状态机、安全和对上层工具的支持等，也是 LMAC 的适配层。

下层是 radio 层，也叫 ath 层，面向 HAL 层进行抽象，和硬件相关，通过调用 HAL 控制硬件，如设置功率、频点、信道和强度等，也提供了 IEEE 802.11 层处理的具体实现。重要模块如下。

（1）速率控制模块，根据无线接口的传输质量来计算报文的发送速率。

（2）动态频率选择（Dynamic Frequency Selection，DFS）算法检测干扰源和切换频率。

（3）频谱扫描模块。

MADWiFi 驱动架构如图 8-6 所示。

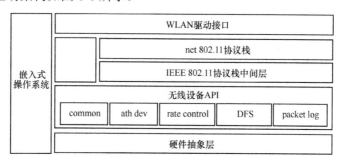

图 8-6　MADWiFi 驱动架构

8.2.4.1　MADWiFi 驱动架构说明

基于 MADWiFi 的 WLAN 架构可有效使各层稳定运行，降低耦合性。

（1）硬件抽象层是驱动和硬件的连接部分，每个芯片对应着一个相应的 HAL 实例。

（2）Wi-Fi 中每个子模块向上层提供 API，可实现实时交互。

（3）协议栈包括 LMAC 层和 UMAC 层。前者包含空口设备对象，管理输入数据流和底层协议，适配硬件架构。后者主要实现 IEEE 802.11 协议流程，为系统接口层提供可访问 API。

（4）除此之外，还有 OSIF 和 WLAN 应用层。OSIF 为使用 UMAC 层的 API 来为 WLAN 驱动提供协议栈接口。而 WLAN 应用层运行在用户态，包括无线驱动的配置、hostapd、光谱扫描和收发 debug 信息等。

编译 MADWiFi 驱动后生成以下比较重要的子模块。

- adf.ko（ath 驱动框架）：负责内存分配和映射，注册 PCI 驱动，注册/注销接口到内核。
- asf.ko（ath 服务框架）：提供高级串流格式（Advanced Streaming Format，ASF）内存分配，创建给 ath_hal_malloc（可在 ath 建立时分配通道）使用的服务实例。
- ath_hal.ko（硬件抽象层）：ath 硬件抽象，提供创建 ath 接口时所需的芯片信息。
- ath_rate_atheros.ko：ath 速率控制。
- ath_dfs.ko：雷达数据，DFS 通道处理。
- ath_dev.ko 和 umac.ko：ath 接口处理驱动，处理 IEEE 802.11 帧数据包。
- ath_pktlog.ko：数据包的日志处理。
- ath_spectral.ko：光谱数据处理，这个模块通常使用不多。

上述子模块是为 ath 接口提供了业务支持，所需接口以 callback 方式调用。ath 对外连接接口较多采用 USB、PCI 方式，本节的样例支持 PCI。这里需要强调一下，目录 os/linux 中整合 ath 各子模块所提供的接口，并为上层应用提供系统接口。下面给出 MADWiFi 流程。

（1）加载这些子模块，需要注意加载顺序和依赖关系。

（2）扫描网卡，根据 PCI ID 和设备 ID 注册该无线设备，如 ath0。

（3）创建虚接口绑定无线设备，初始化后建立内存映射，设置起始状态为 init，此时需要注意的是，硬件还没有被完全激活，不能接收数据包。

（4）激活硬件后，设置硬件参数，进入 scan 状态，即扫描通道。

（5）扫描完成后进入 running 状态，默认每隔 100ms 广播一次 Beacon 帧，这个时间可视需求动态修改。至此完成初始准备工作，后续是收发包的流程处理。

关闭接口时，AP 会发送取消认证消息给每个已连接上的无线终端，再清除它们所占用的资源，再次进入 init 状态。

8.2.4.2　接收流程

无线网卡接收数据时给 CPU 发送一个硬件中断，驱动要响应此中断请求。创建无线接口时在 ath_dev_attach() 注册的中断响应处理是 ath_intr()。在软中断中注册了 ath_rx_tasklet()，因此送入接收队列中的数据包就由 ath_rx_tasklet() 继续处理。该函数不停从队列中取出数据包，存放在 ath_buf 结构中，这是一种类似 skb（Socket Buffer）的结构。然后调用 ath_rx_process() 取出它内部封装的帧，通过 ath_rx_indicate()→ath_net80211_rx()→ieee80211_find_rxnode()在映射表中查找接收节点，若找不到则调用 ieee80211_input_all()向每个 vap 发送一份复制，否则调用 ath_rx_input()处理输入包。判断输入包是否经过 IEEE 802.11 报文封装后的 MPDU，是则交给 ath_ampdu_input()，否则调用 ath_net80211_input()处理。最终都要通过 ath_net80211_input()到达 ieee80211_input()中，所以数据包经过 ath 空口层处理后向 IEEE 802.11 协议栈传递的是具体的业务帧了，包括 3 类：数据帧、管理帧和控制帧。接收报文函数流程如图 8-7 所示。

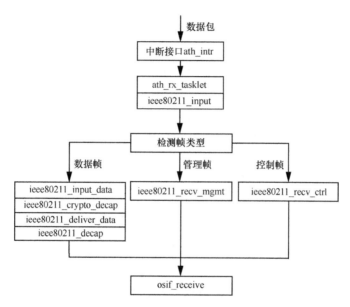

图 8-7 接收报文函数流程

先给出 IEEE 802.11 MAC 帧结构见表 8-3。

表 8-3 IEEE 802.11 MAC 帧结构

长度（字节数）	2	2	6	6	6	2	6	N	4
字段	FC	Duration	Addr1	Addr2	Addr3	Seq	Addr4	Data	CRC

表 8-3 中 N 属于 0～2 312，MAC 帧控制字段结构见表 8-4。

表 8-4 MAC 帧控制字段结构

长度（位数）	2	2	4	1	1	1	1	1	1	1	1
字段	Ver	Type	Subtype	To DS	From DS	MF	Retry	Pwr	More	W	O

表 8-4 中的 Type 表示帧类型：管理帧为 0、控制帧为 4 和数据帧为 8。Subtype 表示帧的子类型，包括认证帧、解除认证帧、连接请求帧和连接响应帧等。W 表示对帧进行了加密处理。其他属性读者可自行查阅。

函数 ieee80211_input()非常重要，它是 IEEE 802.11 协议栈收包处理 API，也是 vap 接口

函数，它首先要分析出帧所属的 BSSID，每个模式下对应字段不一样，Client 模式下是 Addr2，Ad hoc 和 AP 模式下默认是 Addr3，无线分布系统（Wireless Distribution System，WDS）模式下是 Addr1。判断帧类型，丢弃不需要的帧。所以它的主要功能是根据所检测出的 3 个不同帧类型值，将其送入不同分支 API 中，将无线报文转换成有线报文。

函数 osif_receive() 收到数据帧后要将其转成以太网帧格式发送给内核接口 netif_rx()，加入输入包接收队列，送入网络协议栈。

1. 数据帧

对于数据帧在进入 ieee80211_input_data() 后，对加密帧进行解密，由 ieee80211_defrag() 处理分段后，调用 ieee80211_deliver_data()，这也是从 vap 向其他层传送数据的接口，它会先调用 ieee80211_decap() 将 IEEE 802.11 帧头替换成以太网帧头。

（1）对要转发的包，检查目的地址，若是关联 vap 的终端，报文将通过注册的 handle 接口 osif_vap_xmit_queue() 调用函数 dev_queue_xmit() 将包发出去。

（2）对不需要转发的包，交给上层处理。通过 handle 接口 osif_receive() 交给内核收包函数 netif_rx()，它将报文送到链路层接口，这样二层就能获取此报文，然后交由上层协议栈继续处理。驱动发给上层的帧是 IEEE 802.3 格式。IEEE 802.3 帧结构见表 8-5。

表 8-5　802.3 帧结构

长度（字节数）	7	1	6	6	2	N	4
字段	preamble	SFD	Dest	Src	Length/Type	Data	FCS

表 8-5 中 Dest 表示目标 MAC 地址，Src 表示源 MAC 地址，Length/Type 若不大于 0x0600 则表示长度，否则表示类型，即是什么类型的协议包，如 IP 则应是 0x0800，其他类型请读者自行查阅。IEEE 802.3 帧与以太网帧的一个重要区别是 Length/Type 字段。IEEE 802.3 帧和 IEEE 802.11 帧之间的最大区别是后者有 4 个地址字段，且每个占用 6Byte，接收时因网络层以上不会识别 IEEE 802.11 帧，所以驱动要将无线帧转换成有线帧，去掉 LLC 头和 IEEE 802.11 帧头，提取出目标 MAC 和源 MAC 封装成 IEEE 802.3 帧头。

2. 控制帧

收到控制帧进入 ieee80211_recv_ctrl() 后，对 AP 模式下的 PS-Poll 类型帧，当无线站点从省电模式中苏醒后发送 PS-Poll 给设备以取得缓存帧。调用 ieee80211_recv_pspoll() 先确定站点的连接 ID 是否存在，不存在则发送解除认证包，回复解除认证的原因是失联的；否则发送省电缓存队列里对应该站点的管理帧，若发送失败则发送队列中的数据帧。若无帧缓存则调用 ieee80211_send_nulldata() 发送空帧。

3. 管理帧

管理帧有加入/退出无线网络、连接切换和转移等功能，收到管理帧进入 ieee80211_recv_mgmt()，总体流程是根据 Subtype 确定不同的子帧类型处理分支，如对 Beacon 帧和 Probe 响应帧会调用 ieee80211_recv_beacon() 处理，该函数先定义一个扫描表项 scan_entry，每项包括站点的时间戳、Beacon 间隔、SSID、能力信息和通道等信息。从帧中收集信息填充此表项，再根据不同的无线运行模式进行相应处理，如在 Ad hoc 模式下检测到源地址和发送节点的 BSSID 不一致时，可确认是一个新站点，此时要调用 ieee80211_add_neighbor()新建一个节点并将扫描结果填充到这个节点属性里，否则直接更新发送节点信息。

综上所述，驱动收包处理流程如图 8-8 所示。

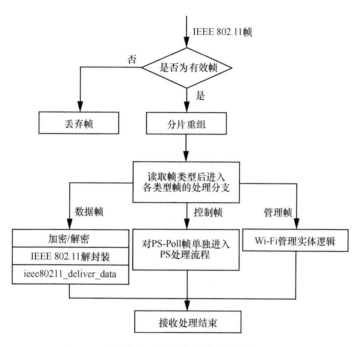

图 8-8　驱动收包处理流程

4. 发送流程

发送是接收的逆过程，与接收相反，要将有线帧转换成无线帧发出。从网络层下发的包是 IEEE 802.3 帧或以太网帧，驱动要将它先转换成 IEEE 802.11 帧再发送给终端或其他 AP。

设备向外发送帧时要经过驱动的 net80211 层和 ath 层这两层处理，按照先 net80211 层后 ath 层的处理顺序完成发送。

前文在创建接口时已说明了这两层注册的发送函数分别是 ieee80211_vap_hardstart()和 ath_netdev_hardstart()。首先调用 net80211 层的发送函数寻找目标站点，若找不到则丢弃帧并退出；若找到则确定帧的优先级，记录在帧缓存 sk_buff 结构的 priority 字段中。再通过在各 Wi-Fi 模式下创建 vap 时注册的事件 handle 将帧所绑定的 dev 转换为 ath 层对应的 dev，调用函数 dev_queue_xmit()将帧交到 ath 层。

然后由 ath 层中注册的函数 ath_netdev_hardstart()完成 IEEE 802.11 帧的封装。调用 ath_tx_send()传递帧，封装帧头、加密处理和处理分片，一个分片单独发送，若是多个分片，要为每片分配一个缓冲区再发送。

在 ath_tx_start()设置发送控制信息（包括发送速率、密钥类型和序列号等）后，要将数据从内存复制到总线设备的存储空间中，并返回对应的物理地址，为后续发送做准备。

再将此帧传递到 ath_tx_start_dma()中完成到 DMA 的缓冲映射，并确定一个发送队列。

这个队列的选择是根据在 net80211 层处理下行帧设置的 priority 字段确定。

选择好发送队列后调用 ath_tx_txqaddbuf()将映射的缓冲帧放入发送队列中，由 HAL 开始写入硬件发送。无线层 ath 发包函数流程如图 8-9 所示。

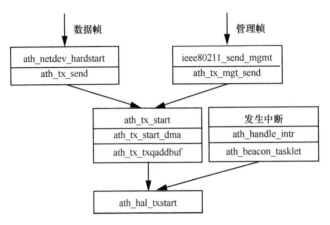

图 8-9　无线层 ath 发包函数流程

从图 8-9 中可看出，管理帧的发送流程与前面的数据帧有所不同。IEEE 802.11 层在发送各类型管理帧时通常要调用 ieee80211_send_mgmt()，根据接收到的帧检查和更新目标站点状态，填充方向和地址，再调用 ath_tx_mgt_send()封装成响应帧后回复站点。因管理帧通常较小，所以没有分片处理。

被动扫描是定期发送的 Beacon 帧，这是一种比较重要的帧，在中断向量表中注册此中断，在发送 Beacon 帧的时间到达时，HAL 触发一个中断，更新发送相关的信息。通过函数 ath_beacon_generate()生成 Beacon 帧并由 ath_beacon_tasklet()传递到 HAL 发送，它发送完一个数据包后将会产生一个中断通知驱动。

综上所述，驱动发送报文流程如图 8-10 所示。

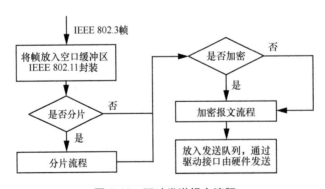

图 8-10　驱动发送报文流程

整个过程要重组 IEEE 802.11 的 MAC 帧头，生成符合 IEEE 802.11 标准的 MAC 帧头，并加载到 sk_buff 结构的 Data 字段中。处理后 IEEE 802.3 帧变成 IEEE 802.11 帧，放入硬件发送队列上，交给物理层，由驱动通知硬件要发送报文，这样硬件就开始调度发送队列上的报文了。

8.2.5　启动无线设备

在设备开始运行和驱动正常加载后，要在上层应用中启动对应的无线接口并挂载操作函数集才能实现正常接入。因不同厂商设备运行时存在较大差异，本节继续以上述设备的运行实例来说明此过程。

首先建立信号量来确保安全读写配置参数。多数设备在/etc 下建立默认系统配置文件，打开此文件，将配置参数映射到共享内存中。后续的初始化系统配置将从这段共享内存读取数据，包括初始化有线和无线接口、建立网桥、远程登录、系统日志、网管和带宽控制等。

下面可开始无线接口的初始化。先建立一个 handle 结构，其成员或来自于共享内存中的参数，包括国家码、无线射频参数、安全模式和远程用户拨号认证服务（Remote Authentication Dial In User Service，RADIUS）服务器参数等，或有相应的函数实现接口。还要建立随机事件和系统事件的回调处理，接着开始无线驱动 MADWiFi 的启动。Wi-Fi 设备初始启动过程如图 8-11 所示。

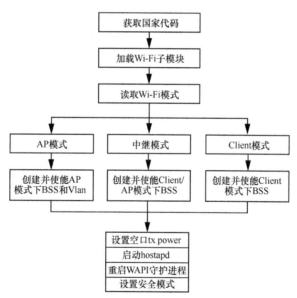

图 8-11　Wi-Fi 设备初始启动过程

从图 8-11 中可看出，无线设备的正常启动主要分三大步骤：Wi-Fi 设置（每个模式存在差异，以常用的 AP 模式为主讲述）、hostapd 模块启动和 Wpa_supplicant 模块安全设置。

1．Wi-Fi 设置

获得国家代码后用 iwpriv 命令设置 countryId 属性，并加载之前所说的重要模块。然后针对不同的 Wi-Fi 模式提出不同的设计方法。

（1）AP 模式下创建并激活一个或多个 AP 虚接口，创建 VLAN 接口和网桥，将局域网（Local Area Network，LAN）口和无线虚接口绑定到网桥上，这样上行从网桥接收数据后经外接的 WAN 以太网接口发出，下行方向相反，设置 hostapd 安全参数。

（2）中继模式下开启 openssl 服务，创建并使能一个或多个 Wi-Fi 工作在 Client 模式和 AP 模式两种模式下的虚接口。

（3）Client 模式下也可开启 openssl 服务，创建并使能一个或多个 Wi-Fi 作为 Client 的虚接口。

创建在 Client 模式下的虚接口时可配置并开启 wpa_supplicant 进程。设置无线接口的发送功率，开启 hostapd 进程。若支持 WAPI（Wireless LAN Authentication and Privacy Infrastructure），为正确运行 WAPI，可先终止 WAPI 后台进程，再为 WAPI 设置好配置文件和认证文件后重新开启。

判断安全模式和当前的认证类型是否匹配，如认证类型和安全模式都是 WAPI，可正常打开无线接口，否则要关闭。

到这里对无线接口的设置基本结束，无线接口可进行正常的业务传输了。有的厂商的无线设备同时支持 5.8GHz 和 2.4GHz 的网卡，对每个网卡都可进行上面的处理。此时必须要用到 hostapd 和 wpa_supplicant 这两个不可少的实用模块。

2. hostapd 模块启动

hostapd 运行后，作为工作在用户态的后台进程，主要用来实现与 IEEE 802.11 相关的接入管理，处理终端认证和接入的管理帧，连接 EAP（Extensible Authentication Protocol）服务器加密处理，连接 RADIUS 服务器认证等，就是常用的模拟软 AP。

hostapd 模块代码框架如图 8-12 所示。

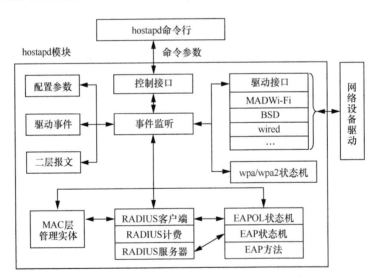

图 8-12　hostapd 模块代码框架

初始化阶段时要将无线接口设置为 AP 模式，可看成服务器的角色，由生成的监视接口来负责接收终端发出的 IEEE 802.11 管理帧，控制终端的接入认证，还可以根据配置文件来设置无线接口的各种参数。

要开启 hostapd 进程，可先设置好 hostapd 的配置文件，然后可执行以下命令启动 hostapd。

hostapd -B -P /tmp/hostapd.pid -f -w 300 /etc/wlan/topology.conf &

据此给出该进程的启动过程，主要分为以下四大步骤。

（1）通过 Makefile 生成的函数 register_drivers()注册驱动 handle，这里注册了 MADWiFi 驱动 handle，有的厂商提供了自身的驱动 handle 供注册，再根据 EAP 服务器响应类型来注册对应的处理方法 handle。

（2）初始化接口事件回调，注册系统信号处理函数，读取并解析 topology.conf 文件，建立网桥和无线接口参数，列出该文件的重要内容以供参考。

```
bridge br0
{
        ipaddress 192.168.1.100
        ipmask 255.255.255.0
        interface ath0
        interface eth0
}
radio wifi0
{
    ap
    {
        bss ath0
        {
            config /etc/wpa2/hostapd.conf
        }
    }
}
```

要解析 bridge 和 radio 下的配置后保存到 hostapd_config 结构中，获得虚接口的名称和所属桥的名称，bss ath0 内部指定的文件/etc/wpa2/ hostapd.conf 的定义格式如下。

```
ssid=test_psk
ieee8021x=0
wpa=3
eap_reauth_period=3600
eap_server=0
own_ip_addr=172.17.55.100
wpa_key_mgmt=WPA-PSK
wpa_pairwise=CCMP
```

在 hostapd 配置文件中定义的这些数据为后面虚接口的配置提供了重要参数。

（3）这一步是虚接口的实际操作，比较重要，按以下顺序运行。

- 驱动初始化，设置国家代码、IEEE 802.11d、网桥、RADIUS 服务器和 WPS（Wi-Fi Protected Setup）参数。

- 初始化无线接收事件 handle，设置信道、频率、有线等效保密协议（Wired Equivalent Privacy，WEP）密码、Beacon 参数。

- 设置虚接口的 WPA（Wi-Fi Protected Access）参数、广播 SSID、DTIM（Delivery Traffic Indication Message）周期、SSID，初始化 RADIUS 认证客户端和计费客户端、接入控制和 IEEE 802.1x、WPA 处理的回调设置、RADIUS 服务器的计费响应、IEEE

802.11f、控制接口 socket 和 VLAN。

- 提交配置到驱动中激活虚接口，通过 ioctl 方式将命令下发到内核态，调用驱动的事件处理接口。

（4）为定时事件注册定时器，vap 配置结束。

后续的运行是通过 select()函数来监听读、写和异常 3 类 socket 的事件并处理，还有定时器事件的超时处理。

其中驱动的初始化是比较重要的,首先要创建 madwifi_driver_data 结构来保存驱动参数，后面的操作即初始化该结构中的成员，较为重要的成员操作分别是创建监听在无线接口和桥上的 socket 并都注册回调。

监听到报文后的处理流程相对复杂。例如，对 IEEE 802.1x 的认证处理，驱动将终端发出的上行 IEEE 802.1x 报文送到桥时，因先前建立的 hostapd 的桥 socket 一直在监听，收到该类型报文后交给回调函数 ieee802_1x_receive()，它解析此报文后必须要封装成 RADIUS 报文才能发到 RADIUS 认证服务器中识别处理。

下行方向上，RADIUS 认证服务器处理 RADIUS 报文后返回认证结果，设备上监听 RADIUS 报文的 socket 收到响应报文后，由注册的 handle 回调函数即 radius_client_receive() 处理，它调用 ieee802_1x_receive_auth()解析此报文后进入状态机继续处理。整个认证成功后由监听无线接口的 socket 发出报文。

在此说明一下，因 hostapd 是后台进程，而 hostapd_cli 是一个基于文本式的前台程序，有命令行和交互两种运行模式，可与 hostapd 进程交互，而且通过 hostapd_cli 可查看当前无线网卡的认证状态和业务相关的 MIBS（Management Information Base）等数值。

3. Wpa_supplicant 模块安全设置

Wpa_supplicant 是开源代码，主要功能是选择、连接和配置控制网络，还包括 WPA、EAPOL 状态机和对应的函数方法，用来支持 WEP、WPA/WPA2、WAPI 无线协议和加密认证的，相当于中转站的角色。

Wpa_supplicant 模块提供了一个控制接口与其他模块通信，通信方式有两种：命令和主动发送事件，获取数据或命令下发都是通过该接口传递。

（1）用户发出命令，由 wpa_supplicant 通过 socket 与驱动间的交互来下发或上报数据。

（2）外部应用绑定了控制接口后就可通过请求/响应的方式来控制守护进程的操作状态信息和事件通知。

开启 wpa supplicant 要先定义 wpa supplicant 配置文件，在此给出部分配置定义供参考。

```
update_config=1
ctrl_interface=/var/run/wpa_supplicant
ap_scan=1
fast_reauth=1
Network=
{
    ssid="test_wpa"
    proto=WPA
    key_mgmt=WPA-PSK
```

```
pairwise=CCMP TKIP
group=CCMP TKIP WEP104 WEP40
psk=02d4be19da289f575ba46a33cb793039d4ab3db7a23ee927542eb0196c78ac7eb
priority=2
}
```

然后可执行以下命令启动 wpa_supplicant。

wpa_supplicant -i ath0 -c /etc/wlan/wpa_supplicant.conf s -b%s -D%s –B&

在一些场景下可能出现空口 ath0 连接不上加密网络的问题，这与具体所使用的驱动有关系，可采取以下类似方法配置。

```
iwpriv ath0 set NetworkType=Infra      /*网络类型*/
iwpriv ath0 set AuthMode=WPAPSK        /*网络的安全模式*/
iwpriv ath0 set EncrypType=AES         /*网络加密方式*/
iwpriv ath0 set SSID="test_wpa"        /*SSID*/
iwpriv ath0 set WPAPSK="0123456789"    /*连接时使用的密码*/
```

该模块中定义了一个重要的结构 wpa_supplicant 和驱动操作集 struct wpa_driver_ops *wpa_supplicant_drivers[]。其中前者有两个重要成员，分别是 wpa_driver_ops 类型的 driver 指针和 wpa_global 类型的 global 指针，driver 可调用抽象层的接口。驱动操作集里包含各种驱动类型的接口 API，如 MADWiFi 类型驱动对应着 wpa_driver_madwifi_ops 操作集 API，注册网络接口时会初始化为具体的操作指针。wpa_supplicant_*()系列函数通过 driver 指针指向对应的实现接口操作集，函数执行过程中又要调用 wpa_drv_*()系列函数，即由它调用具体驱动所封装的注册 API 来向底层发起 ioctl 请求。

下面讲述该模块的具体运行过程的三大主要步骤。

（1）wpa_supplicant 初始化，先根据 EAP 服务器响应类型来注册对应的处理方法 handle，通过解析命令行的输入参数来初始化 struct wpa_global 结构体。该结构体保存了全局性的数据，定义如下。

```
struct wpa_global
{
    struct wpa_supplicant *ifaces;   /*指向最近加入的无线接口，内有 next 指针连接其他接口，是核心
结构，一个接口对应着一个 wpa_supplicant 对象*/
    struct wpa_params params;        /*保存命令行的输入参数*/
    struct ctrl_iface_global_priv *ctrl_iface;  /*global 的控制接口，内有一个 socket 成员，是通信的
handle*/
    struct ctrl_iface_dbus_priv *dbus_ctrl_iface;   /*dbus 的控制接口*/
};
```

要初始化该结构体的成员数据。

（2）根据 global 中的信息增加网络接口，也可通过读取并解析 topology.conf 文件来实现同样目的，文件格式同前。这一步比较重要，主要完成接口的初始化过程。首先要为每个接口申请一个 wpa_supplicant 结构的内存空间，对每个接口的初始化处理按以下顺序进行。

- 设置驱动类型，使接口关联对应的 API 集。
- 读取并解析配置文件中的信息,包括桥接口名称,都保存到 wpa_supplicant 结构的 conf 成员中，它是一个 wpa_config 类型的指针。若命令行有控制接口和驱动参数，则优

先选择命令行中的参数保存。

- 初始化 EAPOL 状态机。
- 调用接口所关联的 API 来初始化驱动接口，注册事件 handle 和设置驱动参数。
- 保存接口名到结构成员中，初始化 WPA 状态机和接口参数，主动发起扫描。
- 初始化控制接口，绑定该接口的收发消息处理 handle。
- 设置结构中的安全处理参数成员，包括加密和认证类型参数。

（3）调用 wpa_supplicant_run()运行 wpa_supplicant 进程，并注册系统信号处理函数。

wpa_supplicant 中的通信方式大多采用 socket 方式，eloop 事件子模块会将注册到事件处理中的通信 socket 统一管理。后续的运行就是通过 select()函数来监听读、写和异常 3 类 socket 事件并处理。因此它和 hostapd 相比，在事件处理机制上有相似之处，但没有了 RADIUS 系列服务器和 MAC 层管理实体等事件的监听。

对于和内核之间的交互，wpa_supplicant 模块也采取 socket 方式，主要包括向驱动传递 IEEE 802.1x 报文、通过 ioctl 向内核发送读写请求和接收内核发送的事件。

在此提一下 IEEE 802.1x，它是一种接入控制技术，只有通过认证才能联网。它要和 EAP 配合来实现认证和密钥分发。终端通过 IEEE 802.1x 验证后，AP 会得到和终端一样的会话密钥，终端和 AP 会将此密钥作为 PMK（Pairwise Master Key）进行握手交互。握手成功后，AP 生成新的密钥来加密和终端之间的通信报文，具体细节不再赘述。

综上所述，若无异常则说明设备已正常运行，无线的安全设置也已成功，后续还要根据 Wi-Fi 是胖 AP 还是瘦 AP 进行相关设置，具体请参见第 8.3 节说明。

8.3　设备运行架构

目前 WLAN 架构中使用的 Wi-Fi 设备主要分两种：胖 AP 和瘦 AP。胖 AP 功能相对齐全，一台设备能实现接入和上网功能，相当于无线路由器。瘦 AP 主要保留无线接入功能，提供有线/无线信号转换和收发功能，相当于无线网桥，必须配合 AC 的管理才能正常入网运行。胖 AP 和瘦 AP 的区别见表 8-6。

表 8-6　胖 AP 和瘦 AP 的区别

功能和运行特点	胖 AP	瘦 AP
组网规模	二层漫游，组网规模小	二层、三层漫游，组网规模大
业务能力	接入简单，语音支持能力差	高级功能多，可扩展语音等更多业务
安全性	传统加密认证，安全性能弱	有统一安全体系，检测/认证机制完善
扩展性	无扩展能力	方便扩展
兼容性	不存在，AP 和网管采用标准 IP 层协议通信	很多信息是特定的，AP 和固定厂商的 AC 交互数据
网管能力	管理能力弱	可实时监控设备状态和客户端的连接
信道/功率自动调整	不支持	支持

8.3.1　胖 AP 和瘦 AP

在此先说明一点，通常 Wi-Fi 设备有一个大小为 64KB 的射频数据分区 Calibration，用来装载无线信号参数，如电平、场强和功率等，也可以将这些射频数据集成到其他分区中建立一个固定的配置文件夹来设置。胖 AP 和瘦 AP 设备都有这样的处理机制。

1. 胖 AP

在胖 AP 网络架构中，由 AP 独立完成 IEEE 802.11 帧与 IEEE 802.3 帧之间的转换，实现无线与有线网络之间的通信。

胖 AP 具有自配置的能力，它存储配置参数并根据此参数设置芯片来运行接入功能，整合了 WLAN 的物理层、加密认证、QoS、网络管理、漫游和其他应用层功能。胖 AP 的设备结构相对复杂，集中管理相对困难。通过简单网络管理协议（Simple Network Management Protocol，SNMP）管理胖 AP，也有的厂商目前使用 TR069。WLAN 下的胖 AP 架构如图 8-13 所示。

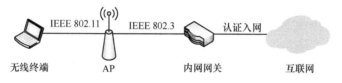

图 8-13　WLAN 下的胖 AP 架构

胖 AP 将终端的数据直接经 WAN 口收发数据，整个数据流程相对简单，所以在开发中增加其他功能也不困难，如建立访问控制表以过滤非法用户，设置防火墙和控制流量等。但这种复杂性和多功能带来的成本也较高。

2. 瘦 AP

在瘦 AP 网络架构中，AC 与 AP 之间采用 CAPWAP（Control And Provisioning of Wireless Access Point）协议建立控制通道和数据通道。

（1）控制通道用于在 AC 上下发配置参数给 AP 以及 AP 向 AC 发送事件通告。

（2）数据通道则用于 AP 和 AC 之间互发数据报文。

瘦 AP 更多是一个被管理者的角色，功能简单，容量也常小于胖 AP。很多业务要受 AC 的控制，所以性能受限。但这样也便于管理多个 AP 设备了，还可增加胖 AP 不具备的功能。瘦 AP 的网络接入架构如图 8-14 所示。

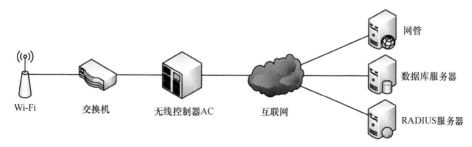

图 8-14　瘦 AP 的网络接入架构

图 8-14 中这种架构的具体工作原理如下。

（1）AP 开启后，广播发送 DHCP 请求，AC 接收后分配一个 IP 地址给 AP，并将自身的地址也通知给 AP。

这个过程在有些网络环境下也可由其他 DHCP 或 DNS 服务器来完成 IP 地址分配和查询。

（2）在此过程中 AP 可能会获得多个 AC 地址，AP 将向地址列表中的第一个 AC 发送加入请求，AC 接受就返回应答，否则 AP 向下一个 AC 请求。

（3）AC 处理 AP 的上报信息，主要是比较厂商、版本等重要信息是否相同，相同则允许加入，否则拒绝。

这 3 步主要是 AP 动态发现 AC 的过程，但如果在 AP 上预先指定了 AC 地址则不需要这些发现过程。

（4）AP 和 AC 建立两条 CAPWAP 隧道，这样的隧道通过 AP 的 CAPWAP 进程和 AC 的模块间协商建立。一条加密，传输业务数据；另一条不加密，传输管理数据，管理数据长度通常不长。

在 AC 和 AP 之间，数据通过 UDP 封装报文进行交互。通过建立一个安全的会话，AP 从 AC 上获得配置数据完成配置过程，这样后续的 CAPWAP 分组将通过这个安全会话收发。

后续 AC 和 AP 之间将进行的配置主要包括以下方面。

- IEEE SSID。
- 无线通道。
- 数据速率选择，如 11Mbit/s 或 54Mbit/s。
- 安全配置，如 WEP、WPA 和 WPA2。

根据与 AC 设备的联调经验，作者给出瘦 AP 的软件模块架构如图 8-15 所示。

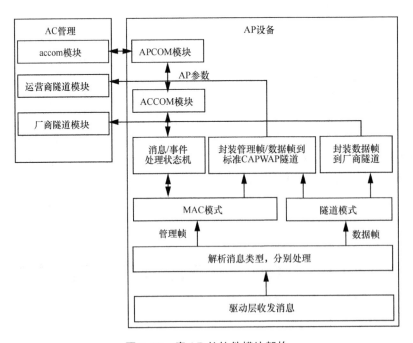

图 8-15　瘦 AP 的软件模块架构

AP 上运行 CAPWAP 编译后的应用进程负责解析 AC 下发的参数集,再配置到驱动模块。驱动模块将管理帧和数据帧封装到隧道(这是使用标准的 CAPWAP 隧道)后送交给 AC 的隧道模块处理。

MAC 模式有 local 和 split 两种。local 模式下管理帧由 AP 进行 CAPWAP 封装后发送到 AC,数据帧由 AP 进行 IEEE 802.3 帧转换后发送给 AC 或封装 IEEE 802.3 帧再给 AC。split 模式下 IEEE 802.11 的数据帧和管理帧都封装发给 AC,由 AC 转换成 IEEE 802.3 帧发出。

AP 与 AC 之间 CAPWAP 交互的主要部分包括以下方面。

(1)管理 AP

管理 AP 是最基本的功能。AP 成功注册到 AC 后,AC 就可配置 AP 运行的参数集,使能 AP 提供服务。AP 运行时向 AC 报告运行的状态,由 AP 与 AC 之间所建立的 CAPWAP 管理隧道完成。

AP 启动时将参数经 CAPWAP 进程传递给 AC,同时也通过它接收 AC 下发的配置。通常 AC 先将 WLAN 配置成自适应模式,再读取 AP 的支持能力,据此 AC 和 AP 可协商建立 AP 的 MAC 模式和隧道模式。

AC 要管理很多 AP,因此隧道的应用对数据的安全传输尤为重要。未经授权的 AP 用户、非法终端、Ad hoc 网络和磁盘操作系统(Disk Operating System,DOS)攻击等都会威胁网络的正常运行。很多设备给出了防范攻击的算法,例如,对比较重要的非法 AP 检测功能,它的算法设计如下。

- 激活 AP 的无线检测开关,AP 若发现无线终端发出的 DHCP 报文中的 MAC 地址不在隧道转发表中,则要上报该 MAC 地址给 AC。
- AC 下发查询消息给 AP,确定与此终端交互的 BSSID。
- 当 AP 接收到此消息后,AP 为了在所有信道上侦听无线报文需要切换信道,确认终端的运行信道后再锁定在该信道上监听,直到获取终端所关联的 BSSID 为止,并上报给 AC;
- 当 AC 收到 AP 的上报信息后会将 BSSID 对应的 AP 定义为非法 AP。

检测非法终端可在 Probe req 帧中获取它的 MAC 地址,上报给 AC 再进行进一步处理。

(2)管理无线终端 STA

AC 对 STA(Station)的管理包括 STA 链路认证、STA 关联和 STA 的认证加密等。这部分在 AP 设备上需要支持特定 AC 厂商的管理行为。例如,管理 STA 行为的方式包括 CAPWAP 定义的本地 MAC 模式和 AC 厂商定义的管理 MAC 模式。

AP 注册后要上报 AP 所支持的 MAC 模式类型。AC 据此对 AP 下发 WLAN 信息,根据 AP 的支持能力来确定 AP 相应的管理 STA 模式。若 AP 可支持多种模式,AC 则可任意指定一种模式或默认 MAC 模式,运行时在 AC 上再进行改动。

(3)转发无线终端 STA 数据

AC 转发 STA 数据支持 4 种模式:本地桥、802.11 隧道、802.3 隧道和 AC 厂商的 802.3 隧道。与此对应,在管理 MAC 模式下为保持 AP 和 AC 之间数据通畅,AP 支持 AC 厂商的 802.3 隧道和本地桥两种模式。在本地 MAC 模式下,AP 支持 802.3 隧道和本地桥两种模式。

3. 通信模块

在 AP 上一般要建立专门的通信模块通过监听端口处理与 AC 相关的数据，以一个独立子进程的方式运行。AP 自身的各子功能块也将参数传递给通信模块，同时也要监控此模块是否一直正常运行。在和 AC 通信过程中，要确保它一直正常运行，并注意保存以前的参数，否则模块重启后可能会导致前次参数的丢失。

该通信模块在瘦 AP 模式中的执行流程如下。

（1）在瘦 AP 下先启动 AP 通信模块。

（2）建立和该模块之间的消息通道，即创建 socket，循环接收消息数据。

（3）再启动 WLAN 相关的业务程序，将与 AP 相关参数传递给通信模块。

（4）解析所收到的消息，具体消息的格式通常要参考运营商提供的接口标准文档，这样在 AP 上就可根据消息类型字段进行分类处理。

（5）AP 中的业务模块在需要传递信息给该通信模块时，先根据消息结构创建数据，保存在缓冲区中，通过 send() 发送给该通信模块。要强调的是，务必严格保证数据结构中的成员、字节紧缩及对应顺序符合标准定义。

（6）若业务模块收到通信模块和 AC 之间连接中断或失败的消息，且要重新搜索 AC 时需要重新传递相关的参数给该通信模块，也可由系统调度重启模块再传递参数。

有的厂商以状态机的方式来运行通信模块，通过状态检测来判断它是否正常运行。具体如何设计取决于各模块之间的参数能否正常传递和发生异常时的恢复处理。

最后要说明一点，胖和瘦只是个相对的名称，没有绝对的定义和分类。总而言之，现实中要结合不同的应用场景进行区分。若是独立完成无线和有线网络之间的路由功能则应是胖 AP，而本身无法接入且要 AC 管理配置的应是瘦 AP。

8.3.2 重要模块

对于 AC 和 AP 之间的交互，每个厂商可以加入自定义的私有协议实现，因此存在较大差异。但 CAPWAP、文件下载和 SNMP 网管/TR069 模块是经常用到的，相对来说较为重要。

8.3.2.1 CAPWAP 协议

目前可在任何网络环境下运行 CAPWAP 协议，它用于 AP 和 AC 之间交互，实现 AC 集中管理所关联的 AP，主要包括：AP 和 AC 之间的状态和业务参数配置、AP 获取软件镜像、终端数据封装到隧道中转发和处理 AP 发送的特定协议信息。

CAPWAP 控制帧包括以下消息类型。

（1）发现类型。

（2）配置 AP 参数，即写过程，是向 AP 发布的一个特定配置，包括 Beacon 期限、发送功率、支持速率、QoS 和加密等。

（3）从 AP 读取统计信息，即读过程，能读取的信息比较多，如发送重试的次数、错帧个数、单播帧/多播帧个数和 AP 硬件的相关属性等。

（4）和终端相关的策略参数。

CAPWAP 协议支持分离 MAC 和本地 MAC 两种模式。前者模式下的二层数据帧和管理帧被 CAPWAP 封装后交互，收到终端发出的帧直接封装不经转换，发给 AC。后者模式下管理帧经 AP 处理后发给 AC，数据帧可用 IEEE 802.3 帧格式或本地网桥经隧道转发。

CAPWAP 隧道的建立有 4 个步骤：发现阶段、加入阶段、配置阶段和运行阶段。其中有一些过程是可选的，如 DTLS（Datagram Transport Layer Security）安全协商过程、镜像升级过程和数据检查过程。具体的各阶段过程及上下行报文交互格式请读者自行查阅，这里不再赘述。最后 AP 和 AC 都进入 RUNNING 状态后，AP 发送 echo 请求报文给 AC，AC 回应 echo 应答，成功建立控制和数据隧道后再各自启动隧道超时处理定时器。

代码移植时在准备好交叉编译环境后下载 CAPWAP 源代码和依赖的其他模块，修改 Makefile 文件后编译移植到设备中。Wi-Fi 设备上的软件模块需要在解析 CAPWAP 消息后再进行下一步处理，为此给出 AP 和 AC 之间消息处理流程如图 8-16 所示。

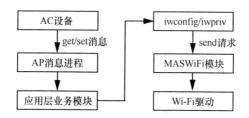

图 8-16　AP 和 AC 之间消息处理流程

AC 将消息封装成 CAPWAP 格式，下发到 AP 的消息接收进程中。对 AC 和 AP 之间私有协议的基本消息和扩展消息，AP 设置了不同的 handle 来处理，在 handle 中注册读写函数。因消息的传输是一个字符串形式，所以 AP 正确解析 AC 的下发参数，写入 AP 自身的系统参数配置表中，这个表可保存在一段内存中，访问时注意锁定处理，然后将这些参数下发到自身的驱动中，必要时重启驱动模块。

AP 本地处理结束后，向 AC 回复应答消息，AC 也要解析应答消息，找到 AP 列表中的对应 AP 后更新其属性信息，这样 AC 和 AP 之间的一次配置流程结束。

CAPWAP 有很多应用。例如，在解决负载均衡问题时，很多终端通过一个 AP 传送数据，此 AP 会承担较大负荷，引发网络故障。胖 AP 自身无法均衡负载和重新将终端挂接到其他胖 AP 上。但瘦 AP 模式下，AC 根据负载算法，会采取将业务量较大的终端分配到负荷轻的 AP 上，以此提高网络的稳定性。当 AC 发现某一个终端流量较大时，下发带有类型和长度的消息给 AP，AP 获得消息中绑定的终端 MAC 地址和要删除的原因，设置操作参数，包括断接指令和原因值，这些值常用数字宏定义表示，然后通过清除此终端的函数调用 ioctl 接口下发 UDP 数据给驱动，驱动就发送断接报文给终端，并将此 MAC 加入黑名单，然后回复 AC。这样以后这个 MAC 对应的终端就不会加入该 AP 中了。

8.3.2.2　文件下载

AC 可将配置文件下载给 AP，而 AP 也可发送镜像请求来升级版本，之后收到响应和镜像数据来更新自身的运行版本。下面给出文件下载过程如图 8-17 所示。

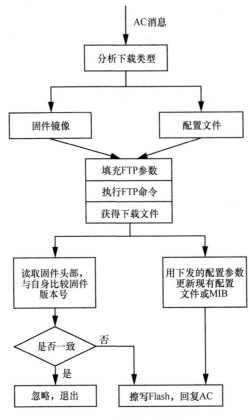

图 8-17　文件下载过程

收到 AC 下发的信息后先分析出操作类型。

（1）若是固件，则获取 FTP 的用户名、密码、文件名和本地存储路径后，调用 ftp 或 wget 命令来获取文件，如"wget -O 下载路径大小 URL"或"ftp://用户名:密码@IP 地址:端口/文件名"，这样就获得了下载固件镜像。通过读取和分析固件头部确定与当前的运行版本是否一致，一致则忽略，否则擦写 Flash 后回复 AC，向网管发出升级通知再重启 AP。

（2）若是配置文件，则可通过直接 cp 命令覆盖现有路径下的配置文件，也可调用 Flash 擦写函数。

对 WAPI 之类的认证文件下载后直接覆盖到目标路径下，回复 AC 后重启驱动即可。本节给出一个擦写函数样例的主流程供参考。

```
int flashWriteFile(char *devfile, char *file)
{
    int fd, dev_fd;
    long block;
    unsigned long file_size, fsize;
    mtd_info_t mem_info;
    erase_info_t erase;
```

```
    int e_sectors;
    fd = open(file, O_RDONLY);          /*打开镜像文件检查大小*/
    file_size = lseek(fd, 0, SEEK_END);
    lseek(fd, 0, SEEK_SET);
    dev_fd = open(devfile, O_WRONLY);          /*打开 Flash 设备文件，定位到头部*/
    ioctl(dev_fd, MEMGETINFO, &mem_info);
    lseek(dev_fd, 0, SEEK_SET);
    erase.length = mem_info.erasesize;          /*擦除 Flash*/
    if (file_size % mem_info.erasesize)
        e_sectors = (file_size / mem_info.erasesize) + 1;
    else
        e_sectors = file_size / mem_info.erasesize;
    for (erase.start = 0; erase.start < file_size; erase.start += mem_info.erasesize)
        ioctl(dev_fd, MEMERASE, &erase);
    fsize = file_size;          /*开始写入 Flash*/
    while (fsize > 0)
    {
        block = fsize;
        char buf[mem_info.erasesize];
        if (block > (long)sizeof(buf))
            block = sizeof(buf);
        read(fd, buf, block);
        write(dev_fd, buf, block);
        fsize -= block;
    }
    close(fd);
    close(dev_fd);
    return 0;
}
```

其中 mtd_info_t 和 erase_info_t 在 include/mtd/ mtd-user.h 中有定义，基本步骤如下。

（1）解析下载消息参数。

（2）打开 Flash 设备文件（通常在/dev 下）和要写入的文件 file。

（3）通过 ioctl 获取 Flash 信息，并确定写入位置。

（4）先擦除 Flash 再写入数据。

有时在写入 NAND Flash 时先获取 Flash 信息再确定偏移量，判断是否和 meminfo.writesize 字节对齐。如果这个偏移量不是块的起始位置，则需要确定块的可用性，否则跳转到可用块。从 file 中循环读取 meminfo.writesize 长度的数据，然后写入设备的 Flash 中。

8.3.2.3　胖 AP 配置

因胖 AP 模式下不需要 AC 的控制，CAPWAP 协议进程不必开启了。具体的配置过程通常是用命令行或者 Web 方式来进行，胖 AP 表单数据处理过程如图 8-18 所示。

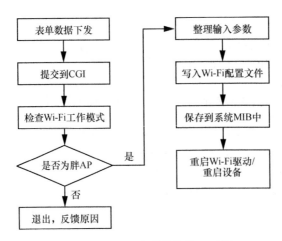

图 8-18 胖 AP 表单数据处理过程

本节从 Web 运行开始讲述配置过程。通常运行 Web 较多选用 goahead 源码包中的 API，也有的设备通过自编写监听 80 端口的进程来解析浏览器中的字符。完成页面 asp 文件编写后，在 goahead 中的 main.c 中将此类文件在函数 initWebs()中注册首页面文件，常用 index.asp 的形式。注册 URL、表单、公共网关接口（Common Gateway Interface，CGI）和默认处理的 handle，并绑定 CGI 中的函数和表单对应的接口，例如，在 asp 的表单中定义如下。

<input type=rf id=security value=1 name=security onclick=setSecurity() <% asp-set_wireless('security','0','1');%>>wireless11i</td>

并调用以下形式函数使 aspset_wireless 和 CGI 处理函数 aspset_wireless()对接起来。

websAspDefine(T("aspset_wireless"), aspset_wireless);

这样填写 Web 数据并单击按钮后，数据就传送到 aspset_wireless()中处理。在此函数中调用 websGetVar()取出先前提交的表单参数，和先前的配置参数比较来确定是否发送 SNMP 陷入消息，并将此次参数写入系统配置表中。为方便处理，可将一些重要参数整理到一个结构体中，再使用此结构体作为输入参数来重启无线驱动，这样处理完后下次重启设备时就可按所保存的参数运行。有的页面设置并不需要重启无线驱动，具体按参数属性处理。

需反复强调的是，写入系统配置表时要注意数据保护，做完这些后确定重定向的具体 asp 页面即可完成此次操作。其他操作方法流程类似，不再赘述。

8.3.2.4 SNMP 网管

网管模块是比较重要的，也是目前很多网络设备必须运行的。这里介绍 Wi-Fi 设备上 SNMP 的实现方法，本书后文将介绍 TR069 的实现。SNMP 是一种应用层协议，主要由管理站和代理两部分组成。它们之间的通信是 UDP 方式，采用端口 161 收发数据，trap 陷入消息采用端口 162 收发数据。

管理站通过 UDP 报文向代理发送读写命令，代理收到后，向管理站返回需要的参数。代理检测自身的运行参数，若出现异常，可主动向管理站发送消息，通告当前异常状况。有些消息可以自定义数据结构，如特定类型的告警消息。

SNMP 模块中经常要用到 MIB。MIB 定义了设备中的网管对象，是一个树状组织结构，每个对象对应着结构中的一个叶子节点，所用的对象标识符（Object Identifier，OID）是唯一的，是由句点间隔的一组整数集，如获取系统基本信息对应的 OID 是.1.3.6.1.2.1.1.1.0。这种数字集只能是从树根部开始，止于叶子节点，即只能用绝对方式，不能用相对方式标识。管理站和代理要有对应的 MIB 对象，这样可正确分析对方的数据，例如，代理收到管理站发出的请求后，将相关状态参数转换为 MIB 定义的格式，再回复管理站，完成一次管理操作。管理站和代理通信架构如图 8-19 所示。

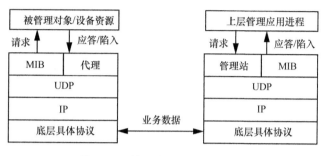

图 8-19　管理站和代理通信架构

一个管理站服务器能管理多个代理。MIB 保存了设备的自身运行参数、鉴别服务和访问策略等数据。

前面介绍网管必须要了解的基本知识点，下面介绍 SNMP 的实现过程。SNMP 的基本操作是读 get、读下一个 getnext、写 set 和 trap 共 4 类操作。开发人员在下载 net-snmp 开源代码后，经交叉编译后移植到设备中，以后台进程方式运行，负责这些操作的实现。即基于 net-snmp 开源代码提供的框架完成 SNMP 的相应功能。

1. SNMP 实现流程

在嵌入式设备中的 net-snmp 可移植使用 Linux 版本，它主要包括以下方面。

（1）可扩展的 SNMP 代理程序。

（2）工具命令集，如 snmpget、snmpset 和 snmptrap 等。

（3）trap 接收处理和 MIB 处理工具。

（4）支持 SNMP 版本的 API 集。

基于 net-snmp 扩展代理，可采用静态库或动态库的方式。前者是要包含引入的 MIB 对应的源文件和头文件，再结合 MIB 重新编译代理程序，采用较多；后者是将源文件和头文件编译成动态库让代理程序载入。下面介绍它的工作流程。

该模块在初始化阶段的工作主要是注册过程，将数据载入并注册到 MIB，注册 MIB 节点到库中，读取配置参数到库中。

打开监听接口，绑定 SNMP 包处理的回调函数，然后等待接收消息。

后面就是 select 监听接收并处理请求包阶段。收到请求包后，先校验包，不通过则返回出错，否则解析请求包，将其转换成包含 PDU 信息的请求结构，匹配 OID 后将此结构传给相应的 MIB 注册的回调函数进行业务处理，将结果打包成回复数据后再发送回复报文。

若要处理告警事件，需要发送告警消息，调用已注册的告警函数。现以从网管上获取 IP 地址的对象值为例，说明会话过程如下。

（1）在客户端初始化 SNMP 会话，包括定义会话属性。

（2）将 OID 设置到一个 PDU 数据包中并发出。

（3）SNMP 进程收到此包后，从包内容中检索出 OID。

（4）调用"IP 地址"对象的回调函数。

（5）获取数据后回复客户端。

（6）客户端收到后释放 PDU 资源，关闭此次会话。

从上述过程可看出，在 SNMP 模块中主要就是完成第四步，即定义回调函数的实现。

综上，net-snmp 模块流程如图 8-20 所示。

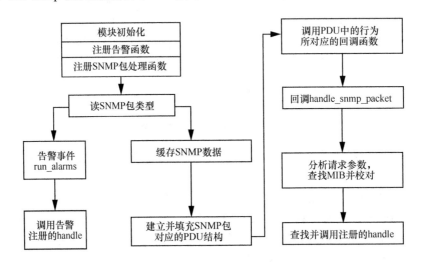

图 8-20　net-snmp 模块流程

下面将结合实例讲述如何利用 net-snmp 模块定制 Wi-Fi 的网管服务。

2．定制 SNMP 服务

为保持代码模块的独立性，可在 net-snmp 中增加一个独立的文件夹来定义所有的对象及其回调。面对多个芯片厂商时可先建立子文件夹与其对应，例如，在目录 agent\mibgroup\下创建 private 后再创建 adc\ap，表示定义了对应 ADC 厂商的对象。

再根据对象的不同属性生成源文件和头文件，如先前的获取"IP 地址"是一种基本的对象操作，可创建 base.c 和 base.h。而无线射频或 SSID 参数较多，读写过程也较为复杂，可另创建子类的文件夹再在其中创建实现文件。

还以获取"IP 地址"对象为例，按照以下顺序添加实现代码。

（1）在 base.c 中可按以下方式定义对象及回调。

```
struct variable4 base_var_table[] =
{
    {ZNAPIPADDRESS, ASN_IPADDRESS, RWRITE, var_proc, 1, {1}},
    {ZNAPNETMASK, ASN_IPADDRESS, RWRITE, var_proc, 1, {2}},
    {ZNAPGATEWAY, ASN_IPADDRESS, RWRITE, var_proc, 1, {3}},
    ......
};
```

struct variable4 定义在 include\net-snmp\agent\var_struct.h 已给出定义，其成员依次是对象类型标号、变量类型、包括只读和可读写的访问属性、回调函数、名字后缀长度和 OID 后缀。在此结构中绑定了 ZNAPIPADDRESS 对象处理的回调函数 var_proc。

（2）必须要注册 MIB 才能支持对 MIB 节点的访问，具体如下。

```
void init_base()
{
    time_t   t;
    REGISTER_MIB("base", base_var_table, variable4, base_varoid);
    t =time(NULL);        /*记录最新时间*/
    sprintf(sysTime,"%s",asctime(localtime(&t)));
}
```

参数说明如下。

```
#define SNMP_OID_ENTERPRISES     1, 3, 6, 1, 4, 1   /*OID 前缀，在开源代码中已定义*/
#define CFG_COMPANY_CODE          0x12345          /*公司代码标识*/
unsigned char base_varoid[] = {OID_ENTERPRISES, CFG_COMPANY_CODE, 4, 2, 1};
```

这样就注册了一个名称为 base 的 MIB。

（3）定义节点的回调操作行为函数 var_proc()如下。

```
unsigned char *var_proc(struct variable *vt, unsigned char * oid_name, size_t *len,
              int exact, size_t *varlen, WriteMethod ** func)
{
    unsigned int ip;
    /*检测结构变量 vt 中的节点名和 oid_name 名称是否匹配*/
    if (header_generic(vt, oid_name, len, exact, varlen, func) = = −1)
        return NULL;
    switch (vt->magic)
    {
        case ZNAPIPADDRESS:
        {
            get_ipaddr("eth0", &ip);
            *func = write_ipaddr;
            return (unsigned char *)&ip;
        }
        ……
        default:
        printf("No result\n");
    }
    return NULL;
}
```

函数 get_ipaddr(char *ifname, unsigned int *ipaddr)通过 ioctl 获取网络接口对应的 IP 地址，而定义该节点的写操作函数是 write_ipaddr()，即在安全访问前提下将 IP 地址配置到对应网口上并写入系统配置表中。

（4）设备启动后要装载 MIB 文件，因此要在此文件中定义 MIB 节点值，还要加上对应厂商的标志，例如，要增加 ADC 厂商和相关的 znApIpAddress 节点。

```
adc MODULE-IDENTITY
    LAST-UPDATED        "201901010000Z"
    ORGANIZATION        "adc"
    CONTACT-INFO
        "
    Phone:
            +00-00-0000-0000
        ……
        "
    DESCRIPTION
        "The file defines the private adc SNMP MIB"
    ::= { enterprises 8888 }
ap   OBJECT IDENTIFIER ::= { adc 1 }
base OBJECT IDENTIFIER ::= { ap 1 }
znApIpAddress OBJECT-TYPE
    SYNTAX          IpAddress
    MAX-ACCESS      read-write
    STATUS          current
    DESCRIPTION
        "The WIFI device IP"
    ::= { base 1 }
```

至此对一个节点的读写行为定义结束，对 trap 和其他节点可进行类似操作，但复杂度会存在差异。编译源代码时请注意修改 Makefile 文件。

3. 操作 SNMP 模块

在源码包中定制服务代码后，为了保证模块的独立性，在开发时可另写一个源文件和对应的头文件，专门用来在设备开启了 SNMP 服务后提供此后台进程行为的 API。设备可在初始化阶段采用下面的方法启动 snmpd 服务。

（1）读取系统配置表中 SNMP 服务参数。

（2）将参数写入配置文件中，通常是/etc 下的 snmpd.conf 文件。

（3）以 snmpd udp6:161 -c /etc/snmpd.conf（支持 IPv6）或 snmpd -c /etc/snmpd.conf 这样的命令方式启动 SNMP 服务。

发送陷入报文时可在程序中运行类似下面的命令行。

```
snmptrap -v 2c -c public 192.168.10.254:162 /proc/uptime 里的时间*100 .1.3.6.1.4.1.2 sysLocation.0 s "snmptest"
```

通常在 Windows 系统下安装 SNMP 客户端软件，在设备正常开启服务后，客户端通过发送 get、getnext 或 set 命令来读写设备参数。

8.4 基于 Wi-Fi 的 4G/5G 路由器

目前很多 Wi-Fi 设备要结合其他芯片以实现多种业务传输。作者有幸参加 3G/4G/5G 系列的通信产品研发，现对此以一款 4G+Wi-Fi 的路由器设备为例说明设计框架。

实现该设备的软件要经过修改 U-Boot、编译内核、加载 4G 模块驱动、使能 Wi-Fi+4G 接口和上层应用程序的运行 5 个主要步骤。

修改 U-Boot 除了要完成引导系统、分区、版本下载和网口设置等基本功能，还要协同厂商完成寄存器的参数调试，不再细述。

编译内核时除了考虑正常的系统配置和 Wi-Fi 模块外，还要兼顾 4G 模块的加载。为此在 make menuconfig 后要增加 4G 选项的支撑，主要包括 qmi-wwan、pci、serial-wwan 和 serial 等选项，还有些补丁程序要修改到内核文件中。有了这些措施，就可大大简化 4G 模块的使用。

正常启动系统后，加载驱动使能接口，上层应用配置中的地址转发是必须支持的，还要 Web 程序用来设置重要运行参数。

4G 路由器系统框架如图 8-21 所示。

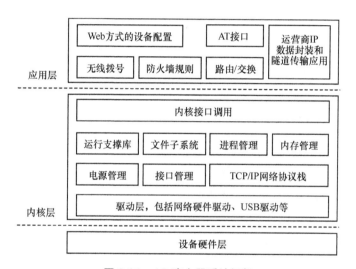

图 8-21　4G 路由器系统框架

有了这套框架，4G 路由器以嵌入式实时系统为软件支撑平台，同时提供百兆以太网 LAN、百兆/千兆以太网 WAN、Wi-Fi 接口和一个 4G 模块，可同时连接串口设备，实现数据透明传输和路由功能。

所以本路由器的设计是基于 4 个模块来实现的，分别如下。

（1）4G 模块，可直接入网。

（2）Wi-Fi 模块，组建局域网环境。

（3）Linux 系统。

（4）硬件电路板平台。

4G 模块和电路板常有 USB 和插槽两种连接方式，本款 4G 设备采用 USB 方式，适用于低功耗、低成本、高集成 AP 的电子设备。4G 模块+Wi-Fi 路由器连接框架如图 8-22 所示。

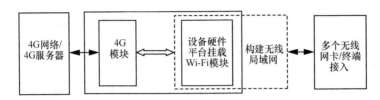

图 8-22　4G 模块+Wi-Fi 路由器连接框架

这里的 4G 模块与外网通过插入充值的 SIM（Subscriber Identification Module）卡建立连接，Wi-Fi 模块通过 USB 与 4G 模块连接（参加研发的 5G 路由器采用 USB 方式），将 4G 数据信号转化为 Wi-Fi 信号来实现 Wi-Fi 信号的覆盖，使无线终端或者 PC 关联上 Wi-Fi 后能直接入网。下面描述 4G 模块框架。

8.4.1　4G 模块框架

当 USB 方式 4G 模块接入单板上时，单板首先会读取它的配置、接口和端点等属性，然后系统读取该模块的许多重要信息，其中重要的是生产商识别码（Vendor ID，VID）和产品识别码（Product ID，PID），相当于 USB 硬件的识别 ID 系统。它们将与内核中的各个识别码进行匹配，匹配成功才能成功实现该模块的 USB 驱动加载，并能与之通信。

本款设备中 4G 模块以 module 方式运行。4G 模块流程设计如图 8-23 所示。

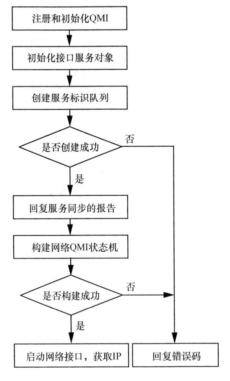

图 8-23　4G 模块流程设计

（1）创建一个 GobiQMI 类，注册 USB 接口，绑定接口操作集。GobiQmiNet 主要有以下方面。

```
struct usb_driver GobiQmiNet =
{
    .name       = "QmiNet",              /*名称*/
    .idTab      = GobiVidPidTab,         /*vid-PID 对应表，描述驱动信息*/
    .probe      = GobiQmiUsbProbe,       /*建立 QMI 设备接口*/
    .disconnect = GobiQmiNetDiscon,      /*断开连接，注销 QMI 设备*/
    .suspend    = GobiQmiSuspend,        /*设备挂起，停止 QMI 传输*/
    .resume     = GobiQmiResume,         /*QMI 恢复*/
};
```

在 probe 中注册高通信息接口（Qualcomm Messaging Interface，QMI）对应 dev 通用网络操作，如 open、stop、hard_start_xmit、tx_timeout 和设置中断 handle 等，最后调用 RegisterQMIDevice()注册 QMI 接口，并创建用户态 QMI 操作集。GobiNet 类创建一个网络设备和一个 QMI 信息交互的通道，还可进行后台管理。

（2）初始化 QMI 系统，这个必须在启动其他 QMI 的 API 前完成，包括注册系统事件回调和事件发生时的用户数据处理 handle。

（3）初始化网络接口的多个服务对象，包括数据库管理系统（Database Management System，DMS）、UIM（User Identity Model）、NAS（Network Attached Storage）和 WDS 等，每个服务对象关联唯一的 ID 值，并为它绑定用户 ID、服务 ID 和用户解码 handle，即构建对应关系，这样就能为服务建立用户信息结构了。

（4）构建服务标识队列，若成功则发送服务回复同步报告。

（5）读取接口配置，构建网络 QMI 状态机，启动网络接口消息收发并设置定时器。

至此 4G 模块正常加载启动，还有很多异常、重发等机制不再细述，后续可正常通信。

设备正常运行后，用 ifconfig -a 命令查看后应有一个接口产生。如本设备的 enet0，若收发数值一直递增且无错误，则表示正常启动。但若没有这样的设备，则表示 4G 模块没有正常启动，此时请通过 lsmod 先查看设备的模块加载情况，还要查看配置文件。

8.4.2　软件框架

4G 模块加载后，要用运营商提供的数据 SIM 卡进行点对点协议（Point to Point Protocol，PPP）拨号，使路由器联通互联网。Wi-Fi 运行在 AP 模式，并配置动态参数脚本，建立一个 2.4GHz 的 Wi-Fi 无线局域网。硬件平台既要支持 Wi-Fi 网卡和 4G 数据卡的驱动，还要设置转发和路由，通过 iptables 将无线局域网和 4G 网络连通。终端或 PC 可通过 Wi-Fi 接入该路由器所提供的无线局域网中，这样就实现了该路由器的整体设计方案了。综合起来，这里关键有 3 部分：4G 网络的接入、组建无线 Wi-Fi 局域网、路由+转发+过滤。路由器整体软件流程如图 8-24 所示。

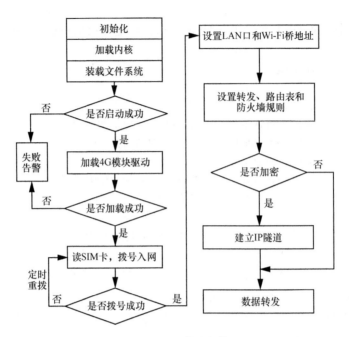

图 8-24　路由器整体软件流程

这里需说明，有些设备常启用看门狗，这是一个检测模块，每隔一定时间检测一次硬件，确认硬件有无异常，如有异常则重启设备或复位芯片。

>>>>>>>>>>>>>>> 第 9 章

4G 小基站开发

当今通信领域内无线业务呈爆发式增长。移动通信网络不再是仅承载语音业务，还要承载大数据量的数据业务。而宏基站大多位于高处，常受到高层建筑群的影响，信号存在覆盖不均匀、易受干扰、质量差等缺点，热点地区还存在容量不足等问题，已很难满足需求。

由此小基站应运而生，它具有体积小、部署灵活、保证信号质量等优点。这样可在小范围内提升网络容量，减轻宏基站负担，运营商通过它提供更好的无线宽带语音业务和数据业务。本章给读者提供小基站的开发说明，重点是论述软件方面设计和具体模块的实现。

9.1 LTE 概述

移动通信技术经历了从 1G 到 4G 的发展历程，每一代移动通信技术的发展首先是观念的创新和通信技术的突破，具体实施后对人们的生活方式和社会形态等各方面都带来巨大的影响。

LTE 是高速下行分组接入过渡到 4G 的版本，包括频分双工（Frequency Division Duplexing，FDD）和时分双工（Time Division Duplexing，TDD）两种模式。LTE-Advanced 是 LTE 的后续版本，也是真正意义上的 4G 移动通信，相对于 3G，它的接入速度大大提高，存储容量更大，并可实现图像的高质量传输，具备在各终端间收发另一端信号、在多个网络系统和平台上快速通信和无缝切换的能力。TD-LTE 继承和创新了时分同步码分多址（Time Division-Synchronous Code Division Multiple Access，TD-SCDMA）原有关键技术，可以最大限度地利用 TD-SCDMA 现有技术，也是 TD-SCDMA 的演进技术。

9.1.1 关键技术

提升 LTE 传输速率有基于正交频分复用（Orthogonal Frequency Division Multiplexing，OFDM）的多址接入和基于多输入多输出/智能天线（Multiple Input Multiple Output/Smart Antenna，MIMO/SA）的多天线两种关键技术。

9.1.1.1 基于 OFDM 的多址接入

OFDM 这种技术的主要思想是：将一个信道分成多个正交的子信道，因在子信道上要传输低速率数据，所以按以下步骤处理。

- 将信道承载的高速数据信号分解成多条并行的低速数据流。
- 将各子数据流调制到相应子载波上。
- 合成多条子载波再传输。

该技术的实质就是一个频分复用系统，将大的频谱分成多个小的子载波，每对相邻的子载波之间正交重叠却又不相互干扰，将数据映射到载波上传输，提高了频谱利用率。

波形正交是指两个相邻波形差了半个周期。在具体的调制过程中要实现正交就要利用快速傅里叶变换，数学算法复杂，不多描述。OFDM 调制过程如图 9-1 所示。

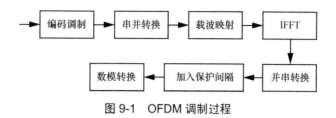

图 9-1　OFDM 调制过程

图 9-1 中这个调制过程对串行数据流的处理步骤如下。

- 输入的串行数据经 QPSK、QAM 等调制方式进行编码调制。
- 串并转换是将串行数据转换成并行数据，可便于进行傅立叶变换，经星座映射将比特流转换成符号流，分布到各子信道中。
- 数据经子载波映射后送入运算单元进行快速傅立叶逆变换（Inverse Fast Fourier Transform，IFFT）处理。
- 通过并串转换输出串行数据。
- 为削弱符号间干扰，插入保护间隔。
- 数模转换后送入信道输出。

解调过程是调制的逆过程。将所收到的模拟 OFDM 信号经过模数转换后得到串行数字信号，然后去掉保护间隔，送入运算单元进行快速傅立叶变换（Fast Fourier Transform，FFT）处理，然后经解映射和并串转换处理后译码还原出初始的信号源串行数据。

LTE 系统下行采用的正交频分多址接入（Orthogonal Frequency Division Multiple Access，OFDMA）是基于 OFDM 的多址技术，它的实现过程主要包括如下方面。

- 将高速串行流转换成并行后进行傅立叶变换。
- 将各数据流调制到子载波，子载波经过 FFT/IFFT 后实现正交。

这样数据流就被映射到任意两个均正交的子载波上，输出多载频信号，因此在增加带宽时即要增加子载波，信号仍要能保持正交。在应用中分成了集中式和分布式两种。前者是将连续的子载波分给一个用户，因简单高效，应用较多。后者是将一个信道的子载波分散到整个速宽中，使它们交替排列。

上行采用单载波频分多址方式，单载波频分多址（Single-Carrier Frequency Division Multiple Access，SC-FDMA）信号采用时域和频域两种生成方法，LTE 采用频域生成 SC-FDMA 信号，即 DFT-S-OFDMA（Discrete Fourier Transform-Spread OFDMA），它在子载波映射前增加一个离散傅立叶变换（Discrete Fourier Transform，DFT）扩频，SC-FDMA 信号的频域生成流程如图 9-2 所示。

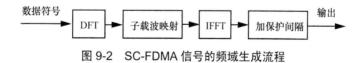

图 9-2　SC-FDMA 信号的频域生成流程

将数据符号调制转换成频域，使每个子载波包含全部符号信息，最终模拟出单载波形式，即输出单载频发射信号。

9.1.1.2 基于 MIMO/SA 的多天线

MIMO 技术是在收发两端分别使用多个接收/发射天线，信号可通过多天线多路传输和接收，提升了传输速率。MIMO 系统框架如图 9-3 所示。

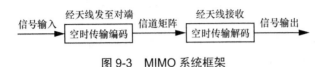

图 9-3　MIMO 系统框架

在收发两端都采用多元天线阵列，发送端编码数据后发出，在接收端解出具有不同特性的空间数据，互不干扰。

MIMO 为系统提供了空间复用/分集技术。其中空间复用可扩充信道容量，空间分集可提升信道使用的可靠性，降低了传输中的误码率。据此将 MIMO 大致分 3 类：空间复用、空间分集和波束赋形。

1. 空间复用

空间复用利用了空间信道之间的相关性较弱的特点，通过在多个独立的信道上向移动电话/基站传输不同数据流提高链路容量。例如，在无线传输没干扰和天线相关性较低时让 4 个数据流在一个 TTI 中传送给用户设备（User Equipment，UE），空间复用实例如图 9-4 所示。

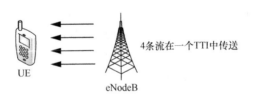

图 9-4　空间复用实例

这种方式保持在同一时间内传送 4 条数据流让速率增加为原来的 4 倍，同时提高了可靠性。

发射时高速数据流分割成多条低速子数据流，子数据流在不同天线上以相同频段发射，而且能相互区别，接收端根据不同天线对接收端生成的不同签名来区分这些子数据流，还原成初始数据流。实际使用时要调整好天线的间隔，具体可查看天线资料。通常较多采取大于 4 倍波长的距离。

2. 空间分集

收发端采用多根天线多通道，传输途径也会随之增多，利用这些途径发送相同的数据流，例如，用 4 根天线传输同一个数据，数据共轭配对，相当于一个数据传 4 次，这样可对抗信道的衰落，提升了传输的准确性和可靠性，避免因传输信道的衰落而影响链路的传输。

3. 波束赋形

利用多根天线产生一个或几个特定方向的波束，通过计算各天线上发送的相位和功率，将能量就集中在这些方向上，获取 UE 位置后定向以计算出的相位偏移或时延来发射信号，使得覆盖面更大，干扰更少。

例如，利用这种技术在发射端调整信号的发射时间，使所有信号同时到达目标。在接收端为不同的信号接收器加上不同的时延，就可同时获得信号，取得最佳效果。

MIMO 关键优势是在区别多条并行数据时可有效避免天线间干扰，不增加带宽也可在窄带信道上获得更大容量。OFDM 要提高速率需增加载波数，占用更多带宽。将 OFDM 和 MIMO 结合则是两者性能方面的互补，集成了多天线和正交频分复用调制，从而使得传输速率和频谱利用率更高。

9.1.2　LTE 网络框架

LTE 网络框架主要有两部分，分别对应无线接入网 E-UTRAN（Evolved-UMTS Terrestrial Radio Access Network）和核心网 EPC（Evolved Packet Core）。LTE 的网络结构如图 9-5 所示。

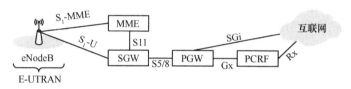

图 9-5　LTE 的网络结构

图 9-5 中结构不再有基站控制器（Base Station Controller，BSC）/RNC（Radio Network Controller），网络单元更少，E-UTRAN 将原来的 NodeB 和 BSC/RNC 功能合并到 eNodeB 网元中。一台 eNodeB 可接入多台 UE，由它负责管理 UE，包括分配资源、调度和接入管理等，可实现物理层、MAC 层、无线资源控制（Radio Resource Control，RRC）层、调度、控制和无线资源管理等接入网功能。这一段是无线空中接口。

eNodeB 与核心网 MME（Mobility Management Entity）/SGW（Serving Gateway）之间通过 S1 接口有线连接；eNodeB 和移动电话终端之间进行无线控制平面与用户平面的协议数据上下行交互；eNodeB 彼此之间通过 X2 接口，采用 IP 方式传输，可有效支持终端的切换。

E-UTRAN 和 EPC 各部分功能见表 9-1。

表 9-1　E-UTRAN 和 EPC 各部分功能

设备名	eNodeB	SGW	PGW	MME
对应功能说明	无线资源管理、移动管理、资源分配、接入控制、IP 头压缩和加密、eNodeB 测量和配置测量报告、寻呼消息调度和收发	接入点管理、数据路由转发、缓存分组数据、支持寻呼、标记传输层数据、UE 移动带来用户面切换	包过滤、分配 UE 的 IP 地址、支持 DHCP 三模式（客户/中继/服务）	EPC 承载、NAS 信令、安全机制、漫游/鉴权、发寻呼至 eNodeB、空闲状态下 UE 移动性管理

SGW 负责原先基站控制器（BSC/RNC）中的用户平面承载功能，处理数据、图像、数据包路由转发和语音业务；PGW（PDN Gateway）负责用户数据包和其他网络的处理；MME 实现控制平面功能，负责接口管理、移动性控制和信令信号；PCRF（Policy and Charging Rules Function）负责策略控制的决策、QoS 授权和 PGW 中的流量收费。

实际中 eNodeB 的运行主要有专网和公网两种，其中公网环境下的 IPSec 为 eNodeB 和核心网之间通信提供安全连接。当前很多厂商提供的 LTE 产品作为 eNodeB 这样的基站设备运行在上述网络中，为 4G 移动终端提供接入业务。

9.1.3 LTE 接口协议栈

移动终端和 eNodeB 之间通过无线接口交互，对应的接口协议用来承载各种无线业务数据。根据作用层次和功能可将协议栈分为用户平面协议栈和控制平面协议栈两种。在此先说明 eNodeB 侧的协议层次和各层的交互流程。

1. 空口协议栈分层

协议栈包括 PHY 层、链路层、网络层和无线资源控制层（RRC），其中链路层又分成 3 个子层：MAC 调度层、无线链路控制（Radio Link Control，RLC）层和分组数据汇聚协议（Packet Data Convergence Protocol，PDCP）层。其中 RRC 以下是接入层，以上是非接入层。即无线协议栈能解析的都是接入层消息，不需要它解析的就是非接入层消息。

以下行方向为例说明各层的处理功能。

（1）下行数据在协议层处理之前是 IP 报文的形式。

（2）在 PDCP 层，执行 IP 头部信息的压缩和数据的加密，减少空口传送流量，保护数据的传输安全。在无线终端 UE 侧的 PDCP 层负责解密和解压缩。

（3）在 RLC 层，执行包的分段和重传，顺序传送高层数据。UE 侧完成包的合并和相应的重传。对无法纠正的错误，UE 会请求 eNodeB 重发数据。下行时 UE 通常使用 CRC 来验证数据包是否有错（上行由 eNodeB 侧负责校验），有错则发送 NACK（Negative Acknowledgement）包给 eNodeB，否则发送 ACK（Acknowledgement）包。

（4）在 MAC 调度层，负责信道管理、信道优先级调度和数据混合自动重传请求（Hybrid Automatic Repeat reQuest，HARQ）控制。

（5）在 PHY 层，主要负责编码、调制和天线映射，经物理信道发出。在对应的 UE 侧要进行解映射、解调和译码处理。

协议各层数据处理流程如图 9-6 所示。

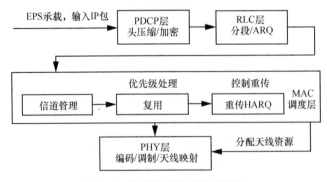

图 9-6 协议各层数据处理流程

上行为逆过程，每层都要为上层提供服务，只是承载方式有所不同，如 PHY 层和 MAC 层分别以传输信道和逻辑信道的方式为各自的上层提供服务。

2. 协议栈

用户平面协议栈主要包括物理层和链路层，止于 eNodeB 设备。用户平面传输的是用户数据，也是真正的业务数据。这里展示的是 eNodeB 设备之间，以及和上一跳设备之间通信的用户平面协议栈框架如图 9-7 所示。

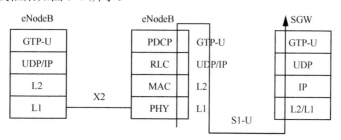

图 9-7　用户平面协议栈框架

图 9-7 中的 GTP-U 协议表示要转发的用户 IP 数据包，传输结束用 END Marker 来标识。此外，UE 和 eNodeB 之间还利用空口 LTE-Uu 通信，负责信令数据和用户数据的上下行传输。

控制平面协议栈负责管理空口，传输重要的信令，即完成在承载用户业务数据时所需要的信令交互过程。

在 Small Cell 设备运行时流控制传输协议（Stream Control Transmission Protocol，SCTP）的支持是必不可少的，作为一种面向连接的重要协议，有较为完善的拥塞控制，在两个端点之间提供稳定有序的传输，后文会提到它的状态机过程。

S1AP 是一种在 S1 建立连接时传输信令的协议，负责管理 S1 接口和 NAS 信令传输等。

eNodeB 之间过程的 X2AP（X2 Application Protocol）协议负责支持无线网络中自配置自优化自愈的自组织网络（Self-Orgnizing Network，SON）功能实现和管理 E-UTRAN 中 UE 移动性。

RRC 层管理和控制其下的接入层，止于 eNodeB 设备，负责处理 UE 和 E-UTRAN 之间多数控制信令，并要将核心网参数发给 UE。它主要提供广播、寻呼、RRC 连接管理和 UE 测量上报和控制等功能。

NAS 层管理和控制非接入层，止于 MME，主要提供认证、鉴权、安全控制、空闲模式下寻呼和移动性处理等功能。eNodeB 负责传输 UE 和 MME 之间交互的信令数据。

综上，控制平面协议栈框架如图 9-8 所示。

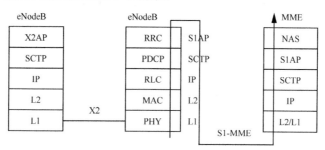

图 9-8　控制平面协议栈框架

9.1.4　小基站分类

Small Cell 是低功率的无线接入节点,作为 3G/4G 宏基站的补充,覆盖范围为 10～200m。基本形式是 FemtoCell,最初是为提供室内覆盖,现已大大扩充,Small Cell 主要分类见表 9-2。

表 9-2　Small Cell 主要分类

名称	容量/户	通信方式	覆盖范围/m	功率/W	应用
FemtoCell	4～8	以太网/光纤接口	小于 50,多为 10～20	0.01～0.1	室内小面积,主要是家庭应用
MetroCell	100～200	开放模式	小于 500,多为 100～300	5～10,也有 2～5	室外人员密集区
PicoCell	32～64	开放模式混合模式	小于 250,室内为 30～50,室外为 50～100	室内小于 0.25,室外小于 1	室内室外面积较小区域
MicroCell	小于 100	开放模式	同 MetroCell	同 MetroCell	室外盲覆盖地区

MetroCell/MicroCell 数据传输可采用微波、100Mbit/s/1 000Mbit/s 光纤和 Wi-Fi Mesh 等方式。表 9-2 中也说明了 Small Cell 可用于室内和室外,提升网络容量。实际部署中由运营商统一管理。

9.1.5　小基站组网

根据上述协议栈数据的处理和传输机制,目前在基于网关的 Small Cell 组网方式中主要有专网和公网两种类型。基于公网/专网的 Small Cell 组网框架如图 9-9 所示。

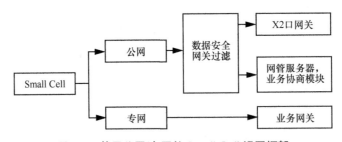

图 9-9　基于公网/专网的 Small Cell 组网框架

从图 9-9 中看出,宏基站和 Small Cell 流程存在较大差异。回传网络包括专网和公网两种类型。Small Cell 经过公网时自身要建立 IPSec 数据加密机制。同时为保证用户面数据和控制面数据的安全传输,要增加安全处理设备,如安全过滤网关、用户鉴权和防火墙等,再通过 Small Cell 的网管、网关和各功能模块的验证和转发,最后接入核心网中。

Small Cell 的性能和功能都不如宏基站,但可满足小范围内 UE 覆盖需求。功能如下。

(1)Small Cell 网关主要负责移动性管理、控制面和用户面数据处理,实现数据的汇聚和转发,分担宏基站下核心网的部分功能,这样可降低核心网资源的消耗。

（2）eNodeB 之间 X2 接口支持移动性管理和负载均衡等，负责 X2 接口的数据处理。

（3）网管包括基站参数配置、故障管理、系统监控、小区管理、日志管理以及关键绩效指标（Key Performance Indicator，KPI）统计，其中 KPI 包括掉线率、S1 切换成功率、RRC连接建立成功率和业务接通率等。

相比之下，因专网的安全性通常较高，所以 Small Cell 不需要建立 IPSec 数据加密机制，上下行发出和接收的都是明文数据。

9.2　软件实现

作为 3G/4G 宏基站的补充，Small Cell 是一种发射功率低的基站设备，为用户提供更好的无线数据业务和语音业务。本节以一款商用产品作为样例说明软件架构及实现过程。

运营商服务器完成 eNodeB 管理功能，并提供接入运营商内网的一切数据业务和控制业务，通过千兆/百兆以太网接口和 LTE 设备通信。

消息平台组件以状态机方式运行，这样可控制在 eNodeB 设备和 MME/SGW 之间链路 S1 畅通，HeMS（Home eNodeB Management System）通知设备注册后，eNodeB 协议栈开始启动运行。

eNodeB 软件要完成各种业务接入、与网管接口和子网内其他网元 eNodeB 之间通信、数据配置和升级下载，并为后续的终端提供透明式服务，通过无线射频和移动电话终端通信。

为此 TD-LTE 网络中支持本款 eNodeB 设备的软件架构分为以下三层。

（1）运营商服务器（包括人机交互界面、IPSec 协商/网络业务支撑/网管等服务器）。

（2）eNodeB 软件运行系统，包括上层和物理层。

（3）移动终端软件（包括各测试移动电话、PC 接口和网页配置界面等）。

TD-LTE 软件实际运行环境如图 9-10 所示。

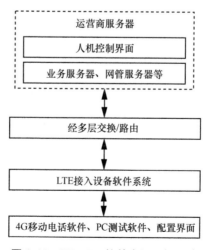

图 9-10　TD-LTE 软件实际运行环境

9.2.1　eNodeB 软件系统

该软件系统主要完成将 UE 业务接入核心网的功能，同时兼具路由器功能。根据软件模块化的设计思想，划分出 eNodeB 软件模块结构如图 9-11 所示。

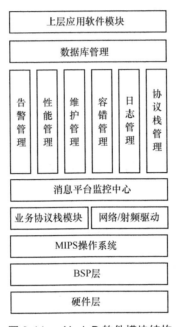

图 9-11　eNodeB 软件模块结构

业务协议栈模块和驱动在 MIPS 操作系统中注册运行。和其他模块的消息交互通过一个专门的消息平台来完成，相当于内部消息转发模块，其主要功能有：网元内的告警管理、性能管理、维护管理、容错管理、日志管理、协议栈管理和数据库管理，与 eNodeB 协议栈管理器通过命令行接口（Command-Line Interface，CLI）完成通信。

上层应用软件模块将配置消息下发到数据库管理模块后，该模块分析出消息绑定的类型号，交给所对应的具体处理分支，例如，确认消息是日志管理类型，则交给日志管理模块。由日志管理模块提取出消息中携带的数据，转换成 MIB 格式再交给消息平台。其他模块进行类似处理，这样各管理模块的向下输出数据都是 MIB 格式。

向上过程是逆过程，不再赘述。至此整个设备的软件处理就完全通畅了。

9.2.2　初始化流程

承担业务功能的是业务协议栈模块。在操作系统运行正常、以太网接口（包括 VLAN 环境下的网络通信以及路由）和 iptables 规则正确设置的前提下，启动该业务模块的初始化过程。eNodeB 业务初始化流程如图 9-12 所示。

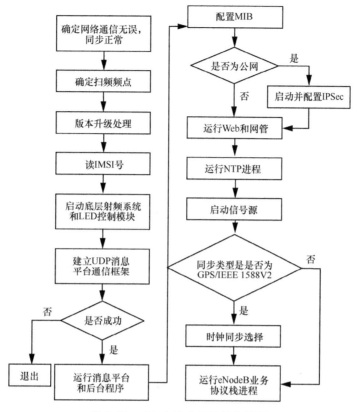

图 9-12　eNodeB 业务初始化流程

对此流程依次说明如下。

- 确定当前网络类型是针对公网还是专网。前文已说明了两种环境的差异。
- 确定同步类型要在宏基站/GPS/IEEE 1588V2 服务器中选择一个同步精准时钟。
- 确定扫频频点，具体值由运营商定制，可以直接配置。
- 判断当前的运行版本是不是最新的，若不是，版本升级后再继续运行。
- 读取国际移动用户识别码（International Mobile Subscriber Identity，IMSI），对于有些双模设备要生成一个虚接口，用来内部通信，传输 IMSI、频段和自身属性参数。
- 运行物理层的射频系统，不同的参数决定了后续会发出幅度、频率和相位等不同属性的空口射频信号。
- 开启 LED 控制模块，因为要根据射频状态、同步状态来确定 LED 的状态，应用中主要有 4 种：开、关、快闪和慢闪，其中寄存器参数决定了快闪和慢闪的速率。
- 启动消息平台的通信模块，确定消息平台中各子模块之间的通信框架，以线程方式运行，创建 socket，负责转发 UDP 消息。各通信部件均要在此模块上注册才能正常通信。
- 启动消息平台和相应的 CLI，负责上层管理和 eNodeB 业务协议栈之间的数据交互，并支持后续的脚本操作。
- 配置 MIB，MIB 数据较多，如通信 IP、扫描使能、同步类型、IPSec 密钥和证书路径等，设计时不宜过于庞大。

- 判断网络类型，若是公网则要启动 IPSec 模块，一般采用配置证书 cert 或预共享密钥（Pre-Shared Key，PSK）两种方式。
- 启动 Web 和网管进程，Web 是基于 http 方式，可为测试人员和用户提供配置业务参数；网管要和指定的网管服务器连接。
- 运行 NTP 或 ntpdate 命令，和 NTP 服务器保持时间同步，因很多设备开始是格林尼治标准时间 1970 年 1 月 1 日，可以通过 date 命令查出同步后的系统时间。
- 启动信号源，根据前文的同步类型是 GPS 还是 IEEE 1588V2 来决定使用同步时钟的方式。
- 运行 eNodeB 业务栈进程，此进程非常重要，负责实现设备的主要业务功能。

至此通常在 SCTP 状态机上下行运行正常后可开始读秒运行各子功能了。本书将讲述这个过程中重要模块的具体实现方法。

9.2.3　业务栈软件实现

eNodeB 系统包括射频收发、基带处理和软件业务栈。其中软件业务栈是关键，负责实现设备运行、宏基站同步、连接 UE 和通信的全部软件功能。eNodeB 业务栈由物理层、链路层和网络层组成，协调运行，各层次的框架在前文已给出图解。

层 3（网络层，包括 RRC、移动管理和呼叫控制）负责管控无线资源、基站间接口、业务信令交互和各类业务流程处理。数据以 IP 形式传给层 2（链路层，包括 MAC、RLC 和 PDCP）的 PDCP，经压缩和加密后传给 RLC 层，经分段处理后由 ARQ 判断是否重传，不需要则传递给 MAC 层经信道数据处理后，调用复用解复用进行从逻辑信道到传输信道的映射，再将生成的 MAC PDU 发到物理层，并通过 HARQ 反馈来判断发送是否成功，并在发送失败时进行数据重传。层 1 通过编码、调制和分配资源后发出数据。至此发送信号处理过程完成，接收的处理过程与之相反。本节将重点提供业务栈的层 2 和层 3 的模块设计与实现。

9.2.3.1　软件设计

业务栈软件的主要需求是在 3GPP 协议的基础上实现 UE 接入、UE 和小基站间的数据传输、建立覆盖小区和提供更高的上下行速率。为此按以下步骤运行。

- 业务栈的初始化过程。
- 运行 RRC、EGTP（Evolved GPRS Tunnelling Protocol）和 S1AP 等子模块。
- 各子模块中事件和消息的处理。
- 启动上层应用进程。

（1）初始化过程

首先是业务栈开启和初始化过程，业务栈的初始化过程如图 9-13 所示。

系统服务是要向操作系统申请内存、信号量、定时器和日志等资源，生成任务表/驱动任务表并注册任务，创建接收队列和处理队列中消息的线程。然后注册各任务模块，其中包括 RRC、EGTP、X2AP 和 S1AP 等，注册每个任务时先进行任务参数的初始化过程，再注册对事件处理的分支接口。这些完成后开始正式运行业务栈。

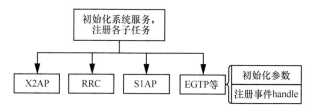

图 9-13　业务栈的初始化过程

（2）业务栈设计

业务栈的总体设计采用层次化框架结构，任务运行层次框架如图 9-14 所示。

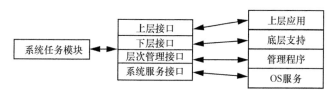

图 9-14　任务运行层次框架

层次之间接口说明见表 9-3。

表 9-3　层次之间接口说明

名称	功能说明
上层接口	服务用户接口，为业务栈的上层提供直接访问的功能
下层接口	服务提供层接口，为业务栈的下层提供直接访问的功能
系统服务接口	提供缓存管理、时间管理、资源检查和初始化等功能
层次管理接口	负责对业务栈进行必要的控制和监测

每个业务栈子模块对应"任务模块层"的一个调用，由实体、实例和处理器 ID 标识，实际上就是一个层调用。实体 ID 负责在功能上区分，如 RRC、RLC；实例 ID 用来区分同一实体中的多个实例；处理器 ID 全局唯一，标识了操作系统中的处理器或逻辑过程。

业务栈各层之间要建立逻辑接口才能通信。服务接入点（Service Access Point，SAP）就是开放系统互联（Open Systems Interconnection，OSI）参考模型中两层之间的逻辑接口。相邻层之间通过 SAP 调用任务模块。每一个"服务用户"SAP 需成功绑定到唯一的"服务提供层"SAP，实际就是建立通信路径的过程，才能通过 SAP 接收来自"服务提供层"的服务。绑定过程形如：第 N+1 层：SAP1→SAP2→SAP3→SAP4 等。

这样 Layer(N+1) 上的底层 SAP 包含 Layer(N) 的接口信息，Layer(N+1) 上的每个 SAP 会发送绑定请求到 Layer(N) 上的唯一 SAP。Layer(N) 上的 SAP 还保存了层与层之间的交互信息，由 Post Structure(PST) 结构体携带这些交互信息。

具体通信时每个 SAP 通过标识一个 post 结构体将配置参数发送给其他层，post 结构体中就包含了标识任务模块的元素，定义如下。

```
struct post
{
    unsigned char srcEnt;        /*源实体*/
    unsigned char srcInst;       /*源实例*/
    unsigned char dstEnt;        /*目标实体*/
    unsigned char dstInst;       /*目标实例*/
    unsigned short dstId;        /*目标处理器 ID */
    unsigned short srcId;        /*源处理器 ID*/
    unsigned char prior;         /*任务优先级*/
    unsigned char event;         /*事件标识*/
    unsigned char region;        /*内存区 ID*/
};
```

通过以下方式指明了接收目标。

```
struct post param;
param.dstEnt   = ENTNH;
param.srcEnt   = ENTSM;
param.dstId = SM_NH_ID;
param.srcId = SM_SM_ID;
```

即指明源端和目的端实体/实例后再附加上事件参数，这就是典型的发送配置请求事件给 RRC 子模块。

本业务栈层次功能架构如图 9-15 所示。

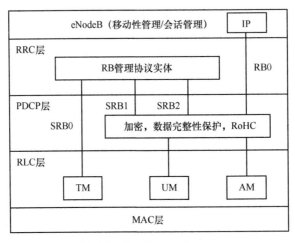

图 9-15 业务栈层次功能架构

通信正常后，运行业务栈子模块还需要绑定到操作系统中，否则找不到处理入口。为此创建了一个系统任务表即系统线程表，作为操作系统的运行调度单元。各子模块要绑定上此表中的任务后才能激活，系统任务将根据各模块的优先级和传入的事件来调度模块。收到一个消息后，首先识别具体的目标模块后再调用对应的处理函数。

通过上面的架构，eNodeB 注册任务模块后，栈管理器通过层管理接口配置各层模块和 SAP。

这样在收到消息时,在消息的入口处理函数中会根据消息的不同来源以 switch 方式进入不同的分支,后续即可分别进入对应的接口模块 RRC、S1AP、X2AP 和 EGTP 中处理。同时在各模块各层次中还需交互消息中的参数。

这里的 SRB0 作为默认承载,用于传输 RRC 消息,使用公共控制信道（Common Control Channel，CCCH）；SRB1 用于传输 RRC 消息和 NAS 消息,使用专用控制信道（Dedicated Control Channel，DCCH）；SRB2 用于传输 NAS 消息,也使用 DCCH。

基于此架构,下面讲述业务栈各层的核心实现模块。

1. MAC 层核心模块

MAC 层下连物理层,上连 RLC 层和 PDCP 层,负责与物理层间传输数据,并分析上层数据包。本节将给出该层核心模块软件层面上的实现机制和功能。

（1）物理随机接入信道管理

随机接入在以下情况中触发。

- RRC 连接重建,小区切换。
- UE 处于 RRC_IDLE 状态时初始的随机接入。
- UE 处于 RRC_CONNECTED 状态时上下行方向都有可能要求 UE 发起随机接入。

物理随机接入信道（Physical Random Access Channel，PRACH）模块的主要功能是获得上行定时同步,检测 UE 接入请求并为 UE 分配唯一标识。UE 与 eNodeB 同步时先在 PRACH 上发送 preamble 码,表明要进行随机接入了,上行同步没完成前还需此信道发送上行消息,所以该信道在随机接入中很重要。

UE 随机接入时 eNodeB 要通知 UE 一些配置参数,由 eNodeB 的 RRC 层通过系统信息块 2（System Information Block2，SIB2）消息封装这些参数下发。PRACH 模块负责 UE 的随机接入,为发送 preamble 码提供保证,它先验证和保存 SIB2 中的参数,再封装到 DCI（Downlink Control Information）中发给 UE。PRACH 模块处理流程如图 9-16 所示。

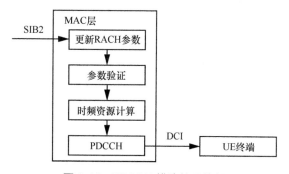

图 9-16　PRACH 模块处理流程

流程说明如下。

① RRC 层通过 socket 携带接入参数,包括 preamble 索引、UL/DL（Up Link/Down Link）配置、频率偏移和重传次数等,发出 SIB2 到 MAC 层,MAC 层解析后通过 PRACH 模块中的"更新 RACH 参数"对其进行合法性验证。合法则作全局保存,为后续调度提供参数,否则错误返回。

② eNodeB 要将随机接入配置参数发给 UE，若 UL/DL 配置不同，每个子帧的 preamble 码信息也不同，所以先要验证各子帧的合法性，即根据先前保存的接入参数来确定子帧是否拥有在发送 preamble 码所需的时频资源，合法则继续。

③ 确定子帧可用后，计算子帧号，根据 preamble 码格式计算 UE 发送 preamble 码时所需的资源，包括起始位置和频域资源块的长度，然后分配资源。

④ 随机接入参数传给 PDCCH，由它生成并下发 DCI 控制信息，UE 得到参数后可发送 preamble 码开始随机接入了。

以后 eNodeB 检测到 UE 的随机接入将发出 RAR（Random Access Response）消息，通知 UE 发送 MSG3 消息。

（2）HARQ 管理

上行 HARQ 管理模块承担数据检测重传任务，具体有以下功能。

- 负责处理 MSG3 消息和物理上行共享信道（Physical Uplink Shared Channel，PUSCH）上收到的非控制消息。
- 提供 API 供其他模块调用便可获取或更新 HARQ 信息。
- 保存 PHY 解码失败的记录。
- 在子帧后添加物理混合自动重传指示信道（Physical Hybrid ARQ Indicator Channel，PHICH）信息。

因该模块涉及时序的同步和数据的处理，所以要将其分成两个单元：同步单元和数据处理单元。每个上行 HARQ 处理单元在同步单元中有对应的节点，这样有利于在处理时序同步时保存数据处理结果。

HARQ 的逻辑过程由数据处理单元负责，统一管理 eNodeB 中的多个 HARQ 子进程实体，包括分配、更新和清除 3 类操作。

- 分配：收到 UE 发送的上行数据时分配一个上行 HARQ 子进程负责本次逻辑过程。
- 更新：CRC 失败，eNodeB 指示重传时更新上行 HARQ 中的属性信息。
- 清除：在所指定的时间范围内没有收到 UE 发送的数据时释放对应的上行 HARQ 子进程，结束此次逻辑过程。

eNodeB 在上行数据没正确解码接收时通过 HARQ 模块通知 UE，UE 收到这个未正常接收的反馈后重传。

时序同步由同步单元负责，保存 UE 和 eNodeB 之间的同步属性，同样也包括分配、更新和清除 3 类操作。

- 分配：eNodeB 分配上行 HARQ 子进程时要在同步单元中查询相应的节点实体，找不到则创建一个节点。
- 更新：反馈 UE 消息时计算下发时间，重传时计算 UE 重传时间，再更新属性值。
- 清除：释放 HARQ 子进程时要清除时间节点。

结合上述处理框架，根据不同的应用场景将重传可分为自适应和非自适应两种类型。为降低处理信令的开销，下行采用自适应、上行采用非自适应类型的场景较多。本节提供的非自适应性 HARQ 运行流程如图 9-17 所示。

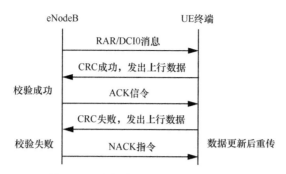

图 9-17　非自适应性 HARQ 运行流程

流程说明如下。

- 上行收到 UE 的请求调度资源消息/preamble 码消息后,HARQ 同步单元计算出数据子帧号,传给 HARQ 数据处理单元,它来分配负责本次传输处理的子进程 ID 和资源,并下发 RAR/DCI0 消息,分配传输资源。
- UE 收到后回复,eNodeB 的 PHY 层校验出数据的 CRC 结果,通知 MAC 层,若不合法,则需计算 NACK 信令的下发时间后发出此信令,通知 UE 重传。
- UE 收到后确定重传时间,更新 HARQ 参数再重传。
- 若此时通过 CRC,HARQ 同步单元算出 ACK 信令的下发位置后发出此信令,通知 UE 接收成功,然后释放所分配的子进程 ID,清除相关资源;若没通过 CRC,则重复上述过程,直到达到最大重传次数。

上行方向的重传机制也可采用自适应过程,自适应性 HARQ 运行流程如图 9-18 所示。

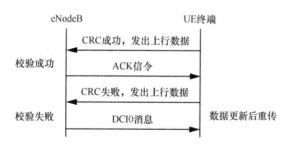

图 9-18　自适应性 HARQ 运行流程

UE 发送的上行数据 CRC 失败,业务栈 MAC 层要下发 DCI0 消息来通知 UE 进行自适应重传。HARQ 同步单元统计消息的下发时间后更新节点属性,HARQ 数据处理单元也更新 HARQ 过程参数,如重传时序、资源块位置等。

UE 收到 DCI0 消息后也更新自身的 HARQ 过程参数,然后发起重传,若此次通过 CRC,eNodeB 返回 ACK 回复,否则继续上述过程直到达到最大重传次数。

2. RLC 实现

RLC 层在 PCDP 层和 MAC 层之间,为 PDCP 层提供服务,是面向连接、基于比特流的一种可靠的传输控制协议。该层提供了 SDU 检测、分段、重排序和重传等功能,并可为上层提供不同链路类型的抽象。

在业务栈中，RLC 层设计框架如图 9-19 所示。

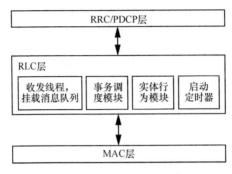

图 9-19 RLC 层设计框架

RLC 为发送、接收各生成一个线程，为和其他线程正常通信，采用消息队列方式接收消息，解析消息中的事件类型，再据此确定实体行为。这类行为在自身的内部逻辑单元中定义。

对定时器用链表的形式管理各节点，通过生成一个对应的线程管理它，超时则触发自定义行为。若需收发线程进行相应超时处理，则向收发线程的消息队列中放入消息。

事务调度模块通过全局变量标志来控制对发送、接收和定时器的调度，MAC 层也可读写这些标志。例如，要发送调度时 MAC 层先设置发送标志，再通知 RLC 调度模块，它读出发送标志再进行发送调度。

RLC 层实体事物模块对应透明、非确认和确认 3 种实体，具体算法看后文详述。管理和配置 RLC 由 RRC 层负责。RLC 层事务调度模块实现算法流程如图 9-20 所示。

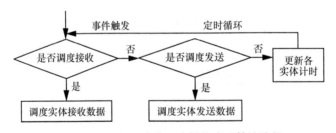

图 9-20 RLC 层事物调度模块实现算法流程

（1）支持模式

根据业务类型 RLC 将支持 3 种模式：透明模式、非确认模式和确认模式，具体的工作模式选择由无线承载的 QoS 控制策略决定。

- 透明模式透明传输数据，对数据包不进行处理，一般用在发送广播消息或寻呼等信令的发送上，要求时延最小，立刻提交数据，否则会增加缓存数据的开销，所以它适用于实时业务。
- 非确认模式让数据按序发送，允许一定丢包率，也适用于实时业务（如 VoIP）。
- 相比之下，确认模式适用于非实时业务如交互业务，允许有一定时延，传输质量要求高，所以在此模式下 ARQ 重传的运用较重要。

（2）RLC 层功能实现

根据 RLC 协议，在 RLC 层主要支持功能为：上述 3 种模式逻辑的实现、层内的数据映射和协议控制逻辑。

为此将 RLC 层按功能切分成 5 个逻辑处理单元为：PDU 构造、发送、PDU 接收、解析和 RLC 状态控制。

在透明模式下 RLC 对来自 PDCP 的 SDU 不封装，仅进行缓存处理，对发送和接收各生成一个实体 RLC_TX 和 RLC_RX，RLC_TX 挂接一个缓存表。RLC_TX 实体将 PDCP SDU 存在缓存中，收到 MAC 层发送通知后取出交给 MAC 层。RLC_RX 实体将 MAC 层上接收的净荷不进行缓存处理，直接作为 PDCP SDU 转交 PDCP 层处理。

在非确认模式下 RLC_TX 实体将上层 SDU 放入缓存，然后将其分段，再组合成 MAC 层指示长度的 PDU，添加上 RLC 包头后发送给 MAC 层。

RLC_RX 实体设置一个排序定时器，接收 PDU 后放入接收缓存，对其序列号重新排序，再去掉 RLC 包头，组合成 SDU 转交给上层。定时器超时则将接收缓存中的 PDU 重组成 SDU 转交给上层，再清空缓存。非确认模式下 RLC 处理流程如图 9-21 所示。

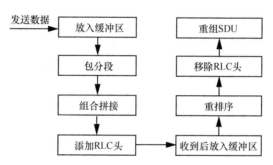

图 9-21　非确认模式下 RLC 处理流程

在确认模式下主要流程和非确认模式类似。但为了支持 ARQ，即出错重传处理，RLC_TX 实体建立发送缓存和重传缓存。接收时分析来自 MAC 层的 PDU，确认是控制状态 PDU 还是数据 PDU。数据 PDU 处理流程同非确认模式，但控制状态 PDU 包含对已发送 PDU 的确认 ACK 和否定 NACK，所以要交给 RLC 控制逻辑。它通过解析此信息来确定是释放重传缓存中的数据还是进行重传操作。

为统计需重传的 PDU，接收方发送 PDU 状态报告。RLC 收到后统计需重传的 PDU，将其放入重传缓存中再发送。

同时为了保证实时性，在构造 PDU 时大多采用指针操作，减少内存复制，要为 RLC 包头和净荷预留足够的空间，方法是将数据起始地址按长度直接映射到数据包中，并缓存，直至收到成功接收的报告再清除。

3. PDCP 实现

PDCP 作为无线空口协议栈中的组成部分，为无线承载提供传输服务，收发对等 PDCP 实体数据，包括数据传输和信令传输，实现加密/解密、信令保护和头压缩/解压缩处理等功能。

PDCP 创建多个实体和无线承载对应，包括对用户面和控制面数据的处理。为此设计了两类子模块：调度子模块和实体子模块。前者负责 PDCP 实体的收发调度，后者承担具体的业务处理，PDCP 层协议框架如图 9-22 所示。

图 9-22　PDCP 层协议框架

调度子模块监控 PDCP 的全局状态，接收并解析层间消息，遍历 PDCP 实体后进行进一步处理。而实体子模块分控制面和用户面两种实体，每个 PDCP 实体包括当前状态、校验算法、密钥串、收发统计和收发缓存等成员。运行时首先要进行实体初始化，定义好配置参数，如定时器间隔、加密算法和序列号等，初始化完成后就可开始收发数据了。

控制面实体的发送流程如下。

- 检索接收缓存中的各个 SDU，获取序号（Sequence Number，SN），并添加包头。
- 利用加密算法 EIA1 或 EIA2，输入内容是包头和净荷，算出校验码 MAC-I，将其加到包尾部，这样便生成了 PDCP 层对应的 PDU。
- 将此 PDU 加密后传给 RLC 层。

从 RLC 层收到 PDU 后采取的算法流程如下。

- 统计缓存中的 PDU 个数，更新计数，解密此 PDU。
- 获取 PDU 中的校验码，根据输入参数或 SN 计算出校验码 MAC-X，判断两者是否相等，相等则继续下一步。
- 去掉包头和包尾部，生成 PDCP SDU，交给上层继续处理。

若上述任意一步不满足判断条件则丢弃。

相比之下，用户面实体的收发算法比较复杂。发送时从缓冲区中取出 SDU，为保持收发同步，先根据 SN 进行编号处理，然后用 ROHC（Robust Header Compression）算法对数据进行压缩处理后生成了压缩包和 ROHC 反馈包，这里的每个 PDCP 实体最多只使用一个 ROHC 算法实例。将压缩的 SDU 加密后添加 PDCP 头，最后生成了对应的 PDCP PDU，交给 RLC 层。

收到 PDU 时先去掉 PDCP 头，计数后解密得到压缩的 SDU，用 ROHC 算法解压缩后，计算同步序号，若正常则直接交给上层，乱序时先经过重排序的缓冲处理后再交给上层。用户面实体收发处理流程如图 9-23 所示。

PDCP 层和其他层之间的交互仍采用前文所述的 SAP 原语方法。PDCP 与上层的 RRC 和用户面、与下层的 RLC 都存在接口，包括 PDCP_RRC、PDCP_BC 和 PDCP_RLC。其中和用户面之间的接口负责进行用户面数据的传输和压缩加密。

虽然接口交互的层次不同，但实现方式类似。以 PDCP_BC 接口为例说明，该接口是上层和 PDCP 之间的通信接口。上层通过它将控制信息发送给 PDCP，携带的消息参数可用来配置 PDCP 实体。在 PDCP 中事先注册各消息对应的处理函数，举一个典型例子，上层要给 PDCP 实体发送层 2 的 KPI 测量请求时，调用函数 smSndPjL2MeasReq（LPJ_L2MEAS_REQ）如下。

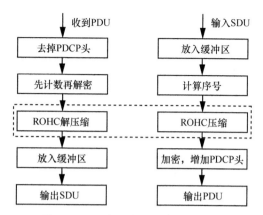

图 9-23　用户面实体收发处理流程

```
short smSndPjL2MeasReq(unsigned short    type)
{
    struct post pst;
    memset(&pst, sizeof(pst));
    pst.srcEnt   = ENTSM;
    pst.dstEnt   = ENTPJ;
    pst.srcId    = SM_SM_ID;
    pst.dstId    = SM_NH_ID;
    pst.dstInst  = SM_INST_ZERO;
    pst.region   = BC_SHRD_REG;
    pst.event    = LPJ_EVT_L2MEAS_REQ;       /*事件标识*/
    smLpjL2MeasReq(&pst, type);
    return 0;
}
```

函数 smLpjL2MeasReq()中定义各种类型事件的处理接口。此时将参数传递给 PDCP 实体子模块，由它返回操作结果。结果是成功值则开始 KPI 测量过程。

还有的厂商对 PDCP 和上下层之间的数据收发采用缓存的方法。上层将 SDU 放入缓存后由 PDCP 取出，同时 RLC 层和 PDCP 之间也建立缓存，PDCP 将 PDU 放入缓存，再由 RLC 取出。反向进行类似处理。

4. 高层协议

层 3 的 RRC 是无线控制的核心模块，层 3 要完成 UE 和 eNodeB 的 RRC 连接、上下行传输。RRC 应包括不同的逻辑处理过程。同时 S1AP 和 X2AP 协议实现应设计为与平台无关的软件子模块，即应开发成通用模块，保持独立性，这样可和其他实体模块轻松整合。对 S1AP 的设计本书将在后文的 SCTP 模块中讲述，这里主要讲述 RRC 和 X2AP 的实现。

（1）RRC

RRC 承担的任务比较繁多。在执行 RRC 连接时对信令的处理要保证原子性，失败即回滚，不能影响其他子模块。RRC 主要负责实现小区设置、与 UE 相关的 RRC 过程、小区和 UE 的上下文管理等。应用层通过消息平台管理 RRC。RRC 实现子模块架构如图 9-24 所示。

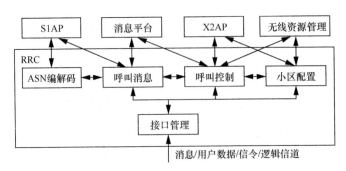

图 9-24　RRC 实现子模块架构

图 9-24 中将 RRC 分成以下 5 个子模块。

- ASN（Abstract Syntax Notation）编解码子模块负责数据的编解码处理，有专门的算法库和 API 支撑。
- 小区配置子模块负责配置 MAC 层和 PHY 层所用的小区参数、创建公共信道，负责通用的小区活动，参数大多来自上层下发的配置。
- 呼叫控制子模块负责 UE 的特定交互过程，该模块非常重要。
- 消息平台子模块负责处理和其他子模块之间收发的消息。
- 接口管理子模块负责 RRC 中的子模块和底层之间的消息交互，转换数据的表现形式，便于上层和下层之间的安全交互。

本节主要介绍呼叫控制、底层接口和消息处理。

① 呼叫控制

呼叫控制包括 RRC 连接建立、释放和切换等过程的逻辑设计，根据所负责 UE 的特定流程进行设计，呼叫控制模块的内部框架如图 9-25 所示。

图 9-25　呼叫控制模块的内部框架

该模块运行前先初始化，分配全局 UE 上下文变量并设置默认值，获得上层的维护请求后更新全局参数。消息分析单元接收从 UE 发送的消息和 RRC 其他模块发出的消息，解码后读取消息类型后进行分派处理。

UE 管理单元开启并维护 UE 状态机。对来自无线资源管理（Radio Resource Management，RRM）/S1AP 的消息进行解码，对要发给 UE/RRM/S1AP 的消息进行编码后再发送。

数据存储单元设计为存储 UE 特定属性结构，提供读写 API，便于在后续操作中搜索 UE 的相关属性。

小区配置单元用于小区设置运行参数，包括消息处理。RRM 处理单元提供了 RRM 消息编解码库。S1AP 处理单元负责激活 S1AP 过程和提供与 S1AP 之间的数据传输接口。

呼叫控制 UE 子模块采用状态机的实现方案，即由状态机来控制各过程，主要是 UE 状态管理及对应的执行函数集，包括 UE 连接建立/释放、S1 切换和连接重建等行为。呼叫控制状态机如图 9-26 所示。

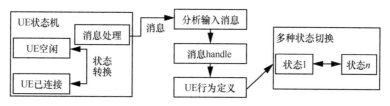

图 9-26　呼叫控制状态机

状态机正常运行后，消息分发会检测出目的 UE，将参数传递给 UE 管理单元。它将在 UE 状态表的消息执行函数集中查找对应处理函数，找到则执行；否则再查找连接控制表的对应处理 API，找到则在执行后记录状态的迁移，返回执行结果，找不到则错误返回。

② 底层接口

底层接口的稳定性对业务栈的参数传递非常重要，底层接口模块内部框架如图 9-27 所示。

图 9-27　底层接口模块内部框架

上下层消息转发单元承担事件和消息的中转，负责处理底层 MAC 层、RLC 层、PDCP 层和 PHY 层发送的事件或消息。

较为重要的是 UE/小区消息处理单元，UE 消息处理单元负责维护与 UE 过程相关的状态机。数据存储单元存储小区配置参数和注册到小区中的 UE 参数。

小区消息处理单元负责处理小区具体功能，包括公共信道设置、寻呼控制信道（Paging Control Channel，PCCH）和广播控制信道（Broadcast Control Channel，BCCH）交互与小区删除等。这些功能要通过为小区设计和维护基于事件/消息的状态机来完成，初始状态是 IDLE，正常运行是 CONNECTED。以后通过触发事件/发送消息来转变状态，同时这种状态的转移也表示各层的配置结果。

其他层接口库提供了收发相应层消息的 API，例如，RLC 层接口库的 API 要解析来自 RLC 的消息或将消息发送给 RLC 层。

③ 消息处理

结合前面的子模块，RRC 消息处理流程如图 9-28 所示。

先判断 ASN 解码信号中的携带信息，若解码错误则返回原状态和错误值，否则判断消息类型后进入不同的分支，返回处理结果并记录运行后进入的状态。对事件的处理流程与之类似。

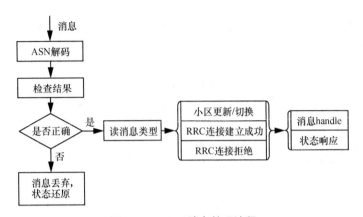

图 9-28　RRC 消息处理流程

根据这种消息/事件处理机制，RRC 状态机处理逻辑如图 9-29 所示。

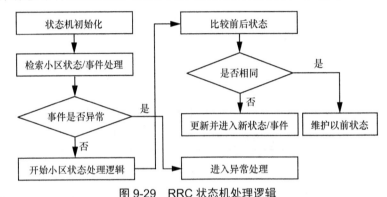

图 9-29　RRC 状态机处理逻辑

该逻辑设计说明如下。

（a）定义状态机全局变量和小区上下文变量，记录小区的各种状态表参数。

（b）获取小区当前状态，判断是否在所记录的状态表中。

（c）判断事件是否是已定义的，若未定义进行异常处理。

（d）进入状态处理函数，这部分比较重要，负责完成该状态下的核心配置功能。

（e）进入新状态，更新和保存相关状态参数为后续流程所用。

本节讲述完 RRC 模块的设计框架后将在附录中给出 RRC 连接建立的完整过程。

（2）X2AP

X2AP 是 X2 接口的应用层信令协议，负责 UE 的移动性管理、eNodeB 的配置更新、负载管理和 X2 交换等。X2AP 由多个基本过程（Basic Process，EP）构成，一个 EP 是 eNodeB 之间交互的基本单元，包含一个发起消息和可能的一个响应消息。通过 X2 接口的 eNodeB 小区切换如图 9-30 所示。

根据 UE 测量报告，源 eNodeB 与目标 eNodeB 建立 X2 连接，源 eNodeB 通过 X2 接口发送切换请求，其中包含目标 eNodeB 切换时所需的信息。目标 eNodeB 为目标小区和 UE 分别分配资源和新小区无线网络临时标识（Cell-Radio Network Temporary Identifier，C-RNTI），以便在目标小区中识别 UE，返回切换请求确认消息。

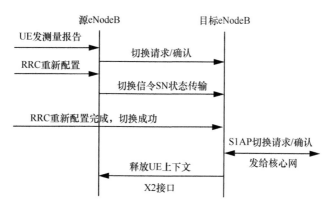

图 9-30　通过 X2 接口的 eNodeB 小区切换

　　源 eNodeB 通过 RRC Connection Reconfiguration 消息将切换信息通知 UE，使其接入和同步到新目标小区中。UE 发送 RRC Connection Reconfiguration Complete，即切换确认消息，开始发送上行数据。源 eNodeB 会将下行数据转发到目标 eNodeB，若建立这样的通路后，上下行数据收发正常，切换完成。

　　目标 eNodeB 发送 Path Switch 消息到 MME，表明 UE 已挂接到新小区。MME 发送 Modify Bearer Request 消息到服务网关（Serving Gateway，SGW），以后 SGW 就将数据包直接发送到目标 eNodeB 中。

　　为完成上述切换流程，给出 X2AP 模块设计框架如图 9-31 所示。

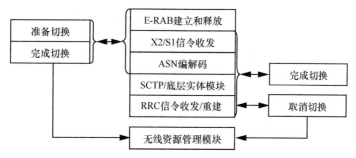

图 9-31　X2AP 模块设计框架

　　为了使切换尽可能得到实时性处理，启动定时器会跟踪消息的处理结果，根据完成情况绑定超时处理。在 eNodeB 中设置了 4 种 X2AP 定时器。

```
enum
{
    TMR_TIME_TO_WAIT,        /*X2AP 建立失败响应*/
    TMR_TR_X2_PREP,          /*跟踪源 eNodeB 上的切换准备*/
    TMR_TR_X2_SUCC,          /*跟踪源 eNodeB 上的切换成功*/
    TMR_SAP_BIND             /*跟踪和底层 SAP 的成功绑定*/
};
```

定时器使用是在向其他模块发消息时根据执行结果确定下一步状态和超时处理的响应。切换模块包括接入、执行、完成和取消 4 个单元，模块之间通信主要采用事件/消息的处理机制，和其他模块的接口如下。

- 和 RRM 之间的接口负责切换信令的接收处理，RRC 的信令收发部分通过向切换的执行单元发送信令来实现 RRC 的重建。建立后若取消切换，取消单元需向 RRC 重建模块发送切换取消信息。
- 演进的无线接入承载（Evolved-Radio Access Bearer，E-RAB）为接入单元提供 E-RAB 的建立释放接口，X2 信令模块为完成切换过程提供 X2 信令的收发接口。
- ASN 编解码模块提供了信令的编解码处理接口，实现对切换信令的编解码。
- SCTP/底层的实体模块和切换之间的消息也经过编解码的处理，例如，当前和 SCTP 之间的连接状态不是 UP 时需发送 SCTP 连接请求，该消息由 X2 切换编码后发送给 SCTP。
- 切换的核心数据保存在全局结构中，如 UE 报文的属性信息、对端 eNodeB 的配置参数、X2AP 的 PDU 属性结构和 ASN 元素等。

因 X2AP 的协议非常复杂，限于篇幅，下面基于 UE 测量过程结束后选定的目标 eNodeB 讲述切换 4 个单元的主要算法流程。

① 接入单元初始化全局结构，创建状态机并设置初始值。收到源 eNodeB 发送的切换请求消息后开始准备分配 UE 资源，生成 E-RAB 信息节点并添加到 E-RAB 链表中，根据节点中的 QoS 判断接入控制，允许则分配 C-RNTI 和 preamble 等资源，返回确认消息，将控制权交给执行单元继续处理，否则返回切换失败。

② 收到源 eNodeB 发送的 SN Status Transfer 后分析和缓存消息中的 PDCP 收发状态和 E-RAB ID 等数据，收到 UE 发送的 RRC（Connection Reconfiguration Complete）消息后先停止"重新配置 UE"定时器，将切换状态改成 COMPLETION，将本次 UE 事务的 RRC 状态置为 RRC_CONNECTED，获取 EPC 时间，将控制权交给完成单元。

③ 完成单元调用 Path Switch 分支对应的 handle 函数发送 Path Switch Request 消息给 MME，即通知 UE 更换了小区，请求 S1-U GTP 隧道指向自身。

- 在收到相应的 ACK 后释放 E-RAB 链表中的节点，发送 UE Context Release 消息给源 eNodeB，即通知切换成功，可释放相关资源了。
- 若收到 failure，RRM 向 UE 发送释放 RRC 连接消息。

④ 收到 Handover Cancel 消息后调用取消单元接口函数来释放 UE 资源。

若切换操作异常或者超时则需回滚系统信息，数据恢复到切换前状态，因此每一个事件采用以下方式对应一个错误处理。

```
enum errorX2apEvent
{
    EVENT_ERROR_IND,      /*Error Indication*/
    EVENT_SETUP_REQ,      /*X2 Setup Request*/
    EVENT_SETUP_RSP,      /*X2 Setup Response*/
    EVENT_NUM
};
```

针对当前的每种状态，建立对应的函数接口如下。

```
enum X2apStates
{
```

```
    X2AP_IDLE,                /*初始/默认状态*/
    X2AP_CONNECTING,          /*初始化 Setup/Reset request*/
    X2AP_CONNECTED,           /*X2 接口打开，用来切换或处理其他过程*/
    X2AP_STATE_NUM            /*X2AP 状态总数*/
};
short X2apEventFsm[X2AP_STATE_NUM][EVENT_NUM + 1] =
{
    /*X2AP_IDLE*/
    {
        X2apHdlError,         /*EVENT_ERROR_IND*/
        X2apHdlSetupReq,      /*EVENT_SETUP_REQ*/
        X2apHdlSetupRsp,      /*EVENT_SETUP_RSP*/
    },
    /*X2AP_CONNECTING*/
}
```

每个 handle 根据事件的收发方向重置数据后通知对端和底层。

5. 应用层管理

读者可以将其理解成一个中间支撑平台。为此 eNodeB 设计了 Enbapp 模块以进程方式完成此项功能。为保持独立性，将 Enbapp 划分成多个功能单元，Enbapp 设计框架如图 9-32 所示。

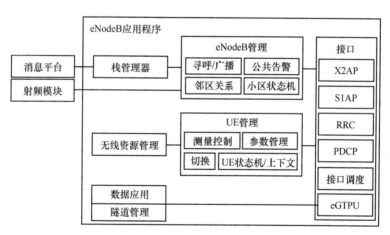

图 9-32　Enbapp 设计框架

Enbapp 主要由 eNodeB 管理单元、UE 管理单元、数据应用单元、栈管理器、接口单元、无线资源管理单元等构成，运行时注册成子进程，还定义了和其他模块的接口，如栈管理器、RRC 管理和调度器等。

同时在层 2 和层 3 的模块运行正常后，需要应用层完成和它们之间的交互，如下发命令、下发运行参数和检测运行状态等，应用层构建模型如图 9-33 所示。

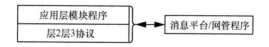

图 9-33　应用层构建模型

（1）eNodeB 管理单元

该单元负责完成与小区相关的功能，包括小区重启、X2/S1 连接、过载判断、启动系统信息块（System Information Block，SIB）广播和小区统计等。因功能复杂且相应的处理逻辑差异很大，需建立一个统一的 EmmCellCb 数据结构来维护各过程的运行参数，部分成员如下。

```
struct EmmCfg
{
    MemPool    mem;        /*内存池*/
    TaskInit   init;       /*进程初始信息*/
    Header     hdr;        /*消息头*/
    unsigned char  numCells;      /*Cell 个数*/
    US1apConId    s1apConId;      /*S1AP 的连接 ID*/
    MmeCtrl    mmeCtrl;        /*MME 控制块索引*/
    NeighHashListInfo  neighEnbLst;    /*邻区信息表*/
    /*X2AP 所关联的 eNodeB ID 组*/
    EmmEnbIdNode x2ApEnbIdLst[X2AP_MAX_PEERS];
    CellCtrlParam    **cellCtrl;    /*Cell 控制参数*/
    ......
};
```

从上例中可看出，很多参数对应着一个子过程。该单元中后续流程中参数的读写主要是围绕这个结构来进行的。

初始化阶段创建一个全局哈希表，在建立小区后可用来保存小区配置参数、统计信息和消息平台参数，并和 MIB 保持同步更新。这个同步更新非常重要，关系到小区的正常接入。对 UE 信息建立链表，将每个注册到小区的 UE 控制信息节点写入表中。

创建小区的有限状态机，运行时维护状态机的迁移，并在小区切换时更新当前状态。切换时，通过 S1/X2 接口收到由 SON/消息平台发起的配置更新请求，成功执行后要同步配置参数，并根据执行结果更新状态机。

该处理单元生成子模块，将接口注册到具体状态的 handle 中，完成公共告警、负载过重和自动邻区关系的处理。

各业务过程的内部处理逻辑不同，但共用着一个流程框架。以增加一个邻区 Cell 为例说明运行流程。

① 收到消息后分析头部元素，查看特定的协议配置类型。

② 先判断邻区配置行为的类型（包括增加、修改、删除 3 种），再进入不同的分支。

```
switch (neighCell->action)
{
    case ACTION_ADD:
        emmNeighCellAdd(neighCell->act.Add, neighCell->cellId);
        break;
    case ACTION_MOD:
        emmNeighCellMod(neighCell->act.Mod, neighCell->cellId);
        break;
    case ACTION_DEL:
        emmNeighCellDel(neighCell->act.Del, neighCell->cellId);
```

```
            break;
        }
```

③ 在 ACTION_ADD 分支中，函数 emmNeighCellAdd() 的运行步骤如下。

步骤 1：初始化测量模块的接口数据结构。

步骤 2：验证是不是合法的 add 行为，合法则读出邻区的增加类型。

步骤 3：以较为典型的 TDD/FDD 为例。

- 先分配 Cell 属性信息区并赋值，再添加到邻区哈希表中。
- 将 Cell 的区域码加入用来进行 KPI 统计的邻区码表中。

其他功能处理虽然逻辑上不同，但流程类似。至此完成了 eNodeB 管理单元的设计框架。

（2）UE 管理单元

将 UE 的特定活动过程定义为一个事务实现，维护 UE 的状态机，建立 UE 的详细参数配置表，负责管理 UE 上下文、属性集和数据统计。

此单元注册了 UE 事务处理、释放、重置、停止和消息 5 个逻辑，每个逻辑统一定义以下形式的回调函数完成处理过程。

```
short UmTransProc[UM_MAX_TRANS_NUM] =
{
    umRrcSetupProc,
    umInitContextProc,
    umRabSetupProc,
    ……
};
```

对应的事务类型定义如下。

```
enum umTransType
{
    UM_RRC_SETUP_TRANS,
    UM_INIT_CONTEXT_TRANS,
    UM_ERAB_SETUP_TRANS,
    ……
    UM_MAX_TRANS_NUM
}
```

回调函数的形式参数都是 UmTransAttr 类型，维护与 UE 相关的事务控制模块数据，作为消息载体存在于 UE 状态机中，格式的主要成员如下。

```
structUmTransAttr
{
    UmCtrlListlnk;              /*事务控制表*/
    unsigned int transId;       /*事务 ID */
    unsigned short transTyp;    /*事务类型*/
    umInputMsg *msg;            /*消息内容*/
    unsigned int event;         /*事件标识*/
    UeCtrlInfo *ueCtrlInfo;     /*事务的 UE 控制信息地址*/
    union
    {
```

```
        UmRrcConTransCtrlInfo;      /*RRC 连接事务信息块*/
        UmInitContextSetupTrans;    /*初始上下文建立信息块*/
        UmRabSetupTrans;            /*E-RAB 建立过程信息块*/
    }u;
};
```

以后通过将参数传递给回调函数来完成 UE 的事务处理。例如，收到来自 UE 的 RRC 建立消息时需启动 RRC Setup 事务，进入函数 umRrcSetupProc()，先检测出事务的消息类型，如消息类型是 PHY 发送的配置确认，处理步骤如下。

- 更新 RRC 连接事务状态，读出 PHY 配置消息的内容。
- 具体检查配置是否成功完成，是则停止"RRC 连接失败和释放"定时器，从定时器队列中删除控制信息。
- 更新此次事务的状态和 PHY 配置标识。

每个事务处理逻辑类似，差异主要集中在第二步。除上述主要的事务逻辑外，该模块还以类似方式支持以下流程：UE 切换、选择要连接的 MME 和测量控制与日志的跟踪。

（3）数据应用单元

该单元负责 EGTP 隧道管理和数据传输，具体包括如下方面。

- 根据 RRM 的请求创建/修改/删除隧道。
- 将从 EGTP/PDCP 接收的用户数据中继到 PDCP/EGTP。
- 在小区切换和重建期间，根据用户管理模块（User Management Module，UMM）请求缓存/转发用户数据。

同前文一样，需建立一个统一的 DamCfg 数据结构来维护运行参数，主要成员如下。

```
struct DamCfg
{
    unsigned int timeRes;   /*系统时钟 tick*/
    TaskInit init;          /*进程初始信息*/
    DamTmrQueue tq;         /*数据应用单元的定时器队列*/
    DamTmrType tqType[64];  /*定时器队列类型信息*/
    DamTgtAddr srcAddr;     /*eNodeB 地址*/
    DamCellData cells[DAM_MAX_CELL];   /*Cell 数据集*/
    struct post damPst;     /*post 消息体*/
    LiSapCb **egtSap;       /*对应 EGTP 的应用层 SAP*/
    LiSapCb **pdcpSap;      /*对应 PDCP 的应用层 SAP*/
    ......
};
```

在业务栈运行时创建该结构的全局变量后初始化，很多其他层次的模块通过给该单元发送请求的方式来读写数据。

结合多个层次模块，设计时采用了和"UE 管理单元"类似的方法，即注册了事务处理、释放、重置、停止和消息 5 个逻辑，将它的处理和"UE 管理单元"整合在一个过程中。但需强调的是，该单元和 UE 管理单元属于不同的逻辑实体，后者若要从前者获得数据，需提交服务请求。

以创建隧道为例说明本单元的工作流程，触发"建立初始上下文"事务后，"UE 管理单元"填充隧道信息结构，附加到"隧道创建请求"消息中。

先给出隧道结构成员见表 9-4。

表 9-4　隧道结构成员

成员名称	类型	功能
dscpVal	unsigned char	隧道的 DSCP 值
tunnelType	enum DamTunType	隧道类型，有正常、上行转发和下行转发 3 种
transId	unsigned int	事务 ID
tunnelId	DamTnlId	隧道 ID，包括 Cell ID、C-RNTI、隧道类型和无线承载 ID
srcAddr	DamAddr	传输源地址，包括 IP 类型、IP 地址和端口
destAddr	DamAddr	传输目的地址
remTeId	unsigned int	远端 EGTP 的 TEID
srceNodeB	bool	是不是切换的源 eNodeB
hoType	HoUseType	切换类型

本节列出的实例确定了 srceNodeB 为 FALSE，tunnelType 是正常类型值，hoType 确定为非切换类型。

发送前要将此隧道信息后逐字节解析，填充到 post 指定的内存区中，设置事件类型为 DAM_TUNNELL_CREAT_REQ，发送给本单元。收到该消息后，数据应用单元处理逻辑实例如图 9-34 所示。

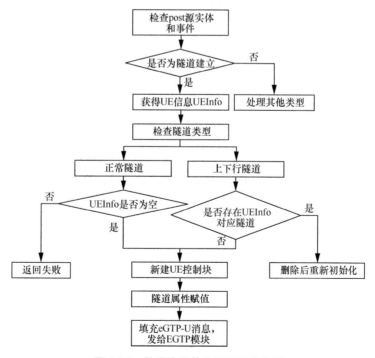

图 9-34　数据应用单元处理逻辑实例

说明如下。

① 检测是隧道建立消息，根据 Cell ID 和 C-RNTI 获取本单元中挂载的 UE 信息 UEInfo。

② 分析出隧道类型如下。

- 若是建立正常隧道，判断 UEInfo 是否为空，若为空则新建一个 UE 控制块结构。
- 若是上下行转发隧道，检测 UEInfo 对应的隧道是否存在，存在则删除后重新初始化，否则也要新建一个 UE 控制块结构。

③ 填充 UE 控制块结构，并挂接隧道属性。

④ 对隧道属性中的成员赋值，填充 eGTP-U 消息，发送给 EGTP 模块处理。

⑤ 返回操作结果，中间若出现异常则返回失败。

至此本单元完成自身任务，并将后续工作交给了 EGTP 模块处理。

（4）栈管理器

该单元负责配置和管理 eNodeB 业务栈中的所有协议层，非常重要。作为独立的实体，栈管理与所有层都有接口，网管下发的所有请求也经该单元分析后再传送给其他层。主要功能如下。

- 可对 eNodeB 所有的层配置参数。
- 可跟踪、调试所有私有协议层。
- 处理告警并向消息平台上报。

基于面向对象 C++代码实现这些功能，首先在初始化中注册消息处理 handle。

```cpp
void SmApp::InitApp()
{
    registerMsgHandle(this, "Sm");          /*注册了消息 handle*/
    registerMsgHandle(&m_kpiMsgProc, "SmKpi");       /*注册 KPI 处理 handle*/
    reset(new SmKpiProc());
    reset(new SmTr196Valid());
    /*重启 KPI 和网管参数验证后注册 KPI 处理接口和 MIB*/
    m_kpiMsgProc.registerKpiProc(SM_ENTITY, m_smKpiProc);
    mibRegister();
}
```

注册时会将当前状态设置为 SM_STATE_INIT。因为要管理各层，就要了解和维护各层的运行结果，栈管理器通过一个全局结构型 smCb 变量来实现此目的，其中成员 smState 标识了主状态机的状态，初始值为 SM_STATE_INIT，后续通过读写状态机就可确定当前的运行状态和结果。这个结构体内容如下。

```cpp
struct smCb
{
    TaskInit init;          /*进程初始信息*/
    SmState smState;        /*状态机中的具体状态值*/
    SmCfgFile cfgFile;      /*从文件中读取的配置*/
    unsigned char cellState;  /* Cell 状态*/
    unsigned char needCfg;    /*配置是否完成*/
    unsigned char syncState;  /*记录同步状态*/
    MemCpuMeasInfo memCpuMeasInfo;      /*记录 CPU 和内存信息*/
};
```

例如，SCTP 配置完成后，要将 smState 赋值为 SM_STATE_SCTP_CFG_DONE，这样表示 SCTP 配置完成，其他需 SCTP 的模块要先检测出当前 smState 为此值才能进行进一步处理。

与此对应，业务栈中各模块有一个 xxMgmtInfo 的结构体，xx 为模块名。它维护一组控制和配置管理信息，可用来收发栈管理器和 xx 模块之间的消息，例如，SmSctpCfgReq(&pst, stMgmtInfo)函数就表示和 SCTP 之间的通信消息，这个结构体内容如下。

```
struct stMgmtInfo
{
    Header hdr;        /*消息头*/
    CmStatus cfm;      /*确认状态*/
    union
    {
        StCfg cfg;          /*SCTP 配置结构*/
        StCtrl ctrl;        /*SCTP 控制结构*/
        StStatus status;    /*SCTP 状态信息*/
        StStatis statis;    /*SCTP 统计结构*/
        StAlarm alarm;      /*SCTP 告警*/
    }t;
};
```

以后在上层的消息处理 handle 中就要将数据转发给其他协议层，例如，收到了测试中常用的"启动 KPI 收集"通知后，进行如下处理。

```
int SmApp::MsgHandle(MsgSerialiseData *msg)
{
    switch (msg->GetSerialiseId())
    {
        case SERIALISE_ID_L2TIMER_NOTE:
        {
            perfMgmtParam perfParam;
            /*获得性能管理参数后更新 MIB*/
            msmGetPerfParam(&perfParam);
            GetMibCache().GetMibAttribute(PM_L2_COLLECTION_STATUS,
                    perfParam.l2PmCollectEnable);
            /*开启或重新开始 KPI 收集*/
            wrKpiStartCollectProc(true);
        }
        break;
    }
}
```

在函数 wrKpiStartCollectProc(true)中启动定时器，以 post 格式构造测量请求消息发送给 PDCP 层、RLC 层和 MAC 层。其他交互进行类似处理。

至此栈管理器完成了管理维护其他层及与其交互消息的整体框架。

（5）接口单元

该单元从 eNodeB 中将与其他层的接口细节抽象出来，专门负责实现应用层与其他各层的通信。每个接口被定义为接口单元的独立子模块，它包含 X2AP/S1AP/RRC/PDCP 等接口子模块。

后续是在 Enbapp 的各注册子进程中将收到的消息封装后再转发到这些子模块。举一个典型例子说明流程，在 RRC 子进程中，收到 Cell 配置请求时要将此消息推送到 RRC 中，处理步骤如下。

- 启动定时器进行超时处理，分析出 post 结构中源实体和事件，据此切入对应的事件处理分支函数中。
- 生成和填充栈管理器与底层之间的消息体，并根据它的头部元素和行为（action）参数填充 Cell 配置请求 SDU（包括底层必需的无线承载配置参数），交给专门的底层消息封装函数继续处理。

① 从 post 结构中解析信息，分析下面两类属性元素：SDU 的配置信息和头部元素，前者包括建立/修改/释放 3 种类型及附带信息，后者包括 Cell ID、UE ID、事务 ID 和是否转发标志。

② 将属性数据保存到缓冲区。

③ 启动定时器进行超时处理，将此缓存的消息封装。

④ 将消息推送到目标子进程 RRC 的消息队列中。

- 处理结束后返回结果。

（6）无线资源管理单元

该单元管理和维护有限的无线资源，提高频谱利用率和系统容量，包括以下 3 个逻辑。

- RRM-CFG（Radio Resource Management Config）确定小区和 UE 特定参数，例如，QoS、SRS（Sounding Reference Symbol）和 PUCH（Physical Uplink Channel）等资源。
- RRM-RAC（RRM-Radio Admission Control）负责 UE 的接纳控制，包括附着和切换的用户。
- RRM-RBC（RRM-Radio Bearer Control）负责无线承载控制，即接纳控制和降级/抢占。

前文 Enbapp 其他单元的正常运行离不开无线资源的管理，无线资源管理单元层次分解如图 9-35 所示。

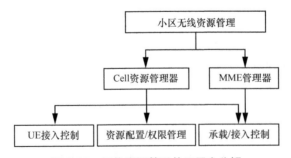

图 9-35　无线资源管理单元层次分解

从图 9-35 的架构中可看出，为了合理使用业务栈的有限资源，该单元的设计关联到其他层次模块。该单元架构的工作流程和前文的数据应用单元类似。下面以重要的无线接纳控制功能为例说明，其他功能与之类似。

在之前的 UE 管理单元中收到来自 UE 的 RRC 消息并解析后更新 UE 控制信息，再向本单元发送一个携带 Cell ID、C-RNTI、事务 ID 和建立原因 4 个参数的 UE 接纳请求，本单元向底层的资源处理模块发出 post 消息，然后配置 MAC 调度和 PHY 层，结束后向 UE 回复 RRC 操作结果。若收到了 UE 释放消息，需要调用该单元的 API 构造 UE 释放请求消息，请求中包含以下内容。

```
struct rrmUeRelReq
{
    unsigned int uiTransId;        /*事务 ID*/
    unsigned short ueCrnti;        /*C-RNTI 值*/
    unsigned char bCellId;         /*Cell ID*/
};
```

这些是此次事务处理中必须输入的内容，然后也同样以 post 方式发送 "UE 释放请求" 到层 2 资源管理模块。

这里的更新 UE 控制信息即更新小区中对应的 UE 链表节点，这个资源算法如下。
- 从静态内存池中分配一段内存，长度等于 UE 控制块大小。
- 查找对 eNodeB 建立的小区下所挂载的 UE 链表空节点，找不到说明链表已满，不能再接入 UE，返回失败。
- 找到后对此节点进行赋值，增加计数器，绑定初始定时器及 handle。

（7）扫描单元

扫描单元与后文的射频系统关联较大。eNodeB 在运行业务栈建立小区时需要检测 PHY 层小区 ID，完成时间和频率的同步，还有确认邻近是否存在相同的频点等，为此要扫描周围邻区。该单元的主要功能如下。
- 根据扫描结果启动小区自建立过程。
- 为了减少发射功率干扰和优化随机接入要周期性重新配置小区参数。

扫描单元的运行流程如图 9-36 所示。

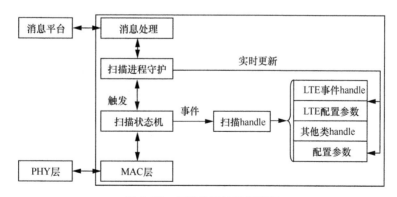

图 9-36 扫描单元的运行流程

设计说明如下。

初始化阶段扫描单元生成状态机，设置初始状态为 init，还注册了对应的事件 handle。
- 收到扫描配置消息或修改 MIB 时触发扫描事件的处理。

- 检查事件类型，提取事件中携带的参数，更新全局内存中本单元的配置数据，因为这里的事件类型对应着 LTE 和宽带码分多址（Wideband Code Division Multiple Access，WCDMA）两种，所以配置数据也对应着两种结构。
- 检查当前状态，通过事件类型调用注册的事件 handle 函数，handle 同样有 LTE 和 WCDMA 两种，函数处理过程中同样也会涉及全局配置参数的更新。
- 状态机根据 handle 函数执行的返回结果来决定下一步应进入的状态值，若返回结果为 fail，则状态值不改变。
- 若结果正常，发送消息给汇聚子层，由它发送格式化消息给 PHY 层。
- 系统的 PHY 层将此数据放入共享内存，通知后文的射频系统，它将完成最后的硬件处理，发出信号。

从 PHY 层收到消息的处理流程和上述相反，不再细说。消息平台模块比较重要，也比较复杂，后文有章节单独讲述。

通过划分业务栈整体中的各主要运行模块可看出，层 2 和层 3 的实现支撑着各个具体业务，模块的参数配置由应用层的 Enbapp 统一处理，交互可通过接口库完成，这样就保证了各实体交互的有序性，降低了耦合性。

9.2.3.2 重要设计流程

因小区自建和 UE 的注册流程是 eNodeB 中必不可少的重要综合实现，所以本节给出它们的设计流程供读者参考。

1. 小区自建

LTE 的物理小区标识 PCI 用于区分不同小区的无线信号，保证在覆盖范围内没有相同的物理小区标识。LTE 的小区搜索流程确定了采用小区 ID 分组的形式，而协议规定物理层 Cell ID 分为两个部分：小区组 ID 和组内 ID。即首先通过 SSCH（Secondary Synchronization Channel）确定小区组 ID，再通过 PSCH（Primary Synchronization Channel）确定具体的组内小区 ID。

结合前面的软件设计，这里给出小区自建立的初始化流程设计，小区自建流程如图 9-37 所示。

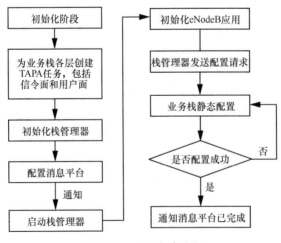

图 9-37　小区自建流程

说明如下。

- 初始化阶段先创建系统任务表。
- 再读指定路径下配置文件中的参数，将参数保存在业务栈参数全局结构变量中，初始化应用层的配置。
- 为业务栈各层创建各任务模块，并绑定到系统线程表中。
- 创建业务栈参数传递子任务——栈管理器（Stack Manager，SM），通过初始化消息平台接口进行消息平台初始化，包括复制平台参数到 MSM 接口数据结构。
- 平台配置完成后向 SM 发送启动指示，初始化 SM 和 eNodeB 应用层。
- SM 发出静态配置请求，进入 SM 主状态机，业务栈开始初始化配置，包括 PDCP、SCTP、EGTP 和 X2AP 等模块。
- 配置小区，完成后通知平台已完成指示消息。
- 小区自建完成。

eNodeB 设备的上层系统进行扫频时会经常给射频系统发送指令，确定邻区切换参数及和宏基站之间的同步参数，将数据保存在 MIB 中。这样运行业务栈时即可调用这些 MIB 节点来配置自身的运行参数，业务栈自身运行时也可通过调用接口和发送指令的方式随时读写射频参数。下面说明 eNodeB 建立小区后和 UE 之间通过空口传输数据的同步过程。

成功建立自己的覆盖小区后，在 UE 接入小区时，UE 和小区之间必须要保持同步。UE 和 eNodeB 小区同步时空口收发流程如图 9-38 所示。

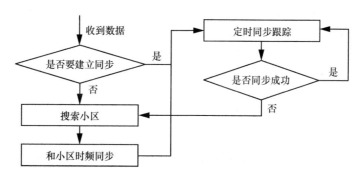

图 9-38　UE 和 eNodeB 小区同步时空口收发流程

在上行方向，UE 在随机接入信道上发送 preamble 码，eNodeB 分析它的到达位置，反馈给 UE 调整信息。

在下行方向，UE 以搜索小区的同步信号的方式实现和小区同步，UE 通过周期性测算信号的到达时间来调整下行同步。

2. UE 注册设计

UE 通过随机接入过程与小区建立连接并取得上行同步后即可注册到 eNodeB 中，注册实现比较复杂，详细的交互流程如下。

- RRC 连接请求：UE 通过 UL_CCCH 在 SRB0 上发送此消息，它携带 UE 的初始 NAS 标识和建立原因等，对应随机接入过程的 MSG3。
- RRC 层将 RRC 连接请求消息发送到 Enbapp 模块，由它进行下一步处理。

- 收到 UE 接入控制请求后要进行 UE 相关资源配置。
- 返回 UE 接入控制响应结果。
- 向 RRC 层发送 RRC 连接建立消息。
- RRC 连接建立：eNodeB 通过 DL_CCCH 在 SRB0 上发送此消息，它携带 SRB1 的完整配置信息，该消息对应随机接入过程的 MSG4。
- RRC 连接建立完成：UE 通过 UL_DCCH 在 SRB1 上发送此消息，它携带上行 NAS 消息。
- RRC 层向 Enbapp 发送 RRC 连接建立完成消息。
- Enbapp 选择连接 MME。
- Enbapp 向 S1AP 发送 S1 连接建立请求。
- S1AP 向 MME 发送 Initial UE Message 消息，包含 NAS 层 Attach Request 消息。
- MME 向 S1AP 发送 Initial Context Setup Request 消息，请求建立默认承载，包含 NAS 层 Attach Accept、Activate Default EPS Bearer Context Request 消息。
- S1AP 向 Enbapp 转发 Initial Context Setup Request 消息。
- Enbapp 向 RRC 发出 UE Capability Enquiry 消息。
- RRC 层向 UE 转发 UE Capability Enquiry 消息。
- UE 向 RRC 回复 UE Capability Information 消息。
- RRC 向 Enbapp 转发 UE Capability Information 消息。
- Enbapp 根据 Initial Context Setup Request 消息中 UE 支持的安全信息，向 RRC 发送 Security Mode Command 消息，进行安全激活。
- RRC 向 UE 下发此 Security Mode Command 消息。
- UE 向 RRC 回复 Security Mode Complete 消息，表示安全激活完成。
- RRC 向 Enbapp 发送安全模式完成消息。
- Enbapp 向 RRM 发送 UE 重新配置请求消息。
- RRM 向 Enbapp 回复 UE 重新配置响应消息。
- Enbapp 根据 Initial Context Setup Request 消息中的 ERAB（E-UTRAN Radio Access Bearer）建立消息，向 RRC 发送 RRC Connection Reconfiguration 消息要求进行 UE 资源重新配置，包括重新配置 SRB1 和无线资源配置，建立 SRB2、数据无线电承载（Data Radio Bearer，DRB）等。
- RRC 向 UE 转发 RRC Connection Reconfiguration 消息。
- UE 回复 RRC Connection Reconfiguration Complete 消息，表示资源配置完成。
- RRC 向 Enbapp 转发 RRC Connection Reconfiguration Complete 消息。
- Enbapp 向 S1AP 发送 Initial Context Setup Response 消息，UE 上下文建立完成。
- S1AP 向 MME 发送 Initial Context Setup Response 消息通知 UE 状态。

另外在这里要说明一点，在 UE 注册到 eNodeB 后就可经常采用 ping IP 方式来测试业务是否通畅。结合一个测试实例说明，UE 注册后测试网络环境如图 9-39 所示。

UE 获得 IP 地址 90.0.2.68，从 UE 上 ping 192.168.1.19。192.168.1.19 是 PC 的 IP 地址，这时需要在 PC 上增加路由命令如下。

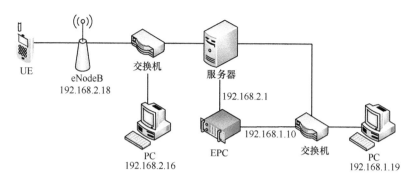

图 9-39　UE 注册后测试网络环境

route add 90.0.0.0 mask 255.0.0.0 192.168.1.10

现在应能 ping 通 PC 了，PC 也应能 ping 通 UE 的 90.0.2.68。如果 ping 不通，请关闭 PC 的防火墙，使 PC 能进行回复，实际调试中注意抓包操作。

9.2.4　重要功能模块

要完成 eNodeB 的各项业务，每个模块要稳定运行，而且彼此之间的通信机制不能出错。为此本节讲述软件框架中的重要模块，包括 IPSec、SCTP、MIB、IEEE 1588V2 和消息平台等，这些模块的设计与实现对其他厂商的设备开发也具有重要的参考价值。

9.2.4.1　IPSec 实现

网络层安全较为常用的一项特性是构建虚拟专用网络（Virtual Private Network，VPN）。它可采用 IPSec 协议来实现远程接入。目前，这种类型的 VPN 能提供点到点、端到端和端到点 3 种应用场景。而 IPSec 作为一种虚拟专用网协议，通过建立 IPSec 隧道来提供数据流的安全保护。但编译时需注意操作系统的内核版本，只有 2.6.4 以上版本内核的 IP 层集成了 IPSec 模块。

1．IPSec 概述

IPSec 运行在网络层，包括安全协议、密钥管理、加密算法和安全关联（Security Association，SA）。其中安全协议包括：认证头（Authentication Header，AH）协议和封装安全载荷（Encapsulate Security Payload，ESP）协议。

（1）AH 协议，定义了认证处理的包格式，常用摘要算法 MD5/SHA1 来提供数据完整性和来源的确认等安全功能。但无法进行数据加密，无法稳定穿越网络地址转换（Network Address Translation，NAT），导致应用较少。

（2）ESP 协议，定义了 ESP 加密和认证处理的包格式，使用 AES（Advanced Encryption Standard）、DES（Data Encryption Standard）和 3DES 等算法加密数据，使用摘要算法 MD5/SHA1 实现数据完整性，该协议使用较广。

据此 IPSec 提供两种数据封装模式：隧道模式和传输模式。

隧道模式保护整个 IP 包，包括四层 TCP/UDP 协议，即将 IP 包封装到另一个 IP 报文中，根据 AH 协议或 ESP 协议计算出 IPSec 头并在内外 IP 头之间插入，这样新报文目的地址可能和原来的报文不一样了，两端都通过隧道传递数据。之间架设的路由交换设备也只检查外层 IP 头，隧道模式下报文格式如图 9-40 所示。

图 9-40　隧道模式下报文格式

相比之下，传输模式是在 IP 头和四层协议头之间插入一个 IPSec 头，它保护 IP 头后面的数据，因此用得比隧道模式少，传输模式下报文格式如图 9-41 所示。

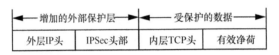

图 9-41　传输模式下报文格式

（3）SA，协商建立安全数据关联时要先交换加密模式、算法和密钥等网络参数，IPSec 使用这些参数来加密或验证 IP 报文，其中基于 UDP 的 ISAKMP（Internet Security Association and Key Management Protocol）提供了安全关联框架，IKE（Internet Key Exchange）协议则提供了密钥交换机制，负责管理和维护 SA。

SA 是双方协商建立的，协商成功时双方会在安全关联库中存储该 SA 参数，以便后续处理时调用，生存期结束即删除。

SA 对应一个三元组，包括安全参数索引 SPI、源/目的 IP 和安全协议。SPI 是 32 位整数，在 AH 和 ESP 头中传输，接收端可根据此三元组来搜索安全关联库，确定和数据包相关联的 SA。

IKE 是 IPSec 的信令协议，构建在 UDP 上。IKE 使用两阶段的 ISAKMP。

（1）协商建立一个通道，验证后为进一步通信提供安全策略。

（2）使用该通道来建立 IPSec 关联，具体后文详述。IKE 自动分配 IPSec 头部的 SPI。这样在发包时，SPI 会被插入 IPSec 头中，对端收包时根据 SPI 查找 SPD（Security Policy Database）和 SAD（Security Association Database）就能获取数据包的解密算法。

这里的 SPD 安全策略库存储对数据流的处理策略，包括源/目的 IP 地址和 Port、AH/ESP 协议选择和传输/隧道模式选择等。安全策略是要确认哪些数据流需经过 IPSec 处理。

SAD 安全关联库包含关联的 SA 参数，SA 参数中有 SPI 值、目的 IP 地址、AH/ESP 密钥和算法及模式选择等数据。可通过 setkey 命令管理 SAD 内容。

基于上述策略说明 IPSec 对数据包的处理流程，IPSec 包处理流程如图 9-42 所示。

A 端要发送数据给 B 端，操作如下。

（1）数据先到网络层底部，IPSec 过滤器比较数据包参数和 SPD 库内容。

（2）若不匹配，数据包直接送到 B 端，B 端设备的 IPSec 过滤器同样也要比较该包参数和自身 SPD 内容，不符合则直接送到应用层。

（3）若匹配，A 端将数据包送入 IPSec 的 AH 或 ESP 进行处理，它们到 SAD 库中查找关联的 SA 参数，完成后封装包送到 B 端。B 端收到后开始以下处理。

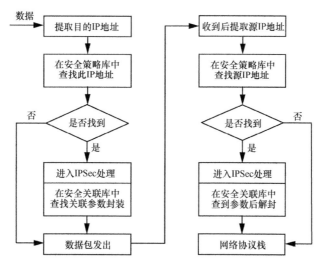

图 9-42　IPSec 包处理流程

- 将此包特征和 SPD 库内容比较，匹配则送入 IPSec 的 AH 或 ESP 处理。
- 它们到 SAD 库中查找 SA 参数，处理后送入应用层。

这些内核操作对上层应用都是透明的，从中可看出这种操作具体对称性。一般情况下双方协商成功后数据包的参数和库内容是匹配的，异常情况较少出现。此时嵌入式设备将结合内核和 IPSec 模块，以嵌入固化的方式完成设备数据的安全传输。

综上，IPSec 组件有 AH、ESP、IKE、安全参数库和安全算法等，IPSec 体系结构如图 9-43 所示。

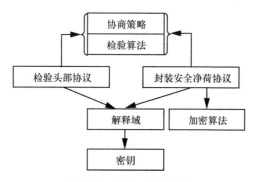

图 9-43　IPSec 体系结构

解释域（Domain of Interpretation，DOI）定义了交换的类型格式、算法的计算规则和参数要求等。协商策略是指双方交互实体之间是否可通信、选择哪种数据处理算法。

2. IKE 协商过程

IKE 作为 IPSec 的重要组成部分——信令协议，在应用层实现，主要承担网元之间相互认证、建立安全关联并维护的功能。目前提供以下两种方式。

- 自协商 SA 参数。
- 为建立 IPSec 链路手动修改配置参数。

IKE 协商包括建立 SA 和完成 IPSec 协商两阶段。前者通过交互 IKE 消息协商 SA，通过交换密钥相互认证，生成 IKE 安全关联，协商创建一个安全通道，可保护 IPSec SA 安全。后者确认双方 ID 和 SA 参数，生成 IPSec SA，负责完成数据包加密/解密。IKE 协商 3 个阶段如图 9-44 所示。

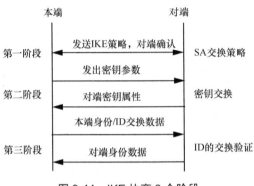

图 9-44　IKE 协商 3 个阶段

图 9-44 中的 IKE 协商中包含了 3 组重要消息：SA 交换，协商安全策略；密钥交换，生成加密密钥；ID 的交换验证，验证对端设备的身份。

协商 SA 按以下 4 步实现。

- IKE_SA_INIT，双方通过提供 SA 参数和密钥数据来协商认证，这样可确认对方所使用的算法和密钥。
- IKE_AUTH，认证并创建 IPSec 安全关联，包括身份验证、分配 IP 地址和流量选择等。
- CREATE_CHILD_SA，更新 rekey 密钥，只需更新密钥算法中的入参数据，SA 也进行更新，保证数据包的安全。
- THE_INFORMATIONAL_EXCHANGE，负责控制信息的处理。

上述所有 IKE 消息以请求/应答成对出现的方式交互，IKE 为 IPSec 协商建立 SA，并将建立 SA 的参数和生成的密钥交给 IPSec，这样 IPSec 就可使用 SA 来加密验证 IP 报文。双方通过所建立的 IPSec 隧道来传输加密报文，IPSec 和 IKE 交互关系如图 9-45 所示。

图 9-45　IPSec 和 IKE 交互关系

3. IPSec 内核支持

IPSec 内核支持模块主要负责解封或封装收发的 IP 数据包，若要使用 AH/ESP 协议保护时会切入相应的 AH/ESP 模块中处理。内核为上层应用和内核 IPSec 套接字之间通信提供了调用接口，IPSec 内核支持框架如图 9-46 所示。

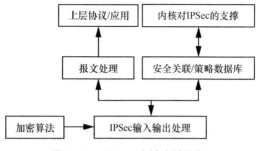

图 9-46　IPSec 内核支持框架

这里的 IPSec 管理模块完成上层应用和内核间的通信，上层应用就可配置内核的 SAD 和 SPD 安全库，包括以下方面。

- 包结构 sk_buff 中的 sec_path 结构指针成员 sp 记录了包处理的 SA 信息，可验证已执行的 IPSec 处理是否正确。
- 内核结构 dst_entry 则支持 IPSec 处理，可记录所查询的 SPD 信息。
- 数据发送路由处理时根据 SPD 创建 dst_entry，插入队列，在依次处理队列数据时会执行安全处理。通过其成员 output 确定安全协议处理 API，xfrm 记录要用的安全关联。
- 收到 IPSec 包时，先处理数据包中的安全协议部分，函数 xfrm4_rcv() 是接收入口，它会调用具体的安全协议处理函数。
- 验证接收处理是否正确，正确则说明该处理符合安全策略。

因此归纳起来，对 IPSec 的收包处理基本是按照以下顺序：接收数据→确认 IPSec 报文→验证→通过后解密→发给网络协议栈。任何一步失败都会丢弃或重发。IPSec 的收包流程如图 9-47 所示。

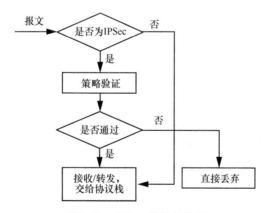

图 9-47　IPSec 的收包流程

发送时经 LOCAL_OUT 后调用函数 dst_output() 依次处理 sk_buff 中的 dst_entry，在进行安全处理时应用安全关联，使数据包得到 IPSec 安全协议保护。

转发时先在函数 ip_rcv_finish() 中判断路由，经转发过滤点后转到 ip_forward() 函数，它调用 xfrm4_policy_check()/xfrm4_route_forward() 函数来判断 IPSec 处理是否正确/检查策略库并将检查结果记录到 sk_buff 中，再由函数 dst_output() 发送。细节不再赘述。

需强调的是，在发送数据包时要进行封装操作，增加 SPI、序列号和新的 IP 头等元素，长度可能会超过系统定义的 MTU，因此需进行分片处理，增加了系统开销。作者曾调试过一个 bug：数据发送不出去，经分析，原因是加密数据的长度过长，导致 IPSec 封装长度越界，直接丢弃，没有到达内核的发送接口，此时通过改小业务栈的数据缓冲区长度，使 IPSec 封装的长度不超过系统 MTU 即可正常发出。

结合上述的 IKE，这里给出 IPSec 的发包流程如图 9-48 所示。

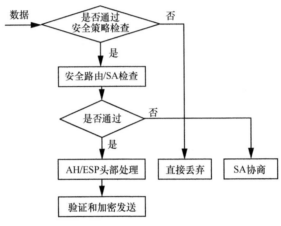

图 9-48　IPSec 的发包流程

4. StrongSwan 简介

StrongSwan 提供了 IPSec 解决方案，以守护进程的方式运行，同时支持 IKEv1 和 IKEv2 两种协议，但更侧重于 IKEv2 协议，通过使用线程池提升了协商交互速度。

为支持密码算法，StrongSwan 提供了很多插件，较重要的算法插件在目录 libstrongswan 下，包括对称加密/完整性验证摘要算法插件和 openssl 加密库等。libstrongswan 插件式装载模块如图 9-49 所示。

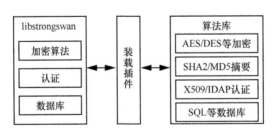

图 9-49　libstrongswan 插件式装载模块

上述运行正常后，在具体通信时 StrongSwan 会自动验证对端的身份，主要有以下 3 种方式。

（1）PSK：这种部署较为容易，但是安全性相对较差，不适合大规模部署。

（2）公钥验证：使用 RSA 或 X.509 证书方式来验证对端。证书有自签名和 CA 签名两种方式，前者要安装在所有对等方上才能正确验证，后者要连接 CA 服务器取得 CA 证书后再验证对方,可简化部署。

(3) XAuth 扩展认证:IKEv1 提供的认证框架,主要基于用户名/密码的身份验证方式。

配置好 StrongSwan 后,IPSec 的流量实际由内核的网络和 IPSec 堆栈处理,对未受保护的数据流进行丢弃处理。

综合起来,StrongSwan 主要划分为以下 3 个子模块。

- starter:读取配置文件 ipsec.conf,初始化内核 IPSec 模块,创建相应的 IKE 支持模块,包括 charon/pluto 模块,将先前获取的配置信息发给相应进程。
- pluto:负责 IKEv1 协商,whack 管理运行的 pluto 进程,执行对 pluto 的行为。
- charon:负责 IKEv2 协商。

在设备上运行 StrongSwan 后,具体的 StrongSwan 运行模块框架如图 9-50 所示。

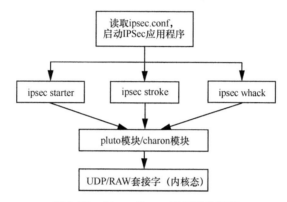

图 9-50 StrongSwan 运行模块框架

图 9-50 中还包括用到的 Linux 套接字过滤器(Linux Socket Filter,LSF)。主进程是 charon,收发 IKE 协议报文,负责建立和删除 IKE SA/IPSec SA 等操作。

5. **移植到 eNodeB**

作为开源代码,StrongSwan 需经过交叉编译后才能移植到 eNodeB 设备上运行。

(1) 交叉编译

此过程重点是源代码的 Makefile 文件修改编译参数和选择内核编译选项。修改编译参数主要是将编译宏定义成 MIPS 或 ARM 等系列下的工具名称。内核编译选项尤为重要,包括如下。

```
Networking support
    Networking options --->
        TCP/IP networking
```

在此要选择 IPSec 编译选项如图 9-51 所示。

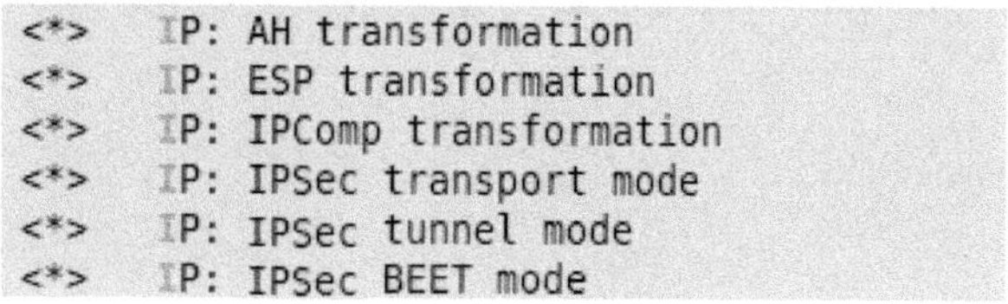

```
<*>    IP: AH transformation
<*>    IP: ESP transformation
<*>    IP: IPComp transformation
<*>    IP: IPSec transport mode
<*>    IP: IPSec tunnel mode
<*>    IP: IPSec BEET mode
```

图 9-51 IPSec 编译选项

在 IPv6 的对应选项 The IPv6 protocol 中也要包含图 9-51。同时在包过滤和算法 API 支持中要增加以下选项。

```
Network packet filtering framework (Netfilter)
    Core Netfilter Configuration--->
        Netfilter Xtables support
            IPSec "policy" match support        /*增加此项支持*/
```

Cryptographic API 下有很多算法，IPSec 选择算法示例如图 9-52 所示。

```
-*-     MD5 digest algorithm
-*-     SHA1 digest algorithm
-*-     AES cipher algorithms
-*-     DES and Triple DES EDE cipher algorithms
```

图 9-52　IPSec 选择算法示例

将生成的镜像文件烧入设备的 Flash 下，或将内核及应用程序替换设备中相应分区数据。

（2）配置 IPSec

IPSec 常用的配置方式有 3 种：PSK、USIM（Universal Subscriber Identity Module）卡鉴权和证书，都是在 ipsec.conf 文件中找到对应项再进行修改。

① PSK

配置文件非常重要，它指定了 IPSec 运行的参数，类似如下。

```
config setup
    strictcrlpolicy=no
conn %default
    keyexchange=ikev2
    reauth=no
    rekey=no
    mobike=no
    ikelifetime=24h
    ike=3des-sha1-modp1024,aes128-sha1-modp1024!
    esp=3des-sha1-modp1024,aes128-sha1-modp1024!
    leftsendcert=ifasked
    leftupdown=/etc/ipsec.d/scripts/updown.tp
    leftsourceip=%config
    left=%defaultroute
    keyingtries=%forever
    leftauth=psk
    rightauth=any
conn conn-1-11.29.0.15/*配置目标 IP 域参数*/
    leftid=00235B3D33E4@lte.strongswan.org/*此处@前填入的是本地 MAC 地址*/
    right=11.29.0.15
    rightid=*
    rightsubnet=0.0.0.0/0
    dpdaction=clear
    dpddelay=6s
    auto=start
```

　　这里的参数比较重要，关系到协商的成败。协商过程默认记录在/var/log/message 文件中。其中 ikelifetime=24h 表示 IKE 的有效时长是 24h，24h 过后 IKE SA 进行重协商；leftauth=psk 表示加密/认证方式是 PSK；ike=3des-sha1-modp1024,aes128-sha1-modp1024!表示 IKE 协商使用的加密和认证算法；同样 esp=3des-sha1-modp1024,aes128-sha1-modp1024!表示 ESP 所用的加密和认证算法；leftid=00235B3D33E4@lte.strongswan.org 表示源端身份；目的端的 IP 地址使用 right=11.29.0.15 表示。这些参数在实际场景下会有所改变，下同。

　　生成的共享密钥值在 ipsec.secrets 中，内容如下。

```
460079613805677@strongswan.org:PSK 0x70736b
460006000000173@strongswan.org:PSK ciscocisco
......
:PSK combaipsec2011
```

这里特别要注意最后一行的 PSK 参数，PSK 后面的 combaipsec2011 就是共享密钥值。

② EAP-AKA（USIM 卡鉴权）

```
conn %default
    keyexchange=ikev2
    keylife=23h
    mobike=no
    ikelifetime=24h
    rekeymargin=10m
    keyingtries=3
conn conn-test
    right=218.29.0.27
    rightid=*
    rightsubnet=0.0.0.0/0
    rightauth=any
    dpdaction=clear
    dpddelay=6s
    dpdtimeout=30s
    keyexchange=ikev2
    left=%defaultroute
    leftid=460079618456923@strongswan.org
    eap_identity=460079618456923
    leftauth=eap-aka
    ike=3des-sha-modp1024!
    esp=3des-sha1!
    auto=start
```

上例中 keyexchange=ikev2 表示密钥管理协议是 IKEv2；eap_identity=460079618456923 表示 USIM 卡号；leftauth=eap-aka 表示认证方式。

③ 证书

```
config setup
    strictcrlpolicy=no
conn %default
    keyexchange=ikev2
```

```
                reauth=no
                rekey=no
                mobike=no
                ikelifetime=24h
                keylife=24h
                ike=aes-sha1-modp1024,aes128-sha1-modp1024!
                esp=aes-sha1-modp1024,aes128-sha1-modp1024!
                leftsendcert=ifasked
                leftupdown=/etc/ipsec.d/scripts/updown.tp
                leftsourceip=%config
                left=%defaultroute
                rightauth=any
conn conn-1-172.19.0.150/*配置目标 IP 域参数*/
                leftcert=/etc/ipsec.d/certs/D058B7001556@AP.com.cn.cer
                leftid=HWK0235B30D25D2@strongswan.org
                right=172.19.0.150
                rightid=*
                rightsubnet=0.0.0.0/0
                dpdaction=clear
                dpddelay=6s
                auto=start
```

上例中 keylife 表示 ESP 的有效时长，到期重新协商；dpddelay=6s 表示 dead peer detection 会在 IPSec 隧道没有数据传输时发送心跳包，心跳消息发送的时间间隔是 6s，具体可根据实际情况调整；leftcert=/etc/ipsec.d/certs/D058B7001556@AP.com.cn.cer 表示源端的证书名称，证书路径在本实例中存放在/etc/ipsec.d/certs 目录下；leftid 表示源端身份信息。

（3）运行结果

StrongSwan 移植到设备上后使用 IPSec start/restart 即可启动（IPSec stop 则关闭 IPSec），用 ps axf 命令查看可知当前运行进程中有 charon 守护进程在运行。

```
5112 ? Ss 0:00 /usr/local/libexec/ipsec/starter --daemon charon
5113 ? Ssl 0:04 \_ /usr/local/libexec/ipsec/charon --use-syslog
```

在 IPSec 协商过程中，需要向服务器申请一个虚地址，协商成功后，键入命令 ip addr 后包含以下信息。

```
eth0: <BROADCAST,MULTICAST,UP,LOWER_UP> mtu 1500 qdisc pfifo_fast qlen 1000
link/ether 00:24:5a:3a:3c:e7 brd ff:ff:ff:ff:ff:ff
inet 192.168.1.21/24 brd 192.168.1.255 scope global eth0
inet 10.51.1.97/32 scope global eth0
inet6 fe80::224:5aff:fe3a:3ce7/64 scope link
```

IP 地址 10.51.1.97 就是虚地址，业务栈运行起来后，就用此 IP 地址和服务器交互。如此时要查看 IPSec 状态，可键入命令 IPSec statusall，具体如下。

```
conn-1-172.19.0.150[1]:ESTABLISHED8 hours ago, 192.168.1.21[00235A3A3C3B@lte.
strongswan.org]...172.19.0.150[psk@comba.com.cn]
conn-1-172.19.0.150[1]: IKEv2 SPIs: f9c6d4b14feaa747_i* 1f7b95c404b377cb_r, rekeying disabled
conn-1-172.19.0.150[1]:IKE proposal: 3DES_CBC/HMAC_SHA1_96/PRF_HMAC_SHA1/
```

MODP_1024

conn-1-172.19.0.150{1}:INSTALLED,TUNNEL,ESP in UDP SPIs: c739fe01_i c146ebd9_o

conn-1-172.19.0.150{1}:AES_CBC_128/HMAC_SHA1_96,91716493 bytes_i(0 pkts,0s ago), 36202915 bytes_o (0 pkts, 0s ago), rekeying disabled

conn-1-172.19.0.150{1}:**10.51.1.97/32**===100.0.0.0/8128.128.0.0/16 10.0.0.0/8

172.16.0.0/16

说明运行成功，如不成功会显示 Connecting 字样。此时可查看默认路径/var/log/下的日志文件 message 获知 IPSec 运行过程。

有的设备在 IPSec 虚地址获取后会同时生成一个专门对应这个虚地址的默认路由，此时会导致原先的以太网默认路由失去作用，以太网 IP 地址如 192.168.1.21 不能跨网段连接，对此问题可在 iptables 中添加相应规则解决。

如要使用此虚地址来访问服务器内网，可通过一台路由设备先获取虚地址，在 iptables 规则表中有类似以下的参数。

Chain INPUT (policy ACCEPT 188K packets, 16MB)

pkts bytes target prot opt in out source destination

65935 8500K ACCEPT all -- * * 0.0.0.0/0 10.51.1.97

Chain OUTPUT (policy ACCEPT 318K packets, 32MB)

pkts bytes target prot opt in out source destination

75734 5772K ACCEPT all -- * * 10.51.1.97 0.0.0.0/0

即对 10.51.1.97 的输入输出策略都是 ACCEPT，再在设备上键入命令如下。

iptables -t nat -I POSTROUTING -d 112.20.20.253 -j SNAT --to 10.51.1.97

112.20.20.253 是服务器 IP 样例，现在 192.168.1.220 主机连接上该路由器后访问即可。

（4）解包方法

IPSec 协商成功后，eNodeB 设备发出的报文需经加密算法处理，IPSec 协商成功后封装的 ESP 报文如图 9-53 所示。

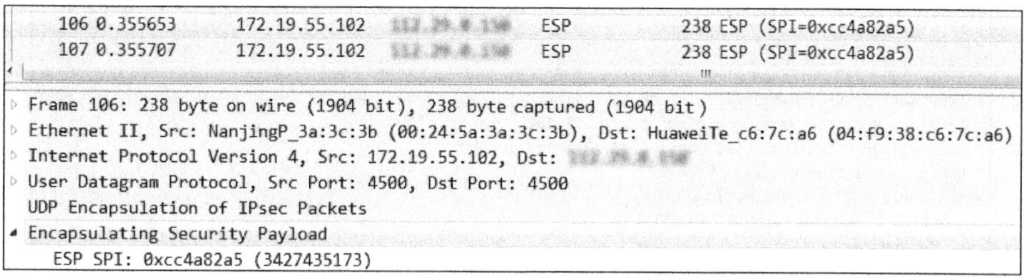

图 9-53　IPSec 协商成功后封装的 ESP 报文

实际调试时要解密此报文，必须登录设备，键入命令 setkey –D，获得加密密钥，具体如下。

172.19.55.102[4500] 172.19.0.150[4500]

　　esp-udp mode=tunnel spi=3427435173(**0xcc4a82a5**) reqid=1(0x00000001)　/*SPI 值*/

　　E: aes-cbc　**d0cf3ac7 23d5def7 85ef07c3 adcb3306**　/*加密密钥*/

　　A: hmac-sha1　**fdc655e8 6eb4d89c b3b32f08 d18513eb 55024c27**　/*认证密钥*/

　　seq=0x00000000 replay=32 flags=0x00000000 state=mature

```
created: Jan   1 19:14:12 2018    current: Jan   1 19:34:29 2018
diff: 1217(s)    hard: 0(s)        soft: 0(s)
last: Jan   1 19:14:54 2018        hard: 0(s)        soft: 0(s)
current: 3394695(bytes) hard: 0(bytes)   soft: 0(bytes)
allocated: 18955          hard: 0 soft: 0
sadb_seq=1 pid=28303 refcnt=0
172.19.0.150[4500] 172.19.55.102[4500]
    esp-udp mode=tunnel spi=3241850973(0xc13ab85d) reqid=1(0x00000001)
    E: aes-cbc    ad275ee1 a5f4a059 f5692679 bf99f9a4
    A: hmac-sha15d1d34f5 45995ca5 69af881e eaccea9b 8525ddc9
    seq=0x00000000 replay=32 flags=0x00000000 state=mature
    created: Jan   1 19:14:12 2018    current: Jan   1 19:34:29 2018
    diff: 1217(s)    hard: 0(s)        soft: 0(s)
    last: Jan   1 19:15:13 2018        hard: 0(s)        soft: 0(s)
    current: 5993768(bytes) hard: 0(bytes)   soft: 0(bytes)
    allocated: 15246          hard: 0 soft: 0
    sadb_seq=0 pid=28303 refcnt=0
```

前面的 172.19.55.102[4500]172.19.0.150[4500]是上行数据，后面是下行数据。

单击 Wireshark 中的 Edit 菜单，经 Preferences→Protocols→ESP，单击 Edit 按钮，弹出 ESP SA 的属性框，填入上面数字，上下文 ESP 报文参数如图 9-54 所示。

Protocol	Src IP	Dest IP	SPI	Encryption	Encryption Key	Authentication	Authentication
IPv4	172.19.55.102	112.29.0.150	0xcc4a82a5	AES-CBC [RFC3602]	0xd0cf3ac723d5def785ef07c3adcb3306	HMAC-SHA-1-96 [RFC2404]	0xfdc655e86e..
IPv4	112.29.0.150	172.19.55.102	0xc13ab85d	AES-CBC [RFC3602]	0xad275ee1a5f4a059f5692679bf99f9a4	HMAC-SHA-1-96 [RFC2404]	0x5d1d34f545..

图 9-54　上下文 ESP 报文参数

单击"OK"后获得 ESP 解密后报文如图 9-55 所示。

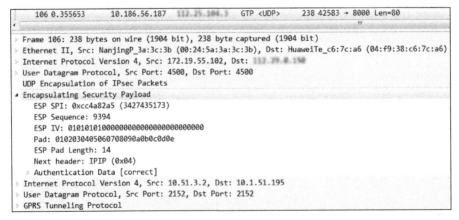

图 9-55　ESP 解密后报文

从图 9-55 中可看出原先的报文被封装在 IPSec 之后。接收方检查 IP 头部，找到 ESP SPI，从而获得 SA 信息。根据 SA 获得的认证和加密信息进行完整性验证和解密，删除所填充的数据后可得到原先的数据段。

9.2.4.2　MIB

这里的 MIB 用来保存 eNodeB 出厂和运行时的业务栈和系统参数。首先按照 MIB 文件规则的表示方法，初始化生成 MIB 文件。后续的实现方式按以下 5 个步骤进行。

- 在可扩展标记语言（eXtensible Markup Languge，XML）文件中定义每个 MIB 节点的规则和属性。
- 建立 XML 元素和 MIB 节点之间的映射关系。
- 将每个节点分类注册，框架选择树状结构。
- 按照 MIB 文件格式生成 MIB 文件。
- 设备通过动态、静态两种方式来加载/修改 MIB 节点。

设备启动时要生成并初始化 MIB，因为 MIB 是树状结构，所以要先依次建立大类，再按照数据的组织方式添加节点。下面讲述这种实现方式及应用。

1.　生成数据库

生成数据库就是运用类似 vector 的机制建立 MIB 树的过程。

```
void MibProc::CreateMibTree(MibStruct mibStruct)
{
    ENTER();
    MibRn root_rn;
    MibDn fac_dn;
    s_mibStruct = mibStruct;        /*为静态树划分一段内存*/
    MibDn root_dn(MIB_ONE_CLASS_SYS, 0);      /*创建第一个数据对象*/
    s_mibStruct->CreateObj(root_rn, root_dn);      /*插入对象，实际上是插入根节点*/
    fac_dn.push_back(root_dn);        /*依次将前一个类压入链表栈*/
    MibDn fac_dn(MIB_TWO_CLASS_FAC, 0);       /*创建第二个出厂默认数据类*/
    s_mibStruct->CreateObj(root_dn, fac_dn);      /*后续逐个向 vector 中插入对象*/
    ……
    EXIT();
}
```

函数 CreateObj()创建对象过程如下。

（1）判断当前是否是空树，是则声明为根节点，否则查找该 MIB 对应的类。

（2）查找节点的属性及描述，确保插入位置和所属类匹配。

（3）创建 MIB 对象，分为出厂默认值和运行时的配置参数值两种。

（4）将对象加入树中，并设置对应的父类。

2.　组织方式

在数据库中的节点布局首先参考 XML 文件。因此在 XML 文件中需指出每个元素的属性，包括数据类型、宽度大小、默认值、读写权限和功能描述。以之前的命令行设置 IP 地址为例介绍各步骤的主体内容，XML 元素格式如下。

```
<attr name="STATIC_IP_ADDR" type="string" len_min=7 len_max=15 oper="rw" save="none_change">
<descrip>This is static IP address.</descrip>
</attr>
```

```
<attr name="STATIC_VLANIP_ADDR" type="string" len_min=7 len_max=15 oper="rw" save=
"none_change">
    <descrip>This is static vlan IP address.</descrip>
</attr>
```

保存类型是 none_change 说明了这个元素的值通常比较稳定，因为有些 eNodeB 业务参数会经常变化，如 KPI 报告参数。其他元素定义方式与之类似。

XML 元素和 MIB 节点之间是一一对应关系，因此要将这些元素按不同的用途来归类，便于确定 MIB 框架。对设备的通信参数设置可归为网络类，定义如下。

```
<manageObj name="NET_CLASS" parent="FAP">
    <attrs>
        <attr name="STATIC_IP_ADDR" />
        <attr name="STATIC_VLANIP_ADDR" />
    </attrs>
</manageObj>
```

其他类型的元素归类方法与上述方法类似。后续要根据此分类通过树状结构来构建 MIB 文件，将每个节点加入 MIB 文件前要进行属性的合法性分析。

```
<parseAttr>STATIC_IP_ADDR  type="string"  len_min=7  len_max=15  default="0.0.0.0"  <refBy>
NET_CLASS</refBy></parseAttr>
    <parseAttr>STATIC_VLANIP_ADDR type="string" len_min=7 len_max=15 default="0.0.0.0" <refBy>
NET_CLASS </refBy></parseAttr>
```

上例是要检查所加入的 MIB 节点数据是否符合既定的语法规则。检测合法表示建立 MIB 节点成功，加入 MIB 中，并通过以下形式加入 MIB 文件中。

```
[FAP.NET_CLASS/0]
STATIC_IP_ ADDR/0 = 192.168.1.100
STATIC_VLANIP_ADDR/0 = 0.0.0.0
```

将 MIB 节点值加入 FAP 大类下第一个网络接口的属性集中。后面将逐个添加其他类 MIB，通过此方法最终建立包含各类节点的 MIB。以后就可以通过配置 MIB 节点的方式来直接修改网络接口的参数文件了，需注意的是要保存一份出厂值文件，以备 eNodeB 在恢复默认参数时使用。

3. 添加对象

每生成一个对象按照先搜索后添加的方法插入或更新到数据库中，下面给出主体代码。

```
void MibObj::AddChildObjToTree(MibObj inputObj)
{
    ENTER();
    int ret = 0;
    /*要确保输入参数 srcObj 是有效的，然后在对象集中搜索该对象*/
    ret = m_childObjs.findObj(inputObj->GetRdn());
    if (ret == 0) {      /*若没找到，则可插入*/
        m_childObjs[inputObj->GetRdn()] = inputObj;
        inputObj->SetParentObj(this);
    }
    else {      /*找到则更新原来属性值*/
```

```
        SetMibAttr(inputObj);
    }
    EXIT();
}
```

添加对象的算法是先查找对应的父类，若父类是空，则设置自身就是父类对象，否则搜索父类，判断该对象是否已经存在，不存在则要先加到库中再设置父类关系。

4. 应用方法举例

在 eNodeB 业务栈运行时参数大多以 MIB 方式保存，如频点在 MIB 文件中定义如下。

ENODEB_SON_USE_EARFCNDL/0 = 39150

即表示下行向外发出信号使用了 39 150MHz 频率。eNodeB 业务栈读取该值后将其传送到物理层，据此来设置射频信号频率，这样 eNodeB 所建立的小区下行辐射的信号频率就是 39 150MHz。同时业务栈也会发起广播消息，将此频率值通知挂载的 UE，UE 需调整自身频率，和 eNodeB 保持一致。

若 eNodeB 发现存在同频同 PCI 的邻区，则会重新建立覆盖小区，此时就会更新 PCI 值，并修改 MIB 文件中对应的 PCI。

ENODEB_SON_USE_PCI/0 = 500

同时发出 MIB 系统消息通知平台，校验合法后平台通过消息头部确定 PCI 对应的具体 MIB 节点，将此消息依据属性大小分解成各个字符串，set 操作后回复。后续 eNodeB 将以新的 PCI 值运行。

MIB 对设备的正常运行非常重要，但 MIB 不宜过大，过大会因查询和操作时间的拉长导致回复超时，实际中可考虑在校验合法后先回复再进行操作。

9.2.4.3　三方路由实现

在 eNodeB 设备和 IPSec 服务器通信时，存在地域的限制导致不能正常完成交互过程的问题。此时就需要一个第三方路由器来完成数据的转发，上行方向将设备的单播数据发送到这个路由器上，再由它修改地址后转发到 IPSec 服务器上。下行方向则将服务器的响应数据转发到设备上。具体算法说明如下。

（1）创建数据链表，对每个接入 eNodeB 设备要记录属性，将其以链表中的节点方式存储，设置定时更新计时器并以线程方式运行。本实例设置每隔 1min 进行一次老化处理，相应的链表及节点属性如下。

```
typedef struct addr_data
{
    unsigned long cliaddr;      /*设备的 IP 地址*/
    unsigned char mac[6];       /*设备的 MAC 地址*/
    int sport;                  /*源端口*/
    int cport;                  /*替换端口*/
    time_t tick;                /*记录时间*/
}Addr_Data;
typedef struct AddrNode
{
```

```
        Addr_Data data;
        struct AddrNode * next;
    }LAddrNode;
```

（2）获取 eNodeB 设备对外 WAN 口属性，包括 IP 地址和 MAC 地址。

（3）获取网关 MAC 地址，若在链表中找不到目的 MAC 地址，可先记录网关 MAC 地址，将数据包发送给网关处理。

（4）初始化收发socket，都是原始socket，但接收 socket 基于 UDP 方式绑定端口 500/4500，而发送 socket 设置 ETH_P_ALL 属性。

（5）收到数据包后检索端口，确认端口是不是 500/4500，若不是则丢弃。

（6）根据 IP 地址来确定上行处理还是下行处理，具体如下。

• 对上行处理，首先查找要替换的 IP 地址/端口，若查不到则向链表中增加一个节点，以备下次使用，否则更新节点的 tick 值。

• 对下行处理，查找链表中的历史记录，找到对应的 MAC 地址/IP 地址/端口。

（7）上下行组包发出。

确定网关的 MAC 地址可通过查找/proc/net/arp 内容获取，找不到则发起 arp 请求或发出 ping 包。这里需注意的是，有的公网 IPSec 服务器对包检查较严格，例如，校验和错误都会丢弃，所以要通过重新计算 MAC 头、IP 头和 UDP 头再携带净荷的方式来重新组包发出。

实际调试中如遇到已发出上行数据但收不到下行包的问题，需请读者保证所发出的数据包不能有一点错误。三方路由数据包处理算法如图 9-56 所示。

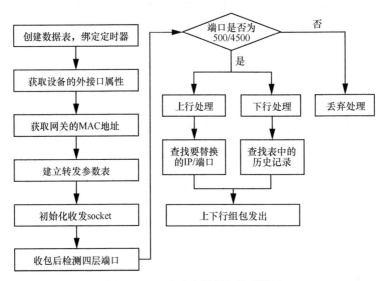

图 9-56　三方路由数据包处理算法

9.2.4.4　时钟同步

同步是指两个或两个以上信号的相位偏差或频率偏差在约定的允许范围之内。时钟同步包括频率同步和时间同步，时间和频率的偏差会影响 UE 在 eNodeB 之间的切换率，偏差小则成功率高，因此要保证时钟速率和接收频率的误差较小，才能保证数据的正确传输。时间同步还可提高无线频谱利用率。

NTP 提供设备间的定时同步能力。相比之下 IEEE 1588 作为精密时钟同步协议标准，它采用精确网络时间协议（Precise Time Protocol，PTP），准确度更高，精度达到微秒级。GPS 也可为设备提供时钟信号，可与 IEEE 1588 协调在设备中选择使用，本节将介绍应用较广的 1588 主从模式实现方法。

1．IEEE 1588 协议介绍

1588 时钟主从模式在建立主时钟和从时钟结构后，实现主/从时钟的时间校准，使用 UDP，通过在一个同步周期内交换报文来实现主从时间的同步。

同步要记录发出和接收的时间信息，这样接收端可计算出自身的时钟误差和时延。为此 IEEE 1588 协议定义了 4 种多点传送的协议报文，分别是同步、跟随、时延请求和时延应答等报文。这些报文的交互流程请读者自行查阅。

同步流程有偏移测量和时延测量两个阶段，具体如下。

（1）偏移测量负责检测并消除主从时钟之间的时间偏移。主时钟（默认 2s 为一个间隔）发出一个同步 Sync 报文，同时在本侧记录发出时间 t1。时钟收到该报文后记录当前时间 t2。主时钟随后发出跟踪 FollowUp 报文，携带自身记录的 t1 时间发送给从时钟。从时钟可通过 t1 计算出两者之间的时间偏移量并更正自身时间。

（2）时延测量负责确定主从时钟之间传输报文的时延。从时钟测量时延值时，发出时延请求 DelayReq 报文，同时记录发送时间 t3。主时钟收到该报文后附上当前时间 t4，发出时延响应 DelayResp 报文。从时钟获得了 t4 后就可计算出传输时延。

同步 Sync 报文和时延请求 DelayReq 报文都是通过 UDP 的 319 端口，其他两种报文是通过 UDP 的 320 端口。

从这种协议机制可看出，偏移量和传输时延值都是在从时钟处计算，即从时钟跟着主时钟走，所以要求能准确实时获取同步报文的收发时间。从前文的操作系统机制中可看出，报文收发要通过上层应用、内核、网络协议栈和硬件一系列环节。造成时间同步误差的主要原因是报文的传输时延，这点对 IEEE 1588 协议的报文传输也是同样适用的。IEEE 1588 协议报文交换架构如图 9-57 所示。

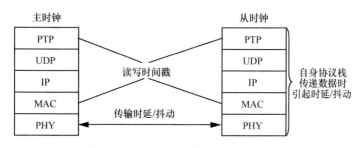

图 9-57　IEEE 1588 协议报文交换架构

从图 9-57 的架构中关联的协议可看出在应用层、驱动层和硬件层都可获得时标，产生时间戳的层次越靠近底层，时延和误差越小，精度和准确度就会越高。因此最准确的方法是在物理层上检测 PTP 报文，需要硬件支持。驱动层检测的精度由中断时延和 CPU 的处理能力决定。

IEEE 1588 若以纯软件的方式实现，精度可达到毫秒级。时间戳在硬件上更容易实现，结合硬件可提高精度至微秒级。

2. PTP 模块框架

PTP 目前主要基于 PTPD（Precision Time Protocol Daemon）开源代码实现，PTPD 不需要内核支持，在应用层打时间戳。它要处理事件消息和普通消息两种。前者在收发端打上记录消息收发的时间戳，如同步和时延请求报文；后者则没有记录时间戳，如广播 Announce 消息、管理消息、跟踪和时延响应报文等。为了处理这些消息，PTP 模块运行流程如下。

- 解析命令行，初始化 PTP 运行时的全局配置参数，设置常用信号接口。
- 定义 PTP 时钟全局变量。
- 初始化网络设置、定时器、时钟、包头和 PTP 状态机。
- 信号处理的同步操作。

模块软件框架如图 9-58 所示。

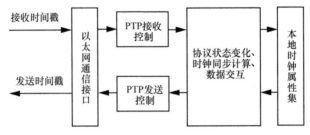

图 9-58　模块软件框架

图 9-58 框架中的消息收发模块侦听端口，解析报文，根据不同类型调用相应的 API 进行处理。发送时将生成的报文发到其他节点。

PTP 接收、发送控制模块主要负责 4 种报文的收发，接收模块还要检查报文的有效性。时钟同步计算主要负责调整本地时间，与主时钟的基准时间保持一致，它非常关键。本地时钟属性集存储运行时本地时钟属性参数，为 PTP 的配置和计算提供数据源。其中网络数据的收发较为重要，初始化 UDP 套接字既要绑定对应的网络接口，还需绑定事件消息 319 端口和普通消息 320 端口，设置时间戳和多播数据的超时 TTL。

在完成 PTP 的初始化后，对时钟每个状态的处理由函数 doState() 完成。状态机负责管理和切换初始化状态、异常状态、监听状态、未计算状态和主/从时钟状态等，还要维护各状态之间的转变。eNodeB 在从时钟模式下应用较多，这里重点讲述在此模式下的实现。主从时钟交互流程如图 9-59 所示。

主时钟打包同步报文和跟踪报文后发送，从时钟在函数 handle() 中要监听端口，调用 netRecvEvent() 接收 1588 报文。因为要计算接收时间，若采用硬件支持的方法，则需调用驱动接口单独实现。

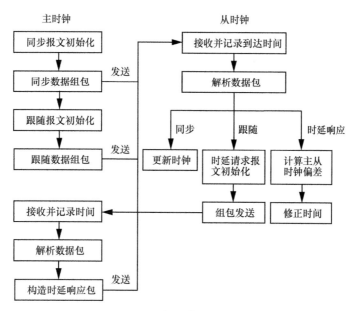

图 9-59　主从时钟交互流程

因为事件消息和普通消息不会同时到达，所以将收到的报文保存在 PTP 时钟变量的缓冲区中。再调用函数 msgUnpackHeader()解析 PTP 报文头部信息，根据头部的 messageType 属性确定报文类型，调用相应的 handle 继续处理报文，如对 Sync 类型调用 handleSync()，记录接收时间，打上时间戳。至此函数 handle()处理结束。

接着检查定时器是否到期。若 DelayReq 到期，检测时延机制是端到端（End-to-End，E2E）模式或点到点（Peer-to-Peer，P2P）模式，两模式下主从时钟角色不同。前者要在 issueDelayReq()中获取发送时间，记录发送时间戳，封装该事件报文再调用 netSendEvent() 发送；对后者的处理方法与之类似，但调用的 API 不同。

从时钟通过 4 个报文的收发时间来计算主从时钟偏差，然后校准自身时间。

3.　**实现方法**

和 PTPD 相比，PTP4l 需要内核对 PTP 的支持模块，可在硬件层打时间戳。PTP 使用硬件实现报文时间标记，精度达到微秒级。时间标记要在物理层检测 MII 类型接口的报文，这种报文要经过 MAC 层处理，封装在以太网头或 UDP 头的最后一个字节之后。

要实现时钟同步，首先要在内核及驱动中增加 PTP 的支持，即在 Device Drivers 的 PPS support、PTP clock support 和 Network device support 子项中增加支持，编译内核时所需选项如图 9-60 所示。

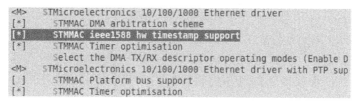

图 9-60　编译内核时所需选项

这样编译内核时就会生成 ptp.ko、pps_core.ko 和 xxxx_ptp.ko 共 3 个模块文件，将它们加载到设备中，运行时就可在底层支持 PTP 的实现。

IEEE 1588 协议默认采用 UDP 多播方式通信，这样节省了发送端的系统资源和带宽 IP 地址，还可以扩展 PTP 节点数。协议规定了目的多播地址和目的端口，IEEE 1588 数据包结构如图 9-61 所示。

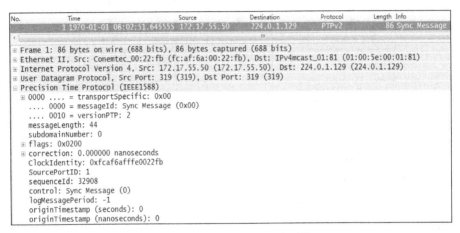

图 9-61　IEEE 1588 数据包结构

从图 9-61 中可看出，目的多播 MAC 地址是 01:00:5e:00:01:81，IP 地址是 224.0.1.129，端口为 319 或 320。因此在内核编译时需去掉 IGMP Snooping 之类的选项，否则将按照这种多播流程来处理 PTP 数据包。

编译 PTP 开源代码后，在调试阶段可选择以下两种应用场景。

（1）eNodeB ↔ 时钟源设备

eNodeB 以从时钟的方式输入以下命令获得时钟参数。

```
ptp4l -f /etc/ptp4l.cfg -i eth0 -p /dev/ptp0 –s。
```

（2）eNodeB ↔ eNodeB

即将两台 eNodeB 互联，进行软件时间戳的主从测试。

一个作为主时钟，以 ptp4l -f /etc/ptp4l.cfg -i eth0 -p /dev/ptp0 –m 方式运行；另一个作为从时钟，以 ptp4l -f /etc/ptp4l.cfg -i eth0 -p /dev/ptp0 -s 方式运行。结果应是两台设备时钟一致。

若设备网络接口支持硬件时间戳，则要在命令行中使用“-H”进行主从同步测试。

综上所述，IEEE 1588 实现时钟同步分为 3 块。

- 在整个系统中要建立主从同步体系，这个体系可以是动态的，若从时钟在一段时间内没收到 Announce 消息，则需寻找新的主时钟源。
- 通过 PTP 报文的交互完成主从时钟的同步。
- 通过其他类型报文完成对应的功能，如对等时延报文负责测量链路时延以实现更高精度同步，管理报文查询和更新时钟的 PTP 属性，信令报文交互完成速率协商等。

9.2.4.5 Web 中英文切换

在目前的嵌入式设备中，Web 提供了对设备参数的读写操作接口。Web 的实现方式有很多，下载并修改 goahead 等类型的开源代码或自定义 Web 代码。通常支持中文和英文两种语言，很多厂商在 Web 页面上都增加了中英文切换的链接，默认选择是浏览器的语言。当要切换语言时，需要将 URL 对应的语言参数传入后台 CGI 中进行处理。本节将详细说明此功能的实现过程样例，其中页面用 asp，表单 CGI 用 C 程序提供支持。

（1）要支持中英文，0 表示英文，1 表示中文。先要在 asp 文件中增加以下代码模板。

```
<form action=/form/asp_setLang method=post id="testform">
    <td width="100%" height="40" align=right background="xxxx.gif" border=0>
    <select name=language ONCHANGE="submit()">
        <option value=0<%asp_getLang('lang','0');%>>
            <% asp_showLang("English"); %></option>
        <option value=1<%asp_getLang('lang','1');%>>
            <% asp_showLang("Chinese"); %></option>
    </select>  </td>
</form>
```

（2）在初始化 Web 服务时要定义好语言设置和显示的对应函数。

```
websAspDefine(T("asp_getLang"), asp_getLang);
websAspDefine(T("asp_showLang"), asp_showLang);
websFormDefine(T("asp_setLang"), asp_setLang);
```

启动 Web 时要先设置语言属性的全局变量，将词库数据保存到内存中，假设有 300 个对应中英文条目。

```
struct langAttr
{
    unsigned char id[300];      /*英文*/
    unsigned char str[300];     /*对应中文解释*/
};
struct langAttr langData[300];
int nowLang = 0;        /*当前所选择的语言*/
int maxLangNum = 0;     /*中英文对应项数*/
```

（3）下面要实现这些函数功能。

```
/*根据页面语言显示默认内容*/
int asp_showLang(int id, webs_t wp, int argc, char **argv)
{
    int i = 0;
    MIBCFG *mibcfg;
    /*为了数据安全操作，这里要锁住，只能有一个实体操作 MIB，后面类似*/
    MIBCFG_LOCK(mibcfg);
    if(mibcfg->mgattr.language == 0)
        websWrite(wp, "%s", argv[0]);
    else {
```

```
            if(nowLang!= mibcfg->mgattr.language)
                load_lang(mibcfg->mgattr.language);
            for(i =0; i <maxLangNum; i++){
                if(!strcmp(argv[0], langData[i].id)){
                    websWrite(wp, "%s", langData[i].str);        /*页面输出*/
                    break;
                }
            }
        }
    MIBCFG_UNLOCK(mibcfg);
    return 0;
}
```

文件 lang_data.txt 是记录中英文对应词库的文件，内容格式如下。

IP Address=IP 地址

IP Subnet Mask=子网掩码

Gateway IP Address=设备网关

对此词库的装载函数如下。

```
void load_lang(int lang)
{
    int i = 0;
    FILE * fd = NULL;
    unsigned char langbuf[256] = {0};
    nowLang = lang;        /*设置为当前语言*/
    if (lang == 1)
        fd = fopen("/xxxx/lang_data.txt","r");
    maxLangNum = 0;
    if(fd != NULL) {
        while(fgets(langbuf, 256, fd) != NULL){
            /*取得中英文对应的内容*/
            sscanf(langbuf, "%[^=]=%[^\n]", langData[i].id, langData[i].str);
            if(strlen(langData[i].str) == 0)
                memcpy(langData[i].str, langData[i].id, 127);
            memset(langbuf, 0, sizeof(langbuf));
            i++;        /*装载数逐步增加，最终保存总数*/
            maxLangNum++;
        }
    }
    fclose(fd);
}
```

（4）实际运行时若要单击语言切换按钮，则会执行以下函数。

```
void asp_setLang(webs_t wp, char *path, char *query)
{
    int modify, lang;
    char * val;
```

```
                MIBCFG *mibcfg;
                lang = 0;
                modify = 0;      /*初始化语言和修改标志*/
                MIBCFG_LOCK(mibcfg);
                val = websGetVar(wp, T(ASP_LANGUAGE_VALUE), "0");
                lang = atoi(val);
                if(lang != mibcfg->mgattr.language){
                    mibcfg->mgattr.language = lang;      /*更新 MIB 的语言值*/
                    modify = 1;
                }
            }
        if (modify)
            MIBCFG_SET(MIBCFG_UPDATE);      /*设置 MIB 的更新标志*/
            MIBCFG_UNLOCK(mibcfg);      /*解锁后回到 sourceUrl 保存的原始页面中*/
            websRedirect(wp, T(sourceUrl));
    }
```

将 MIB 中的数据进行更新后调用函数 asp_showLang()在页面上显示相应数据。

综上所述，Web 的中英文切换算法如图 9-62 所示。

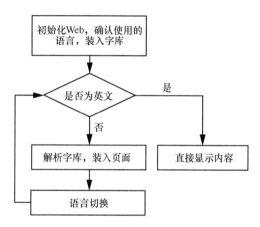

图 9-62　Web 的中英文切换算法

9.2.4.6　命令行

在嵌入式设备中经常要通过大量的命令来对业务参数进行读写操作，即使通过 Web 接口经常也要直接调用相应的命令读写业务参数。本节所要说的命令行不是系统 shell 之类的操作，而是一套为 eNodeB 业务栈服务的命令行管理结构。

1．模块的主要流程

命令行模块采用面向对象的设计思路（不是采用 C++实现），定义的命令行涵盖多种服务类型，以提高操作时的扩展性。

eNodeB 业务栈运行后注册 CLI 并对每条命令绑定具体的操作 handle 函数，然后启动命令行后台，等待命令参数的输入。命令行模块流程如图 9-63 所示。

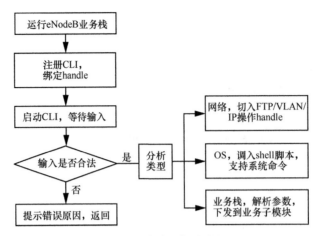

图 9-63　命令行模块流程

命令行操作包括读、写、删除和增加操作，实现模板如下。

```cpp
void ServiceCli::RegistCliCmd(shared_ptr<CliHandle>cliHandle)
{
    ENTER();
    AppCliPair AppCliPairs[] =
    {
        {
            /*set 操作表*/
            {
                "set", 2, 5,    /*最少/最多参数个数*/
                "net",          /*操作种类*/
                "set <attr-name><value>",    /*操作命令格式*/
                "Set a network attribute."    /*命令注释*/
            },
            &CliCmdNetSetAttr,    /*绑定 handle 函数*/
        },
        {
            /*get 操作表，参数定义和 set 类似*/
            {
                "get", 1, 3,
                "net",
                "get <attri-name>",
                "Get a network attribute."
            },
            &CliCmdNetGetAttr,
        },
    };
    /*注册命令的 handle*/
    for (int i = 0; i < sizeof(AppCliPairs) / sizeof(AppCliPairs[0]); i++)
    {
        cliHandle->regisCliCmd(AppCliPairs[i].descri, AppCliPairs[i].AppFunc);
```

```
        }
        EXIT();
    }
```

这里的 CliHandle 是一个用来管理命令的类，AppCliPairs 是一个包括命令属性和操作 API 的结构。对所输入的命令，要先判断该输入是否合法，即解析命令的属性参数，若不合法则告知原因，提醒需要重新输入。否则要分析出具体操作类型，主要包括网络配置、系统命令和 eNodeB 业务参数 3 类。

（1）在实际部署中 eNodeB 运行的网络环境存在较大差异，在不同的应用场景下采用的 Vlan 不同，IP 地址要进行相应改变，版本的升级或文件的更新所要设置的 FTP 参数也会不同。

（2）同样需要兼容操作系统的 shell 下的各种命令，但封装的形式不同。

（3）eNodeB 和 EPC/网管服务器等之间的数据交互时所使用的业务参数会经常调整，而有些参数可通过命令行配置到业务栈中。

最后调用操作 API 进行处理，这里列出一个简单常见的实例代码——设置 IP 地址。

```
void ServiceCli::CliCmdNetSetIp(const CliArgu& args)
{
    MibAttrVal val;
    char key[8];
    string param;
    strcpy(key, args.at(1));
    if (strncmp(key, "eth", 3) == 0)
    {
        param = "ETH_IP_ADDR=";
        val.AddAttr(STATIC_IP_ADDR, args.at(2));
    }
    else if (strncmp(key, "vlan", 4) == 0 )
    {
        param = "VLAN_IP_ADDR=";
        val.AddAttr(STATIC_VLANIP_ADDR, args.at(2));
    }
    /*写入 MIB 节点*/
    val.SetAttr(GetMibDn(MIB_NET_CLASS), val);
    param += args.at(2);
    networkParamSet(param.c_str());        /*将 IP 写入配置文件中*/
}
```

至此一个命令行的流程实例完成，配置自动生效并且下一次启动设备时也是新参数。其他类型处理方法与之类似。但因 eNodeB 应用场景较多，业务栈的操作会比较复杂，所以应多参考运营商的部署说明。

2. 关键方法

前面描述的是具体命令的功能实现，但如何组织这些众多的命令，如何快速解析它们，就需要设计出一个良好的管理方式。本节介绍的 eNodeB 设备通过建立一个链表树结构的方案来组织众多的命令行。

该设计中的命令行结构由命令解析模块、信息中心和 CLI 事件 handle 等组成，并支持串口、远程工具和其他模块的输入。命令行模块架构如图 9-64 所示。

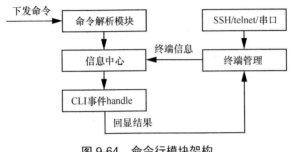

图 9-64　命令行模块架构

首先要汇聚信息点，为此建立链表的首节点，然后依次加入各种类型。每种类型会建立一个二叉树的根节点，也就是该类命令的入口。该节点下是命令集，每个节点代表一个关键信息，如参数类型、描述信息等，从根节点到叶子节点包含了一条完整命令的所有信息点，同时存储着命令对应的 handle 函数。树中节点的层次相同，表示关键信息相同。

这样命令的解析实际就是二叉树的遍历搜索过程，先解析出命令携带的各参数，其中参数个数表示层次数。再找到链表中的根节点，逐层匹配。若成功匹配某叶子节点则深入一级，进入下一个关键字的匹配查询，方向是从左向右，直到找到匹配的叶子节点。

上述是信息组织算法，接着讲述在整个设备系统中的实现流程。将终端提交的命令解析后送至信息中心过滤，其他模块调用命令时则直接送至信息中心过滤，提交给命令解析器，由它按语法规则检查命令参数是否合法。合法则调用树中节点所绑定的 handle 函数执行，然后将输出内容显示给终端或将其运行结果直接返回给其他模块，否则将向终端或其他模块反馈错误报告。

事件处理主要是应对突发事件和操作系统事件，例如，命令行后台的信号处理异常时需通知前台终端，反馈执行结果。

9.2.4.7　消息平台

首先介绍消息平台模块（命名为 MsgSys），它承担中心监控的任务，非常重要，接收其他模块发送的消息，下发到 eNodeB 协议栈中，根据该协议栈的运行结果进行回应。MsgSys 启动流程如图 9-65 所示。

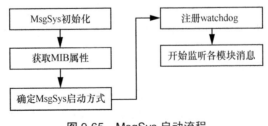

图 9-65　MsgSys 启动流程

- MsgSys 初始化，注册 watchdog 和相应的检测定时器，默认间隔为 10s。
- 读取系统的配置文件，该文件用来确定 MsgSys 的启动方式和相关参数，MsgSysSm 子模块负责和协议栈之间的交互处理，初始化时从 MsgSys 获取所有配置参数并保存。
- MsgSys 在系统中以线程方式运行，接收并响应其他模块。

MsgSys 提供 3 类消息处理接口，包括 MIB、eNodeB 协议栈和射频同步消息。本节将讲述 MsgSys 和其他模块之间的交互和 MsgSys 子模块。

1. 性能子模块

性能子模块用来统计网络收发流量，评估系统性能和修改系统操作模式，MsgSys 以计数器的方式收集数据并通过 TR069 上报给 eNodeB 管理系统。MsgSys 性能处理流程如图 9-66 所示。

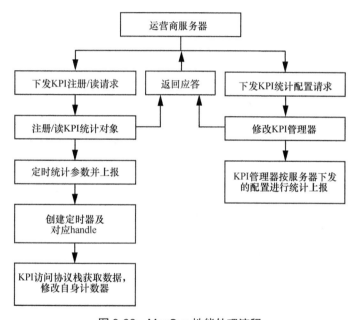

图 9-66　MsgSys 性能处理流程

MsgSys 注册的 MsgSysSm 和 SmKpi 消息 handle 是用来和协议栈通信的。KPI 分类处理，每个 KPI 有独立的 ID，KPI 数据周期性向 TR069 网管服务器发送检测数据。TR069 服务器和 MsgSys 之间通过消息队列收发数据。

2. 容错子模块

容错子模块用来识别运行中存在的网络问题，包括和 MME、SGW 之间的链路 S1 检测及 eNodeB 之间链路 X2 检测，存在主动检测和被动检测两种方式。

- 被动检测是设备产生错误或报告，由容错子模块收集后发出告警。
- 主动检测是主动监控设备是否有响应，若没有响应，则发出告警事件。告警包括 ID、存活周期、严重等级、事件类型、告警原因、具体问题、产生时间和改变时间。

MsgSysSm 启动后，初始化时注册告警消息 handle。MsgSys 接收告警后，经 TR069 处理后发送给远端网管服务器。MsgSys 容错处理流程如图 9-67 所示。

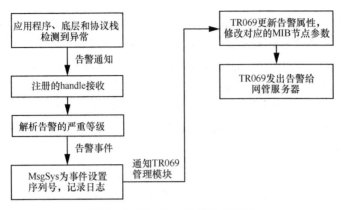

图 9-67　MsgSys 容错处理流程

3．配置子模块

配置子模块可修改原先的网络参数，用来和网管服务器之间通过 TR069 客户端模块进行通信。因此它还包括 TR069 客户端和 MsgSys 消息体，其中有初始化、静态配置和动态配置。

（1）初始化流程

该流程包括设置射频带宽/MIB 节点/心跳 IP 地址、注册命令行、KPI 管理器、报警器。

因为 MsgSys 的数据以 MIB 节点的方式保存，所以初始化时要读写 MIB 节点属性。MIB 节点的标识基本是以 FAP.0.FACTORY.0 再加后续节点这样的方式定义。其他应用通过消息 API 的方式来读/写 MIB 节点属性。当属性值被修改时也会通知其他各应用。

综上所述，MsgSys 是以线程方式运行，MsgSys 初始化流程如图 9-68 所示。

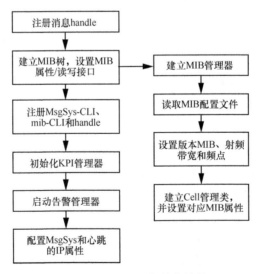

图 9-68　MsgSys 初始化流程

（2）静态配置

MsgSys 静态配置流程如图 9-69 所示，MsgSys 解锁当前管理状态，即允许配置，这样处理的目的是一次只运行一个进程进行处理，更安全可靠。

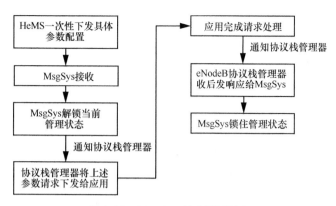

图 9-69　MsgSys 静态配置流程

（3）动态配置

MsgSys 动态配置如图 9-70 所示。同样 MsgSys 解锁当前管理状态，即允许配置。与静态配置一个较大的差异是和网管服务器之间的参数交互。

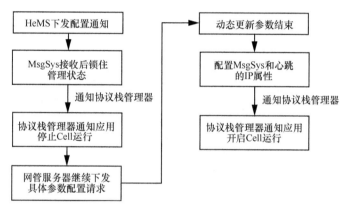

图 9-70　MsgSys 动态配置

4. 和其他模块交互

（1）和协议栈交互

eNodeB 业务核心包括栈管理器、应用和协议栈，还有汇聚层和系统服务接口，MsgSys 通过 MsgSys CL 接口和 eNodeB 栈管理器通信，由栈管理器将消息转发给协议栈和其他 eNodeB 应用，其中 eNodeB 应用包括呼叫控制和运行状态机。MsgSys 与 eNodeB 栈交互流程如图 9-71 所示。

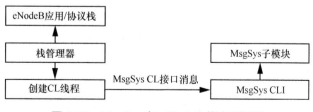

图 9-71　MsgSys 与 eNodeB 栈交互流程

栈管理器初始化协议栈和 eNodeB 应用，并创建相关进程，还需创建 CL 线程，以实现和 MsgSys CL 接口通信，其中 MsgSys CL 接口消息的收发通过远程过程调用（Remote Procedure Call，RPC）方式来完成。

（2）和 TR069 客户端交互

安全套接层（Secure Socket Layer，SSL）协议构建在 TCP 层与应用层协议之间，为数据通信提供安全支持。首先建立 IPSec 连接，打开 TCP 连接接口，然后简单对象访问协议（Simple Object Access Protocol，SOAP）使用基于 XML 的数据结构和 HTTP 使用 RPC 方法和远程 HeMS 通信。结合 TR069，HeMS 通过 TR069 客户端读写流程如图 9-72 所示。

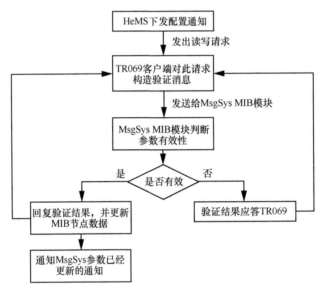

图 9-72　HeMS 通过 TR069 客户端读写流程

很明显，这里的 TR069 客户端以事件的方式通过 SOAP 结合 HTTP 的方式和其他模块通信，其中事件以不同的事件码为标识。

综上，TR069 客户端交互协议框架如图 9-73 所示。

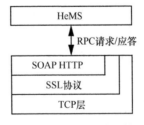

图 9-73　TR069 客户端交互协议框架

（3）和 CLI 交互

CLI 模块是一个独立的应用，提供 3 种命令接口：读取/配置 MsgSys 模块运行参数、读取性能参数、错误配置参数。后文会讲述实现过程，以类似以下方式发送命令。

设置 MIB 属性：cli.set LTE_SIGLINK_SERVER_LIST "172.0.0.0"，"172.0.0.1"。

发送告警消息给 MsgSys：cli.sendalarm 11112 w t。

下面以设置 MIB 属性为例来说明 MsgSys 和 CLI 之间交互过程，其他不赘述。MsgSys 和 CLI 之间处理流程如图 9-74 所示。

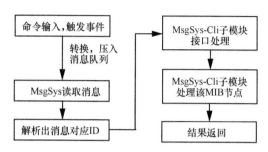

图 9-74　MsgSys 和 CLI 之间处理流程

对此说明如下。

- 输入命令 cli.set LTE_SIGLINK_SERVER_LIST "172.0.0.0"，"172.0.0.1"。
- 在 CLI 模块中触发相应的事件（事件已经注册），经过字符转换处理，转换成 MsgSys 可识别的消息。
- 压入消息队列中，MsgSys 从消息队列中读取该消息。
- 解析出该消息对应的 ID。
- 调用之前已经注册的 MsgSys-Cli 子模块的接口。
- MsgSys-Cli 子模块获取该 MIB 对应的 ID 及相关属性值。
- 将输入的参数配置到该 MIB 节点中。
- 将操作结果压入消息队列，不同的结果对应不同的返回值。
- CLI 模块取出消息解析后显示。

9.2.4.8　版本升级

eNodeB 版本升级可在 boot 阶段或正常运行阶段。前者已经讲述过，后者分两种情况：本地升级和远程升级。本地升级可作为开发或测试手段，运营商较多使用远程升级版本。

1. 本地升级

本地升级是将主机设为 FTP/TFTP 服务器，将编译生成的镜像文件下载到设备上一个固定目录下，如/root 下，再执行更新命令。针对前文 U-Boot 里给设备划分 imgA 和 imgB 分区的应用，先给出示范脚本和注释如下。

```
set –e      /*若任意一个命令执行失败则应退出*/
IMG_TYPE="`/root/env get active | cut -f2 -d'='`"
if [ -e "/root/boot.bin" ] ; then
    echo "Burn bootloader"
    flash_erase /dev/mtd0 0 0
    flashcp /root/boot.bin /dev/mtd0
fi
```

```
if [ -e "/root/param.img" ]; then
    echo "Burn cpu param"
    ubidetach -p /dev/mtd2
    flash_erase /dev/mtd2 0 0
    ubiformat /dev/mtd2 -q -e 0 -f /root/param.img
fi
if [ -e "/root/newflash.img" ] ; then
    if [ "$IMG_TYPE" == "1" ] ; then
        echo "The device start from imgB, now burn the imgA"
        ubidetach -p /dev/mtd3
        flash_erase /dev/mtd3 0 0
        ubiformat /dev/mtd3 -q -e 0 -f /root/newflash.img
        /root/env set active 0        /*设置下次从 imgA 分区启动*/
    else
        echo "The device start from imgA,now burn the imgB"
        ubidetach -p /dev/mtd4
        flash_erase /dev/mtd4 0 0
        ubiformat /dev/mtd4 -q -e 0 -f / root/newflash.img
        /root/env set active 1        /*设置下次从 imgB 分区启动*/
    fi
fi
```

需强调的是，在更新 U-Boot 分区时不能有错，否则设备重启后无法引导系统正常运行。

2. **远程升级**

在 eNodeB 部署现场的远程升级比本地升级复杂，在 Web 模式下的远程升级需要进行如下操作。

（1）配置好 Web 服务器，并在设备上配置好服务器参数。

（2）客户端浏览器要经多层路由转发，所以可能要通过多次转发才能登录该服务器。

（3）再通过 CGI 读取从服务器发送的信息并给出应答。

Web 应用下的升级流程如图 9-75 所示。

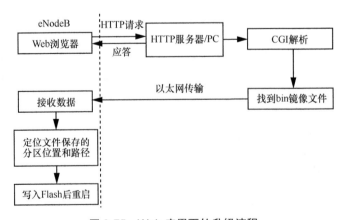

图 9-75　Web 应用下的升级流程

客户端生成了升级固件后，登录 eNodeB 界面，这个界面端口可以转换，未必是 80 端口。客户端发起连接请求后，双方经 TCP 握手建立连接，eNodeB 上的 Web 守护进程解析收到的 HTTP 请求消息，由 CGI 将此固件传输到 Flash 中的一个临时目录下。通过镜像分析程序 imgAsis 解开固件并按其头部信息写入设备 Flash 中再重启。

其中镜像分析程序 imgAsis 先读取/proc 下的 mtd 文件得到当前的分区属性，再通过读取 U-Boot 处理中所描述的固件公共属性的 magic 和 CRC 来检查是否合法。若合法则依据固件中每个镜像的属性将镜像文件写入相应的 MTD 分区中，固件读写分析程序流程如图 9-76 所示。

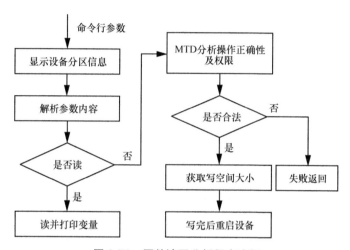

图 9-76 固件读写分析程序流程

还有的设备升级通过网管模块中特定协议来封装传输的文件，例如，在运营商的工单处理中需要使用升级功能。具体实现请参考第 9.2.4.10 节。

9.2.4.9 读取 IMSI

IMSI 实际是通过一个从大到小逐层细分的过程区别用户的标志信息，存储在 USIM 卡中，其总长度为 15 位数字，其结构为：移动国家码+移动网络码+移动用户识别码。其中移动国家码（Mobile Country Code，MCC）占 3 位数字，表示移动用户所属国家的代号，460 是中国的 MCC；移动网络码（Mobile Network Code，MNC）由 2～3 位数字组成，表示用户所属移动网的号码，例如，中国移动的 MNC 为 00，和前面的国家码结合起来就是 46000，表示中国移动网的编号；移动用户识别码（Mobile Subscriber Identification Number，MSIN）识别移动网中的某个移动用户，共 10 位数字。

1. 信令获取

UE 开机后要先注册到运营商网络上，这个注册过程为 Attach，在此过程中要将 UE 的相关信息登记到网络实体。在初始 Attach 过程中，UE 完成 SRB1 承载和无线资源配置后会向 eNodeB 发送 RRC Connect SetUp Complete 消息，携带 NAS 层 Attach Request，在此信令的 NAS PDU 里包含 IMSI 的结构信息，信令消息中包含 IMSI 如图 9-77 所示。

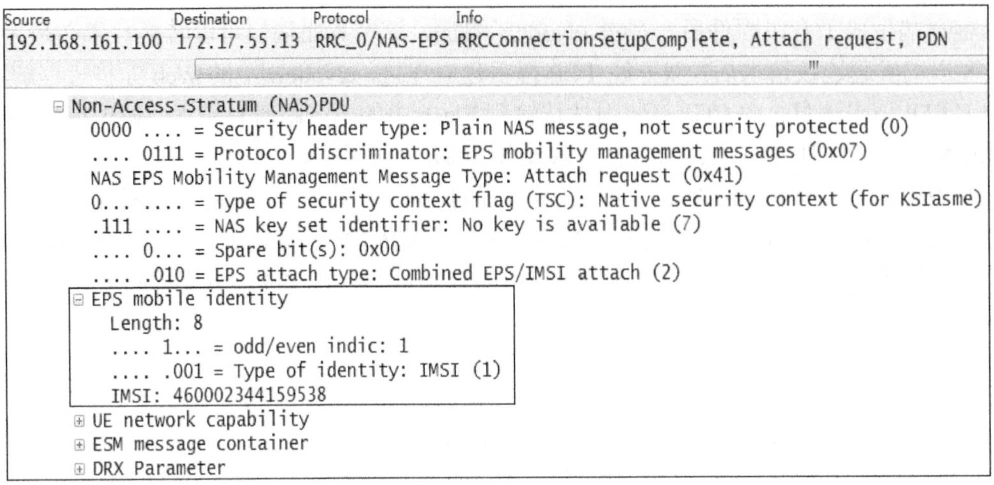

```
Source          Destination      Protocol      Info
192.168.161.100 172.17.55.13 RRC_0/NAS-EPS RRCConnectionSetupComplete, Attach request, PDN

⊟ Non-Access-Stratum (NAS)PDU
     0000 .... = Security header type: Plain NAS message, not security protected (0)
     .... 0111 = Protocol discriminator: EPS mobility management messages (0x07)
     NAS EPS Mobility Management Message Type: Attach request (0x41)
     0... .... = Type of security context flag (TSC): Native security context (for KSIasme)
     .111 .... = NAS key set identifier: No key is available (7)
     .... 0... = Spare bit(s): 0x00
     .... .010 = EPS attach type: Combined EPS/IMSI attach (2)
⊟ EPS mobile identity
     Length: 8
     .... 1... = odd/even indic: 1
     .... .001 = Type of identity: IMSI (1)
     IMSI: 460002344159538
⊞ UE network capability
⊞ ESM message container
⊞ DRX Parameter
```

图 9-77　信令消息中包含 IMSI

图 9-77 中矩形框圈起的部分即 IMSI 信息。Attach 过程建立默认的演进分组系统（Evolved Packet System，EPS）承载，即核心网到 UE 之间的通路，使 UE 保持在线，并使 UE 获得 IP 地址，从而保持 IP 连接。

2. 驱动读取

上面是从交互信令中读取，还有一种应用就是硬件读取 IMSI，然后发给其他模块，这种场景在双模设备中使用较多。

先加载 USIM 的字符设备驱动，驱动框架还是先初始化后注册。

（1）将此驱动对应的接口描述成一种文件，首先是 usim_dev 初始化过程。

- 设置 USIM 协议要绑定的 handle 和对应的操作接口 dev。
- 为 dev 分配和初始化 TX/RX 先进先出队列。
- 设置 dev 对应的队列，包括 TX/RX 控制队列、事件管理和卡状态管理队列。
- 注册 dev 的中断号。

（2）调用函数 register_chrdev()注册此 dev，绑定操作集 usim_fops 并定义成员函数。

```
static struct file_operations usim_fops =
{
    .owner   = THIS_MODULE,
    .open    = usim_open,
    .read    = usim_read,
    .poll    = usim_poll,
    .ioctl   = usim_ioctl,
    .release = usim_close,
    .write   = usim_write,
};
```

（3）清除过程释放之前的资源，注销中断再调用函数 unregister_chrdev()。

eNodeB 设备加载驱动模块后，可通过上层应用来读取 IMSI，读 IMSI 软件流程如图 9-78 所示。

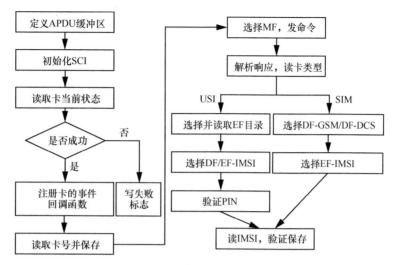

图9-78　读 IMSI 软件流程

应用协议数据单元（Application Protocol Data Unit，APDU）是读卡程序和卡之间传递数据的包，包括控制命令数据。命令是从读卡程序向 USIM 卡发命令，有头部和净荷两部分，头部由 CLA（指令类别）、INS（指令码）、P1 和 P2 组成，是必含元素；净荷是可选的，有 Lc、Le、Lr 和 Data 等。响应是卡收到命令后回复的数据。在读卡程序和卡之间使用基于字符的 T0/基于块的 T1 两种传输协议交换数据。

文件是指卡中的目录、一组字节数据或记录。其中专用文件（Dedicated File，DF）相当于计算机的目录文件，支持选择操作；基本文件（Elementary File，EF）存储与应用相关的数据，支持选择和读写操作；主文件（Master File，MF）相当于根目录。每种文件都有一个 ID，每种操作实际上是读卡程序和卡之间的数据交互过程。

据此说明读卡流程如下。

（1）定义 APDU 命令和数据缓冲区，用来保存和卡之间的交互数据。

（2）SCI 初始化，创建保持互斥访问的信号量和监控卡事件的线程。

（3）获得卡的状态，判断当前 eNodeB 设备插槽内有无卡，无卡则向文件写入失败标志后返回，有卡则继续。

（4）对读卡事件注册对应的回调函数。

（5）开启读卡过程，这也是核心处理流程。

· 进行 MF 的选择操作，向卡发出命令，然后接收卡的回复，从中获得卡的类型，主要包括 USIM 和 SIM 两种类型。

· 对于 USIM 卡，先选择 EF 目录再读取，然后选择 DF 和 EF-IMSI 后，要验证个人识别码（Personal Identification Number，PIN），最后读取 EF-IMSI 来获取 IMSI 卡号。

· 对于 SIM 卡，先选择 DF-GSM 和 DF-DCS，再选择 EF-IMSI，最后选择 EF-IMSI 来获取 IMSI 卡号。

这里介绍的 eNodeB 插入的是 USIM 卡。

（6）将卡号写入文件，并置卡的状态。

综上所述，本书给出读取 IMSI 的两种不同途径，结果都是相同的，即获取以 46000 开头的字符串形式的 USIM 卡号。

9.2.4.10　网管模块

前台通常可查看 eNodeB 设备的运行数据，并进行简单修改。但是若要跟踪信令、频谱扫描和协议栈业务参数配置等，就需要使用网管工具。一台网管服务器可接多个 eNodeB，对每个设备进行远程监控和维护，实现高效的统一管理。

1. 网管工具

网络设备要接入核心网，目前有多种管理工具，其中应用较多的有 SNMP 和 TR069。本书介绍的 Wi-Fi 使用 SNMP 管理工具，eNodeB 使用 TR069。

（1）SNMP 优缺点

在 TR069 出现前，SNMP 使用较多。基于 UDP，一个管理服务器通过 SNMP 可远程管控所有运行这种协议的设备，而且操作方式简单。对被管理设备绑定一个 IP 地址，然后在服务器上添加它的相关参数，以请求/应答方式即可完成管理功能。

这种方式有很多优点，主要包括以下方面。

① 采用标准化协议，它是 TCP/IP 的标准网络管理协议，很多设备都支持。

② 移植简单，可在很多操作系统上运行，管理方式较为通用。

③ 扩展性强，如 Wi-Fi 中提到的，每个支持 SNMP 的设备都关联着一个操作集，增加和删除某项操作较为容易，设备为此承担的资源消耗很少。

但它有一个缺点，就是在要管理的设备数量巨大而且每台设备都要绑定一个网络属性集时，这将会给管理人员增加巨大的工作量。

（2）TR069

TR069 是一种基于 TCP/IP 的应用层管理协议，包括管理模型、交互接口和基本的管理参数，从网络侧远程管理网络设备。管理模型中的自动配置服务器 ACS 负责管理终端设备，它们之间的接口是南向接口，ACS 和运营商的其他管理系统如计费系统和业务管理系统等之间的接口是北向接口。TR069 主要定义了南向接口标准。TR069 网管架构如图 9-79 所示。

图 9-79　TR069 网管架构

图 9-79 中业务配置管理器用来配置 ACS，实际运行中由运营商通过一个客户端界面来维护。ACS 则通过 TR069 协议和接入设备交互，负责对 eNodeB 设备统一管理。而 eNodeB 负责上传配置、性能和告警数据到 ACS，ACS 管理维护众多 eNodeB，如查询、设置、重启和复位等，由 eNodeB 实现具体行为并给出结果响应。

TR069 可实现每个节点的具体业务逻辑，在安全性、兼容性和可配置性等方面比 SNMP

更好，所以 eNodeB 选择 TR069 作为网管模块。

① 协议流程

TR069 协议交互和消息流程如图 9-80 所示。

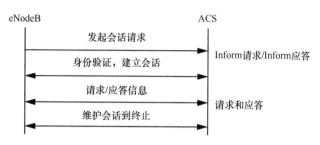

图 9-80 TR069 协议交互和消息流程

以 eNodeB 和 ACS 交互为例，在 ACS 配置自身 IP 地址和 URL 地址后，操作如下。

- eNodeB 先将 ACS 的认证信息和 URL 预先配置到自身的启动参数中，也可以通过 DHCP 方式获取。
- 连接成功后，eNodeB 根据 URL 来建立会话，发出 Inform 请求，准备接收 ACS 响应，ACS 发出响应，表示会话建立成功。
- 初始化操作，ACS 要确保 eNodeB 是合法管理对象，不合法则被清除。
- 验证通过，初始化完成，ACS 发起 SOAP 请求，开始向 eNodeB 读取各种配置信息，如 SN 等。
- eNodeB 收到后要给予回复，响应此请求。
- 在会话存续期间中继续其他操作，如果收到响应出错、时延、间隔周期内没收到响应，则终止会话。

与其相对应的消息通信是在 eNodeB 设备启动后，网管模块与 ACS 之间的交互流程如下。

- 设备启动后，根据预设的 ACS IP 和 ACS 建立安全的 HTTP 连接。设备先发送一个 Inform 请求，用来通报本次连接的信息，ACS 对此返回应答，表示连接成功。
- 设备向 ACS 发送空消息，表示没有后续的请求，ACS 收到后检索序列号，验证当前设备是否合法，不合法则返回非法提示。
- ACS 以后通过 get/set 参数值的 Req/Rsp 方式和设备交互数据，包括账号、URL 地址和升级文件等。
- ACS 回复空消息，表示没有后续请求，流程结束，连接断开。

从上述流程中可看出，TR069 较适合被管理设备数量多的应用场景。它是在配置好服务器后，由 eNodeB 主动发起连接，服务器根据连接进行相应处理，去掉了 IP 地址收集负担。相比之下，SNMP 是服务器发起连接，因此需要服务器管理人员先收集好 IP 地址。

② 协议运行框架

从上述协议流程中可看出，TR069 除了构建在通用的 TCP 上，还包含一些特有的组件，TR069 协议框架见表 9-5。

表 9-5　TR069 协议框架

协议层	具体描述
接入设备/ACS 管理应用	在接入设备/ACS 中运行的管理协议应用，本地定义
RPC 方法	RPC 方法，包括定义接入设备的运行参数
SOAP	简单对象访问协议，基于 XML 的语法，对 RPC 编码
HTTP	HTTP 应用层协议
SSL/TLS	Internet 传输层安全协议，非强制性要求
TCP/IP	标准的 TCP/IP

TR069 协议使用 HTTP 或超文本传输安全协议（Hyper Text Transfer Protocol Secure，HTTPS）承载传输信息，通过发送 SOAP 消息来获取配置业务参数、运行状态和故障诊断等信息的协议。HTTPS 下的安全套接层可加密通信数据，确保通信过程的数据安全。

SOAP 要支持 1.1 版本，消息内容用 SOAP 格式进行封装，它包含头部和净荷组成的 XML 标准格式数据。消息基于 HTTP1.1 进行传输，一个较为完整的消息格式如下。

```
HTTP/1.1 200 OK
Server: Apache-Coyote/1.1
SOAPAction: ""
Content-Type: text/xml;charset=utf-8
Content-Length: 672
Date: Mon, 04 Sep 2017 01:43:39 GMT
<soap:Envelope soap:encodingStyle="http://schemas.xmlsoap.org/soap/encoding/"
    xmlns:soap="http://schemas.xmlsoap.org/soap/envelope/"
    xmlns:soapenc="http://schemas.xmlsoap.org/soap/encoding/"
    xmlns:cwmp="urn:dslforum-org:cwmp-1-0"
    xmlns:xsd="http://www.w3.org/2001/XMLSchema"
    xmlns:xsi="http://www.w3.org/2001/XMLSchema-instance">
<soap:Header>
    <cwmp:ID soap:mustUnderstand="1">45615</cwmp:ID>
    <cwmp:HoldRequests soap:mustUnderstand="1">false</cwmp:HoldRequests>
</soap:Header>
<soap:Body>
    <cwmp:GetParameterValues>
        <ParameterNamessoapenc:arrayType="xsd:string[1]">
            <string>Device.Time.</string>
        </ParameterNames>
    </cwmp:GetParameterValues>
</soap:Body>
</soap:Envelope>
```

对 eNodeB 来说，ACS 通过 TR069 协议特有的 RPC 方法与其进行互操作，包括读写参数、升级版本和重启设备等。在 SOAP 中嵌入向 eNodeB 传输的函数名和参数，eNodeB 通过中间层 TR069 agent 解析出方法后调用自身的 API。同时 eNodeB 也可调用 ACS 函数，用来向 ACS 上报状态和下载镜像等。需注意的是，前文的 Inform 请求、空消息和 get/set 消息都是 HTTP 格式。

综上所述，结合协议框架，本节给出 eNodeB 中 TR069 协议解析流程如图 9-81 所示。

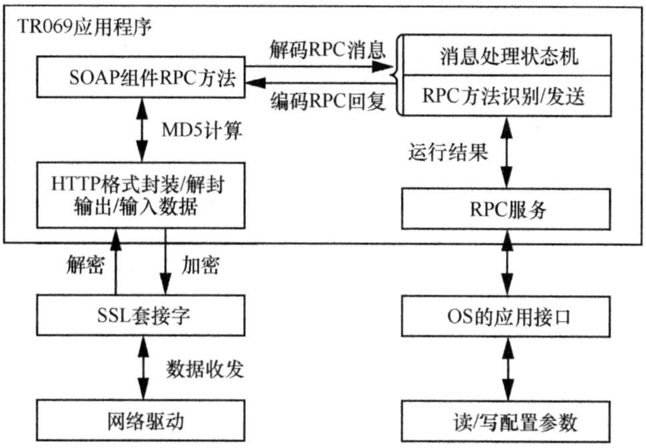

图 9-81　eNodeB 中 TR069 协议解析流程

下行从 WAN 口收到消息后先进行 SSL 解密，经 HTTP 摘要算法后获得 RPC 消息。因在消息处理器中不能直接识别这种 RPC 消息，所以需要解码此 RPC 消息，由 RPC 识别器将此消息参数传递给 RPC 服务表执行并返回结果。上行方向处理流程和下行相反，有的应用场景中硬件接口通过读写配置信息也可直接调用 RPC 服务并返回结果。

2. 模块分析

网管模块开始运行时，初始化阶段主要进行如下操作。

- 先读取配置文件 tr.conf 和节点描述文件 tr.xml。
- 初始化数据模型，确认是否需要 SSL 运行，需要则启动 SSL。
- 配置并发送首次 Inform 消息，监听 ACS 发送的消息。

配置文件记录了设备相关的版本、厂商、序列号和证书等参数，还有和网管功能相关的参数，如 Inform 上报参数、日志/性能/固件版本文件路径等信息。以下列出部分重要的内容。

```
TCPAddress = 172.17.55.15
TCPChallenge = Basic
TCPNotifyInterval = 0
UDPAddress = 0.0.0.0
UDPPort = 7547
UDPNotifyInterval = 20
CLIAddress = 0.0.0.0
CLIPort = 1234
CLITimeout = 1
CACert = /etc/conf/ca.pem
ClientCert = /etc/conf/client.crt
```

网管模块使用 XML 文件来保存数据模型，将数据模型节点的所有参数写进 XML 文件中，节点描述文件采取树状格式，可清晰标识各层次的节点。网管运行时通过读取该文件建立与 XML 文件一一对应的节点，文件格式如下。

```
<?xml version='1.0' encoding='UTF-8'?>
<node name='Device' type='node' rw='0'>
```

```
        <node name='DeviceScrip' type='string' rw='1' MibDN='MIB_OBJ_CLASS.TR069.0' mibAttr-
Id='DEVICE_SCRIP'></node>
        <node name='DeviceInfo' type='node' rw='0'>
            <node name='Company' type='string' rw='0' MibDN='MIB_OBJ_CLASS.FAC.0' mibAttr-
Id='COMPANY'></node>
            <node name='ModN' type='string' rw='0' MibDN='MIB_OBJ_CLASS.TR069.0' mibAttr-
Id='MODEL_NAME'></node>
            <node name='SN' type='string' rw='0' MibDN='MIB_OBJ_CLASS.FAC.0' mibAttr-
Id='SERIAL_NUMBER'></node>
            <node name='HwVer' type='string' rw='0' MibDN='MIB_OBJ_CLASS.0' mibAttr-
Id='TR069_HW_VER'></node>
            <node name='SwVer' type='string' rw='0' MibDN='MIB_OBJ_CLASS.0' mibAttr-
Id='TR069_SW_VER'></node>
        .......
        </node>
    </node>
```

每个节点包括节点名、参数类型和可读写等属性，运行时需装入自身的样例库中。从节点定义上可看出，这些节点也关联到 MIB 中，便于下次启动的初始化应用。

这种数据定义大大降低了流程复杂性。如网管收到了一个 get 请求，只要查找 XML 模型树就可以获得节点的参数名 mibAttrId 和 MibDN，进而调用对应接口获取具体数据，这样就完成了数据模型与设备参数的映射。

（1）网管模块框架

网管运行时接收 ACS 下发的消息，首先在接口驱动模块中处理，然后通过人机交互命令或消息接口的解析后，从整个消息串中提取出要读写的信息，经计算重组后存入参数库并送入业务栈中以实现相应功能。网管模块流程如图 9-82 所示。

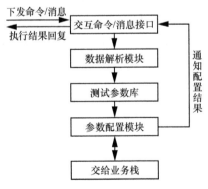

图 9-82 网管模块流程

（2）主要子模块说明

eNodeB 的网管模块主要包括调度子模块、会话子模块、方法/RPC 子模块、通知子模块和文件处理子模块。

① 调度子模块是本系统使用的一种基于事件驱动的架构模型，也是网管的主要部分，其他各子模块需添加到调度列表中才能被调用处理。

该模块的初始配置完成后，可启动监听和周期性任务，一直循环处理调度列表中的事务，其数据结构描述如下。

```
struct sched
{
    unsigned char type:2;        /*标识一个 scheduler 的等待状态，等待写/读/超时*/
    unsigned char need_destroy:1;
    /*pdata 保存每个 scheduler 的私有数据，在该 scheduler 的回调函数中会创建、操作和清除这些数
据，通常记录某功能模块的配置参数和消息内容*/
    void *pdata;
    int fd;        /*等待读写操作的文件描述符*/
    time_t timeout;        /*当前 scheduler 的设置超时时间*/
    /*在 type 为 SCHED_WAITING_READABLE/ SCHED_WAITING_WRITABLE/
SCHED_WAITING_TIMEOUT 时所注册的回调函数*/
    void (*on_readable)(struct sched *);
    void (*on_writable)(struct sched *);
    void (*on_timeout)(struct sched *);
    void (*on_destroy)(struct sched *);        /*清理 scheduler 数据的回调函数*/
    struct sched *next;        /*指向下一个 scheduler 的指针*/
};
```

调度子模块提供外部函数 add_sched()，其他子模块通过调用该函数可将自身的 scheduler 添加到调度列表中，然后排队等候处理，让每个子模块保持了独立性。

模块主函数 start_sched()使用 select 机制等待各读写描述符，一旦有读写信号或到达超时时间，就分别调用它们所注册的回调函数来处理此事件，调度子模块实现流程如图 9-83 所示。

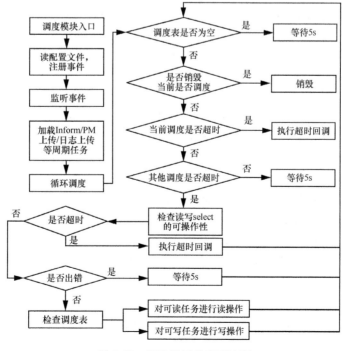

图 9-83　调度子模块实现流程

② 会话子模块负责与 ACS 通信，它提供了构造/解析 HTTP/SOAP 头，调用其他模块完成 RPC 的方法，并承担数据的收发处理，处理后释放资源。

会话子模块主要功能函数见表 9-6，会话子模块主要定义了表 9-6 所示的函数来完成这个过程。

表 9-6　会话子模块主要功能函数

函数名	功能说明
create_session	主函数，启动与 ACS 间的通信 scheduler，Inform 模块将事件、参数名和参数值构造成一个 Inform request 消息，等待 on_writable
session_readable	监听，ACS 消息到达时，scheduler 切换成 readable 时被调用，判断报文的内容，确定要调用的 RPC 方法并执行相应 RPC 方法中所注册的回调函数，是 RPC 模块的入口点
session_process_soap	在 session readable 中解析完 RPC 消息，再按照消息内容调用对应 RPC 方法中的回调函数
session_writable	当 scheduler 切换成 writeable 时被调用，发送组装好的报文，主要是 Inform 和应答报文

③ 方法/RPC 子模块，eNodeB 和 ACS 间的消息通过 RPC 方法来实现，该子模块中定义了所支持的 RPC 函数列表，分为以下两种类型。

- 由设备主动发起，要求 ACS 处理、执行、通知 ACS 信息的被称为 acs_method。
- 由 ACS 发起，要求设备处理或执行的被称为 cpe_method。

这两种结构体中都定义了各自的方法名称和需执行的回调函数。举例如下。

```
struct cpe_method
{
    int (*process)(struct session *s, char **msg);      /*处理 ACS 请求*/
    int (*body)(struct session *s);      /*构造回复 ACS 的响应*/
    void (*rewind)(struct session *s);      /*对请求重新处理一次*/
};
```

例如，设备收到 Set 消息类的 SetParameterValues 方法时，cpe_method 结构定义了两种回调函数进行处理：一是处理 RPC 消息的 process 函数，解析消息获取参数值，并发给业务栈配置模块；二是构造 RPC 响应的函数，构造 SetParameterValues 响应消息回复 ACS。

④ 通知子模块负责将事件、参数名和参数值构造成一个 Inform 消息。在此模块中实现了 Inform 组包的过程，包括头部基本信息、事件信息和参数信息等。其中主要函数如下。

- inform_process()遍历参数列表，若参数值发生变化，增加 VALUE_CHANGE 事件，更新基本信息参数。
- inform_body()完成事件和参数信息的封装成包。
- inform_success_handler()处理成功时被调用，检查和清理参数列表和事件列表。
- inform_fault_handler()处理失败时被调用，获取错误信息。

⑤ 文件处理子模块主要负责文件上传/下载，包括日志文件和性能文件的上传。它定义了日志打包函数和日志上传的任务 scheduler，任务类型是 SCHED_WAITING_TIMEOUT，对应的超时回调函数是 task_waiting_start()，负责上传打包好的日志文件。该子模块还定义了任务销毁函数 task_destroy()，负责在上传成功后调用 AutonomousTransferComplete 方法通知 ACS 并释放该任务。以日志文件为例，其他与之类似，日志文件处理流程如图 9-84 所示。

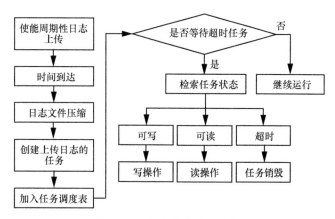

图 9-84　日志文件处理流程

3. 设计开发

结合前面 5 个子模块，这里举例说明网管的开发步骤。首先说明总体设计：使用事件驱动的架构模型创建一个线程，设置一个无限循环，包括两部分处理如下。

- 按照时间顺序接收事件，添加到 scheduler 并选择一个要处理的事件。
- 事件的处理过程，执行对应的事件分支 API，若没有任何事件触发，程序会因查询事件队列失败进入睡眠状态，释放 CPU。

因嵌入式设备的系统资源有限，采取这种架构可最大限度地释放 CPU 给系统其他程序。

（1）设计框架

eNodeB 设备首先要和网管服务器能正常连接成功，然后进行其他事件处理。eNodeB 可通过 Inform 主动上报自身状态来通知服务器。服务器也可通过反向连接来查询 eNodeB，对此需进行特别处理，可以通过 iptables 规则来绑定特定端口（如 UDP 的端口 7547）进行转换。

连接成功后监听端口，网管收到服务器发来的消息后解析成消息平台识别的格式，然后通过消息平台集中转发到业务栈中，更新业务栈的运行参数，还要更新 MIB 中的对应节点。业务栈按此参数运行后返回结果。这里给出网管在系统中运行的位置如图 9-85 所示。

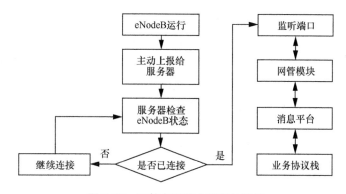

图 9-85　网管在系统中运行的位置

（2）实现举例

下面结合两个较为典型的实例来说明网管的设计，分别为 KPI 统计和测量报告

（Measurement Report，MR）文件上报。

① KPI 统计

在 KPI 性能文件上传业务中，业务栈采集 KPI 数据。设备网管模块要创建 ACS 识别的性能数据 PM（Performance Management）文件，eNodeB 创建 KPI 性能文件流程如图 9-86 所示。

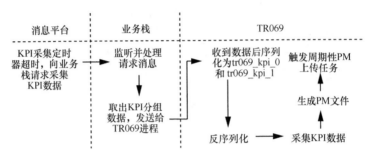

图 9-86　eNodeB 创建 KPI 性能文件流程

在运行过程中，业务栈从消息平台接收的消息中获取网管配置的周期和参数模型，然后周期性地提取性能参数值并序列化为 tr069_kpi_0 和 tr069_kpi_1 文件。

网管模块要统一设计各种周期性上报任务，因此格式要按照数据对象所定义的排列顺序统一处理。对 KPI 数据，将 tr069_kpi_0 和 tr069_kpi_1 两个文件反序列化，实际上就是提取各类数据后依次排列成固定的字符串，然后写入 PM 性能文件并上传到 ACS。在上传完成后需使用 AutonomousTransferComplete 消息通知 ACS。

PM 文件以 KPI 统计的时间周期+组织唯一标识符（Organizationally Unique Identifier，OUI）+设备序列号的方式命名，示例如下。

A20170904.0800+0800-0900+0800_001E73.00245A3A3DE5.xml

具体内容格式请读者查看本书附录。

② MR 文件上报

MR 是 ACS 对 eNodeB 定制 MR 测量任务，可下发开启 MR、采样周期、采集周期、采集开始/结束时间和上报路径等参数，以满足 ACS 采集相关的功能业务需求。在 eNodeB 中生成 MR 文件，上传方法采用 HTTP 或 HTTPS。ACS 收到 MR 文件后，可进行 MR 文件的解析和计算。这种应用多数在运营商的定制下完成，也是南向接口技术规范的一个重要指标。为此本节将给出一个实例流程，其他类似处理。

首先在 TR069 中启动 MR，设置初始状态，针对运营商下发的各项内容建立相应的 MIB 节点参数，例如，对开启/关闭 MR 事先设置的 MIB 在 tr.xml 中定义如下。

```
<node name='X_001E73_MR' rw='0' type='node'>
    <node name='MrEnable' rw='1' getc='0' noc='0' nocc=" acl=" type='boolean' MibDN=" mibAttr-
Id=">1</node>
    </node>
```

再注册 MR 的事件处理接口和周期性行为。

消息平台通知 TR069 读取 MR 状态初始参数后再传给业务栈，使其根据这些参数测算。

eNodeB 可接收从 ACS 下发的配置参数，ACS 下发 MR 参数给 eNodeB 如图 9-87 所示。

TRUE	Device.Services.FAPService.1.FAPControl.LTE.X_001E73_MR.MrEnable
http://10.89.164.239:6080/NDSWebserver/XmlFileUp/	Device.Services.FAPService.1.FAPControl.LTE.X_001E73_MR.MrUrl
admin	Device.Services.FAPService.1.FAPControl.LTE.X_001E73_MR.MrUsername
ndslte	Device.Services.FAPService.1.FAPControl.LTE.X_001E73_MR.MrPassword
{MRO,MRE,MRS}	Device.Services.FAPService.1.FAPControl.LTE.X_001E73_MR.MeasureType
IAMS2016	Device.Services.FAPService.1.FAPControl.LTE.X_001E73_MR.OmcName
5120	Device.Services.FAPService.1.FAPControl.LTE.X_001E73_MR.SamplePeriod
1	Device.Services.FAPService.1.FAPControl.LTE.X_001E73_MR.UploadPeriod
2017-09-12T00:00:00Z	Device.Services.FAPService.1.FAPControl.LTE.X_001E73_MR.SampleBeginTime
2017-09-16T00:00:00Z	Device.Services.FAPService.1.FAPControl.LTE.X_001E73_MR.SampleEndTime
{0,1,2,…99 }	Device.Services.FAPService.1.FAPControl.LTE.X_001E73_MR.PrbNum
{2,3,4,7,8,9}	Device.Services.FAPService.1.FAPControl.LTE.X_001E73_MR.SubFrameNum

图 9-87　ACS 下发 MR 参数给 eNodeB

图 9-87 中从上到下依次表示开启/关闭 MR、MR 目标文件存放路径、用户名、密码、文件类型（这里的 MRO/MRE/MRS 是指要上传这 3 种类型文件）、OMC-R 名称、MR 采样周期（如 5s）、MR 上传周期（如 1h）、采样开始时间、采样结束时间、接收干扰功率测量的上行子帧的 PRB 索引和接收干扰功率测量的上行子帧。

eNodeB 的网管模块收到这个消息后分析出这些参数，更新 MR 对应的 MIB 数据，再通过发送给消息平台分析后仍要传递给业务栈。

业务栈据此确定了在发生某项事件时要记录相应的参数，如 LTE 切换时报告事件 A1，就要记录 TD-LTE 服务小区参考信号功率的原始测量值，每隔 5s 写入临时文件。上报周期（1h）到达后，根据临时文件生成 ACS 识别的 MR 格式文件，压缩后添加到 Upload 任务中即可上传到指定的 MR 目标文件存放路径。

MR 文件以 TD-LTE_文件类型_制造商_OMC-R 名称_CellID_采集时间.xml 的方式命名，示例为：TD-LTE_MRE_ZTE_OMC000_12345_20170913010000.xml。MR 处理流程如图 9-88 所示。

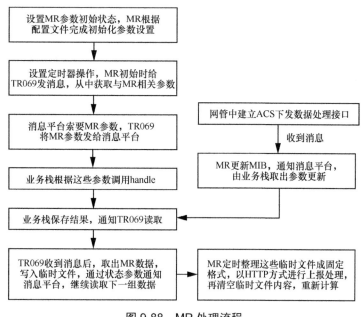

图 9-88　MR 处理流程

TR069 的测试方法有很多，如对 PM 文件先登录 ACS，对 MR 文件则要到 MR 服务器指定路径下解压查询。除此之外，还有很多测试用例，如检查 MIB 数据和 eNodeB 状态比较等。

4. 升级处理

网管服务器要控制很多 eNodeB 设备，其中软件升级也是必不可少的功能。服务器可主动发出升级命令，即首先选择好所管理的 eNodeB 再发送升级命令。

eNodeB 收到命令后，校验合法后开始执行升级程序，对此有以下两种方式。

（1）ACS 服务器发送 downloadRequest 消息，eNodeB 回复 downloadResponse 后，开始下载文件。ACS 将升级包发送给 eNodeB，即在线升级。将要传送的整个镜像文件拆分成多个数据单元，再组成一个 IP 包，eNodeB 收到后返回确认。服务器发出校验码，eNodeB 返回校验结果，校验无误后服务器将通知 eNodeB 升级结果。若是成功 eNodeB 可在 Flash 中擦除，并将新文件复制到目标区域，完成在线升级过程，eNodeB 在线升级流程如图 9-89 所示。

图 9-89　eNodeB 在线升级流程

升级后 eNodeB 重启，发送 Inform 和 transferCompleteRequset 消息给 ACS，确认数据传输完成，ACS 给出 transferCompleteResponse 响应。

（2）有的服务器或其他连接设备通过下发升级指令让 eNodeB 自己查找升级版本，所以 eNodeB 可进行如下处理。

先在本地目录下查找相应的镜像文件，若找到，直接在 Flash 中擦除并复制；若没有找到，需和 FTP 主机连接，通过 get 操作获取镜像，若 get 操作失败则反馈升级失败，否则获取后在 Flash 中进行同样的擦除和复制操作。

完成后上报当前的版本号给服务器，由服务器完成更新过程，eNodeB 重启。

9.2.4.11　SCTP 应用

S1 接口协议包括控制面协议和数据面协议，控制面协议使用 SCTP。因为 SCTP 更为可靠、安全，不易受到 DoS 攻击，实时性能更优越。SCTP 支持多流和多宿主，这样可避免拥塞问题，还可在地址阻塞时选择多条路由，传输可靠性高。

1. SCTP 信令交互

SCTP 功能主要有建立和关闭偶联、用户数据分段、分组的有效性验证和通路管理等。建立偶联由客户端（这里是 eNodeB）发起请求，经过 4 次握手建立成功，使用 cookie 机制。在客户端和服务器之间，建立/断开偶联的消息交互流程如图 9-90 所示。

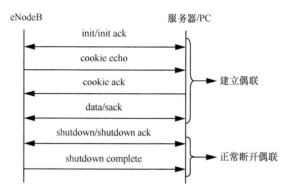

图 9-90　建立/断开偶联的消息交互流程

SCTP 建立偶联的 4 次握手过程描述如下。

（1）客户端 eNodeB 给服务器发送了 init 消息，包含分组标志、起始 tag、输入/输出流数和传输顺序号（Transmission Sequence Number，TSN）（负责数据的确认传输）等。

（2）服务器对 init 消息回复 INIT_ACK 确认，包含分组标志、起始 tag、输入/输出流数、TSN 和一个重要的状态 cookie 参数。

（3）客户端收到 INIT_ACK 后离开 COOKIE-WAIT 状态，解析出消息中的状态 cookie 参数并回复 COOKIE_ECHO 消息，将 INIT_ACK 消息中的状态 cookie 参数封装回送，进入 COOKIE-ECHOED 状态。

（4）服务器收到 COOKIE_ECHO 后将进行 cookie 的算法校验，获取有效信息，验证通过后服务器进入 ESTABLISHED 状态，发出 COOKIE_ACK 消息。

至此一个 SCTP 建立偶联成功，偶联的成功建立是实现 SCTP 其他功能的基础。随后两端开始互发 Data 和 SACK（Selective ACK）消息，开始建立 S1AP 信令处理。

对偶联通路的管理可通过心跳消息来监测两端链路是否通畅可用，即由 eNodeB 定时发送 HEARTBEAT 消息，服务器回复 HEARTBEAT_ACK 消息。两者保持一一对应关系，若发出心跳消息后没回应则需重传，并统计失败次数，该次数超过阈值后即判断此连接不可用，要通知上层应用。具体的阈值和发送间隔开发时可自行定义。

相比之下，断开偶联过程就比较简单。和前面建立过程类似，也是一个状态机逻辑。首先从客户端 eNodeB 侧发出 SHUTDOWN 断开请求，将偶联状态从 ESTABLISHED 转换成 SHUTDOWN-PENDING。服务器收到此消息后进入 SHOUTDOWN-RECEIVED 状态，不再接收客户端发送的新数据，回复 SHUTDOWN_ACK 断开确认消息。客户端收到后发送 SHUTDOWN_COMPLETE 断开完成消息，并删除自身保存的偶联记录。服务器收到此消息后也会清除偶联记录，进入 CLOSED 状态。

总而言之，SCTP 偶联是在两个端点之间建立一个对应关系，包括了两个端点、验证标签和顺序号等协议状态属性。在设备运行的任何时刻，两个 SCTP 端点只能建立一个偶联，并由传送地址来唯一标识。

需强调的是，SCTP 作为一种面向消息的协议，Connect 连接中的 socket 可绑定多个地址，服务器用这些地址标识自身，这样客户端可以利用每个地址建立一条传输路径，便于路径切换。而这些对上层应用是透明的。

2. S1AP 实现

前文中提到的 S1 接口可分成以下两类。

- 连接 eNodeB 和控制面 MME 的 S1-MME，支持控制面信令。
- 连接 eNodeB 和用户面 SGW 的 S1-U，支持用户面数据业务。

SCTP 为上层 S1AP 提供了可靠传输。S1AP 是运行在 S1-MME 接口的应用层信令控制协议，该协议非常重要，S1AP 协议层次如图 9-91 所示。

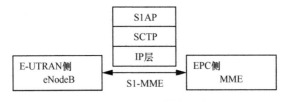

图 9-91　S1AP 协议层次

图 9-91 中从上到下依次是 S1AP、SCTP、IP 层协议，还有 MAC 和物理层协议没列出，从图 9-91 中可知 SCTP 承载了 S1AP 数据。S1AP 是 S1 接口的应用层信令协议，S1AP 信令分成以下两种。

- 与 UE 相关的非接入层协议 NAS。
- 与 UE 不相关，如 S1SetupReq/S1SetupRsp、MME 配置传输等。

S1AP 承载 NAS 的 PDU 结构。这种 PDU 采用 ASN.1 压缩编码规则，是 S1AP 所在的应用层信息。

消息类型包括初始化和成功/失败结果响应 3 种，主要结构有以下方面。

- 消息体包含过程码、重要程度和参数集，参数集中指明信元 IE 的个数。
- IE 的内容非常关键，每个消息由信元 IE 组成。
- 每个 IE 包含 ID、重要程度和具体值。

S1AP 的 PDU 消息结构如图 9-92 所示。

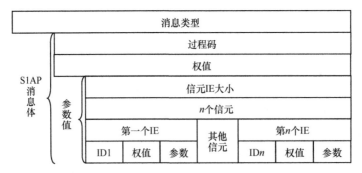

图 9-92　S1AP 的 PDU 消息结构

对此 PDU 的解析分成两部分处理。

- 对 S1AP 之下的底层协议参数的解析。
- 对 S1AP 数据的解析。

底层协议数据比较固定。对 S1AP 消息的解析则需将 ASN.1 格式转换成当前编译器能解释的数据结构。S1AP PDU 数据解析如图 9-93 所示。

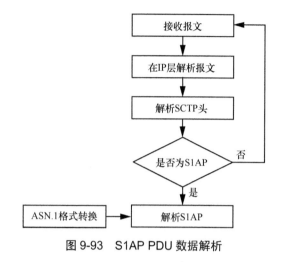

图 9-93　S1AP PDU 数据解析

具体设计过程如下。

- 创建 S1AP 子进程，初始化内部数据结构。
- 建立 eNodeB 侧的 S1AP 处理实体和 SCTP 连接对应的 ID 后进入就绪状态，开始接收消息。
- 收到 PDU 时解码分析出消息 ID 和类型，根据这些数据的不同属性来调用各种子功能的对应分支。
- 发送时要进行 S1AP 格式封装，添加 S1AP 消息头部。

S1AP 模块设计流程如图 9-94 所示。

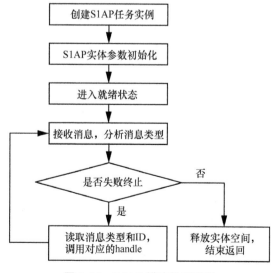

图 9-94　S1AP 模块设计流程

S1AP 负责实现 E-RAB 管理、UE 通过 eNodeB 和 EPC 建立连接、建立初始上下文、S1 接口管理和 NAS 信令传输等功能。S1AP 功能模块框架如图 9-95 所示。

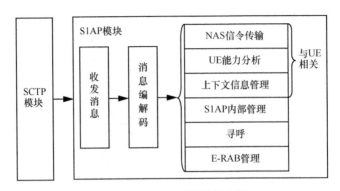

图 9-95　S1AP 功能模块框架

S1AP 内部管理模块负责解析下行消息，创建消息队列再进行参数处理。上行封装消息后发到 SCTP，该模块分成 S1 连接建立和出错处理子模块。eNodeB 发起 S1SetupReq 连接建立请求，建立成功 MME 回复 S1SetupRsp，否则回复 S1SetupFail 消息。出错处理用来检测和确认失败原因。

NAS 信令传输模块和 UE 相关，包括初始化 UE 消息（InitialUeMsg）、上下行 NAS 传输（Uplink/DownlinkNasTport）和错误传输说明（FailTportInc）子模块。与 UE 相关的 S1AP 请求由 eNodeB 发起，eNodeB 通过无线空口收到 UE 的 S1AP 初始请求消息后将向 MME 发送 InitialUeMsg 消息。UE 完成初始化过程后发送 UplinkNas 消息，eNodeB 在上行 NAS 传输中封装此 NAS 消息后转发给 MME。

MME 收到 DownlinkNas 请求后，会发起下行 NAS 传输过程，eNodeB 收到消息后解析出 PDU。对传输失败的消息生成错误传输原因说明并上报给 MME。

上下文信息管理模块包括建立（Setup）和释放（Release）上下文过程。MME 发起建立上下文请求 ContextSetupReq，eNodeB 建立上下文信息后返回 ContextSetupRsq 消息给 MME。

UE 能力分析模块由 eNodeB 发起通知，向 MME 提供 UE 能力方面的信息。

各子模块功能通过各种基本过程 EP（Elementary Procedure）实现，即完成 eNodeB 和 EPC 之间的交互，分为有回应的 Class1 和无回应的 Class2 两种流程。前者就对应着初始化和成功/失败结果响应 3 种消息类型，后者对应成功输出消息，默认成功执行。

9.2.4.12　物理层射频系统

物理层主要承担向上层提供数据传输的任务，在 eNodeB 中有个必不可少的功能就是射频信号处理。射频信号处理单元负责收发无线信号，和 UE 维持空口的连接。本节介绍的 eNodeB 射频处理采用双系统架构，即上层为一个系统，底层为单独的射频芯片处理系统，这样可保持具体功能的独立性。eNodeB 射频系统运行流程如图 9-96 所示。

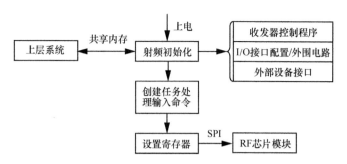

图 9-96　eNodeB 射频系统运行流程

1. 初始化流程

上电复位后，射频系统先要对组成部件进行初始化，包括收发器控制、外围电路、I/O口和外部设备。其中 SPI 通信的初始化较为重要，因为要通过它向射频芯片模块发送配置数据。SPI 初始化流程如下。

- Porta 时钟和 SPI1 时钟使能。
- PA5.6.7 复用和上拉。
- 配置双向模式和数据格式，启动 CRC。
- 设置全双工模式。
- 设置空闲模式 SCK 和数据采样开始边沿 CPHA。
- 配置波特率，使能 SPI 设备，启动传输。

有时也可在通信速率要求不高的前提下采用 GPIO 口来实现 SPI 通信。

射频系统初始化进入正常工作模式，创建一个读写进程，专门接收来自上层系统的命令和参数。上层系统使用共享内存的方式向射频系统传递数据，运行步骤如下。

（1）在上层系统一个固定目录下存放硬件参数，读出后放入共享内存，发消息通知。

（2）射频系统的读写进程收到消息后，到共享内存指定区域读出射频参数。

- 读写进程以 RX type addr len 的格式发送命令类型和数据地址给内存处理模块，其中 type 表示数据的类型，addr 表示起始地址，len 表示数据长度。
- 该模块将执行状态（成功/失败）和结果封装到一段缓冲区中，返回给读写进程。

（3）解析出参数，设置到寄存器中。

（4）通过 SPI 将参数发送到 RF 芯片模块，发射出信号。

2. 硬件参数说明

硬件参数存储目录中保存了射频和其他硬件的参数及相关执行脚本。例如，对时钟和 LED 控制器的设置采取直接写 CPU 寄存器的方法，具体如下。

```
/*单板上的 LED 控制器*/
cpu_write BEC02054 0
cpu_write BEC02054 76
cpu_write BEC02054 77
/*激活时钟*/
cpu_write bec020e8 92
cpu_write bec020e0 0
```

```
cpu_write bec020e0 ffffffff
cpu_write bec021b8 ffffffff
cpu_write bec021c0 0
cpu_write bec021c0 70f0f0f7
```

在目前的很多嵌入式设备中，通过这种直接写 CPU 寄存器的方式操控硬件。相比之下，射频参数是以文本方式保存，格式如下。

```
/*射频通路的增益配置*/
031 A6D0FC7 A6FF18E A6E23FB A7943FD
030 A6D0FC7 A6FF18E A6E23FB A7943FD
031/030 表示功率，后面表示增益值。
/*不同温度下的功率增补参数*/
0  1  0  -1  0  0  -3  0  0
```

这是从 70℃到−10℃时的功率增补值，1 表示在 60℃时增加 1dB，−1 表示在 40℃时降低 1dB，−3 则表示在 10℃时降低 3dB。这些参数以 type+addr+len 的方式写入共享内存，再由射频系统读出后配置。

关于硬件射频的设置，每个厂商的实现流程差别很大，目前采用较多的方式是封装具体的执行程序，只提供寄存器操作接口，所以在实际操作时请读者仔细阅读厂商提供的寄存器资料。

9.2.5　重要技术实现

在 Small Cell 里很多功能可以用不同的技术方法实现，为了实现的高效率和稳定性，作者对原厂商提供的方法进行了很多修改和创新，所以本节将提供一些重要的技术方法供读者参考，这些方法都是根据实践得来的经验总结，是切实有效的。

9.2.5.1　光电自动切换

在设备同时支持两种通信介质的前提下，网络接口层的重要数据结构 device 关联上具体的光纤接口或双绞线接口。前文提到它会提供多种方法供内核和上层程序调用，各层数据的传送通过结构 sk_buff 完成。所以网络接口驱动在初始化时以 RGMII 关联到 PHY 芯片来读取数据，这样就要通过读取 PHY 属性参数来控制链路特性了。

本节以光信号为优先给出一种自动切换算法来操控 PHY 芯片，算法稳定可靠，可使 Small Cell 设备支持多种应用现场。光/电自动切换算法如图 9-97 所示。

设备的驱动 MAC 绑定了 PHY 加载后，经常读取当前 PHY 的状态。具体接口函数通常是 drivers/net/phy/phy_device.c 下的 int genphy_read_status(struct phy_device *phydev)。

因为是光优先，所以在此函数中要先切换到光模式下，检测有无光能量，因为很多设备能自适应千兆光纤但不能自适应百兆光纤，所以先要检测有无光能量。

若没有光能量则切换到电模式下，将 PHY 配置成电信号传输，设置包括全双工、速率、自协商和状态等相应属性。

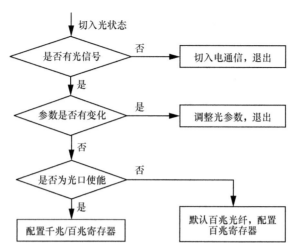

图 9-97　光/电自动切换算法

若有光能量则说明应切换到光模式下，检测当前的光能量参数和上次是否一致，若不一致（如上次是百兆接口，这次是千兆接口），那能量参数一定不一样，需先复位 PHY，再设置 PHY 属性。PHY 复位很重要，若复位出错，则后续的一系列 PHY 属性数据就会出错。这里给出复位到 100Mbit/s 光纤接口的代码样例。

```
int phy_change_100Mfiber(struct phy_device *phydev)
{
    int phyCtl, phyStatus, val;
    val = phy_read(phydev, MII_DEVCR);
    phyCtl = phy_read(phydev, MII_FIBCTRL1000);
    phyStatus = phy_read(phydev, MII_FIBSTAT1000);
    val |= DEVCR_RESET;       /*PHY 复位*/
    printk("phy become 100M status before:[%x][%x][%x]\n", val, phyCtl, phyStatus);
    phy_write(phydev, MII_DEVCR, val);
    udelay(500);        /*增加时延*/
    phyCtl = phy_read(phydev, MII_FIBCTRL1000);
    phyStatus = phy_read(phydev, MII_FIBSTAT1000);
    printk("phy become 100 status after:[%x][%x][%x]\n", val, phyCtl, phyStatus);
    /*复位后要重新设置 PHY 属性为百兆光纤*/
    return phy_become_100Mfiber(phydev, phyCtl, phyStatus);
}
```

具体宏定义省略。这里的复位时延较为重要，之所以增加了打印，是因为有时 PHY 的复位需要时间，在复位没有完成之前就设置属性会导致出错。除此之外，还可以查看当前的 PHY 的百兆标志寄存器，如果此寄存器已设置成功，也标志 PHY 复位完成。

```
int phy_become_100Mfiber(struct phy_device *phydev, int phyCtl, int phyStatus)
{
    /*若检测是百兆光纤接口，则设置百兆光纤接口属性*/
    if (!(phyCtl & 0x1) && (phyStatus & FIB_100BASE)) {
        phy_write(phydev, MII_SREVISION, FIB_MODE);
```

```
            phy_write(phydev, FIB_MODECTRL, FIB_100MODE);
            phy_set_100Mfiber_status(phydev);
            fib_type = 100;
        }
    else
    {
            /*否则设置千兆光纤接口属性*/
            phy_set_1000Mfiber_status(phydev);
            fib_type = 1000;
        }
    return fib_type;        /*返回光纤接口类型*/
}
```

设置成百兆光接口的 PHY 属性如下。

```
int phy_set_100Mfiber_status (struct phy_device *phydev)
{
    phydev->speed = 100;
    phydev->link = 1;
    if (fib_type == 1000)
        phydev->state = PHY_CHANGELINK;
    else
        phydev->state = PHY_RUNNING;
    phydev->duplex = DUPLEX_FULL;
    phydev->pause = 0;
    phydev->asym_pause = 0;
    return 0;
}
```

若和上次还是相同，则直接设置 PHY 的属性。

针对很多设备不能自适应百兆光纤的问题，即发现光能量，但又不能自适应，则可自动定义和设置百兆光接口。

其他应用场景可进行类似处理，至此在内核中增加了百兆/千兆光电口的自适应。在实用现场时不需要任何操作即可自动识别和切换到具体的对应接口。另外，这些光电自动切换较多是寄存器的读写操作，因此需仔细阅读芯片供应商的资料。

有些现场应用是将 eNodeB 设备的光接口数据输出到光交换机/光电转换器中，再通过此设备将输入的光信号转换成电信号后通过对外的双绞线接口发送到下一跳设备。

这里还需说明一下设备的重启问题，重启包括拔电重启和 reboot 两种。拔电重启使所有的硬件包括 PHY 也重启；reboot 会重启操作系统和驱动，但是未必会重启 PHY，所以若发现 reboot 后 PHY 数据不正确，可另写程序强制 PHY 复位后再重启。用此程序编译出来的二进制文件替换 Busybox 下的 reboot 文件。

9.2.5.2　IPSec 分离实现

传统方式下，每个小基站自身都要先建立和安全网关之间的通信隧道，再连接上 MME。UE 发出内容申请时要先连接上小基站，经其接入核心网后连接上目标服务器，将所获得的数据再逐层传递，最后完成交互。这样可满足正常需求，但会耗费安全网关的较多资源，而且会影响未来 Small Cell 的大规模部署。若将小基站设备和移动边缘计算（Mobile Edge Computing，MEC）部署在接入层，通过中转层接入核心网，可缩短业务时延，适用的业务类型更多。本节据此部署方案介绍一种接入层业务模型，可完整地实现移动 UE 终端的接入业务。

在 IPSec 不分离的应用场景下，eNodeB 可直接获取 IPSec 的虚地址。但分离后 eNodeB 必须先从 IPSec 设备处获取该虚地址，在 S1AP 服务运行时将此地址参数通知 MME 以维护后续的 GTP 数据通信业务。分离架构下 S1AP 参数配置算法如图 9-98 所示。

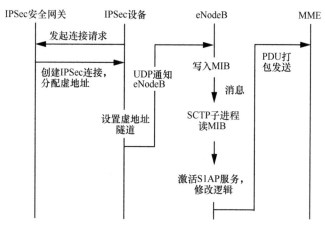

图 9-98　分离架构下 S1AP 参数配置算法

算法说明如下。

```
Procedure proc()
    Begin
            和 IPSec 安全网关交互;
            获取并解析 IPSec 虚地址;
            设置 IPSec 虚地址隧道; /*目的 IP 是 MME 的数据包经此通道传输*/
            通过 UDP 组包通知 eNodeB 设备该地址;
            eNodeB 通信进程监听到此类 UDP 数据;
            If(从 UDP 报文中获取该地址) Then
                写入 MIB 中;
                通知 SCTP 子进程读 MIB 参数;
                激活 S1AP 信令流程;
                在该流程修改 S1AP Initial context setup response 运行逻辑;
                填充 TransportlayerAddress 字段;
                打包发送给 MME;
            else
                回复 IPSec 设备读取失败;
                继续监听，等待再次读取;
            End //If
    End
```

下面介绍测试部署，具体如下。

针对此算法，测试参数配置如图 9-99 所示，要在上下行方向配置转发参数。

图 9-99　测试参数配置

在一次和安全网关的协商中，IPSec 设备获取虚地址是 100.69.63.240，需设置目的地址是 100.0.0.0 网段的数据都要经 IPSec 隧道发给第三方路由器，再转发给 MME。MME 的 IP 地址参数在 eNodeB 的业务运行前预先设定。

IPSec 设备的软件进程监听到此虚地址后发出 UDP 报文，将该地址经路由器和 MEC 服务器转发至 eNodeB。eNodeB 配置到 MIB 中，由 S1AP 服务子进程读取后写入协议逻辑中再重新发起协商，即可通知 MME。

本次测试中，UE 注册成功后获得 IP 地址是 10.0.0.0 网段。此后在上行方向 IPSec 设备将要发给 MME 的报文经 IPSec 隧道发给第三方路由器，再转发到 MME。

在下行方向，IPSec 设备将来自 MME 的报文也经隧道再转发给 MEC/信令单元，由 MEC 解析后再转发给 eNodeB。

9.2.5.3　本地获取 IMSI

在目前的基站应用中，如区域管控、门禁和地铁闸机等，运营商都需要对用户进行身份识别。而 IMSI 可较为方便地作为 UE 的唯一标识，在实际正常附着过程中，UE 会与 MME 进行安全算法的交互协商，实现数据加密和完整性保护功能，防止伪消息欺骗 UE，以此加强 UE 与基站之间的通信安全。因此在本地获取接入 UE 的 IMSI 参数就成为一个必须要解决的问题。

实现此功能的难点在于将伪消息 Identity Request 插入正常的信令过程中，因为在 4G 的信令中存在 NAS 加密和完整性保护，若 UE 与 MME 之间形成 NAS 加密或者完整性保护，将无法插入伪消息，所以只能设法在 UE 和 MME 之间形成 NAS 加密和完整性保护之前将伪消息插入，这样才能使 UE 识别 Identity Request 消息，从而上报 IMSI。

具体方法如下。

（1）在收到 UE 发送的 RRC Connection Setup Complete 消息后先保存其中携带的 NAS 消息（这样做的原因是若 MME 收到此 NAS 消息，就会开始下发鉴权请求，进行与 UE 的安全协商过程，从而破坏本算法的流程）。

（2）由基站构造伪消息 Identity Request 发给 UE。

（3）设备收到了 UE 发出的 Identity Response 消息，并从中解析出 IMSI。

（4）将之前保存的 NAS 消息发送给 MME，完成 UE 的附着过程。

插入伪消息如图 9-100 所示。

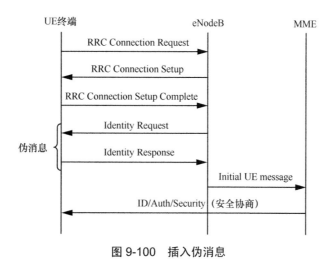

图 9-100　插入伪消息

9.2.5.4　定位算法

随着互联网的迅速发展，对位置的定位需求越来越多。相应的定位技术也有了更多的应用场景。室内定位是指在室内环境中实现位置定位，包括 Wi-Fi 定位、蓝牙定位、射频识别（Radio Frequency Identification，RFID）定位和超宽带（Ultra Wide Band，UWB）定位等，定位精度实现了从米级到厘米级的突破。

在这些定位技术中，Wi-Fi 定位精度太低，而蓝牙定位和 UWB 定位都需要有专用的信标和基站等配套使用，因此用 LTE 室内蜂窝网络来解决 GPS 信号无法进入室内定位移动电话的问题应运而生。LTE 定位技术包括 CID（Cell ID）定位和下行到达时间观测差（Observed Time Difference of Arrival，OTDOA）定位等。

本节提供一种移动电话室内定位方案，可用于大型会议室等室内，并要求精度在 3m 以内。从 3GPP 标准的定位指导中提到的方案进行分析，结合 Small Cell 当前能提供的参数，作者实现了一种可行的方案——基站定位算法。算法步骤如下。

- 移动电话在本基站完成正常驻留。
- 给移动电话下发 A1 测量，测量并上报本基站的参考信号接收功率（Reference Signal Receiving Power，RSRP）值。
- 给移动电话下发 A3 测量，测量并上报周围邻小区（邻基站）的 RSRP 值。
- 针对不同的场景，选取相应时间的无线信号传播模型，利用基站发射的参考信号强度和测量到的 RSRP 相减得到路径损耗。
- 将结果代入传播模型计算式中，分别计算出 UE 到 3 个基站的距离 d1、d2、d3。这里还可以计算更多的基站距离。
- 利用三角定位算法，就能得到 UE 的大致位置。

这种方法简单有效，因为移动电话开机之后第一件事就是查找附近的基站信号。基站也会获取到移动电话的身份信息，这样用户的移动电话就已经被定位了。

此外移动电话会搜索附近最强的 3 个基站信号，由于基站的位置是固定的，因此只要看一下这 3 个基站信号重叠的区域,再按照信号强弱进行简单的三角运算,就可判断移动电话的当前位置了。但是前提是必须有信号,无信号的地区无法定位。定位算法流程如图 9-101 所示。

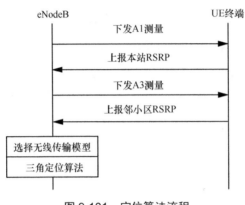

图 9-101　定位算法流程

9.2.5.5　区域通信管控

目前移动电话作为最便捷的通信工具已满足了很多沟通上的需求,同时有些移动电话还带有 GPS 定位功能。从移动电话上查找已成为人们获取信息的必备渠道之一。

在带来方便的同时,对移动电话的管控也就提上日程了。如社交软件泛滥,但是其信息筛选做得不够到位。在课堂上,移动电话使学生不能安心听课,而网络上的一些错误的信息可能会影响社会的稳定。作者有幸参与一个移动电话信息管控系统的开发,以此来实现在覆盖范围内控制移动电话的接入。

通过大量的测试与应用,本信息管控系统完全可以在提供区域内蜂窝移动网络覆盖的基础上,实现在本区域范围内对移动电话的管控功能。整体算法说明如下。

(1) 运行后台设备控制业务,建立 UE 终端属性表。

(2) 任何 UE 一旦进入本系统工作区域,终端自动开始和 eNodeB 等设备协商,注册上本系统网络。

(3) 为提高多台 UE 接入的效率,本监控系统可对 UE 的通信行为进行分析和归类控制,根据预设策略设置相应的用户权限。

(4) 根据策略允许或禁止该用户的通信业务。

通过整套算法实现对整个覆盖区域的控制保护,具体设计如下。

- UE 先向 eNodeB 发起 RRC 连接(向 MME 发起附着接入请求)。
- eNodeB 向 UE 请求取号。
- UE 收到后上报身份信息 IMSI 或 IMEI。
- eNodeB 读取 IMSI/IMEI,向后台服务器发起本地鉴权请求,服务器会预先设置好以 IMSI/IMEI 为标识的权限数据库。
- 服务器读取 IMSI/IMEI 参数,在预设的数据库中对比查询,获取和该 UE 相关的权限参数。

- 将 UE 的权限参数发送给 eNodeB。
- eNodeB 根据此权限参数为 UE 提供相应的服务或禁止接入。

管控处理流程如图 9-102 所示。

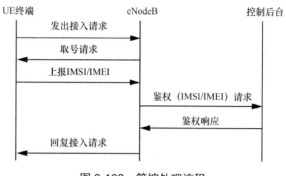

图 9-102 管控处理流程

9.2.5.6 基于 IMSI 的识别应用

在某些 LTE 基站应用场景中，利用基站定位 UE、门禁管控和安检等都需要 UE 在较长时间内保持连接状态。目前主要还需要主动去操作移动电话，比较费时且不方便，限制了使用范围。移动电话中的 IMSI 可作为很多应用场景的独立标识，为了适应更多的应用和移植，作者经过大量实践，提出了一种读取 IMSI，再通过这个标识参数和 UE 保持长期连接的方法，具体实现方案如下。

- 根据通常的信令 UE 要先发送 RRC Request 消息给 eNodeB。
- 目标 eNodeB 收到此请求后，依照信令流程要向 UE 回复 RRC 连接建立消息。
- UE 收到后回复连接完成消息。
- 继续信令收发，此时 UE 发送 TAU（Tracking Area Update）Request 消息。
- eNodeB 要验证 UE 的身份，也要转发 TAU Request 消息给核心网，因此将身份验证 Request 消息发送给 UE。
- UE 此时也已检测出 IMSI 号，并告知 eNodeB。
- UE 对身份验证 Request 消息给出响应。
- 至此 eNodeB 就获取了 UE 的 IMSI 号，保存到自身的 UE 控制链表中，以备后续接入的流程使用。
- eNodeB 收到核心网所回复的 TAU 接收消息。
- eNodeB 将该消息转发到 UE。
- eNodeB 下发 RRC 连接释放消息给 UE，并修改 UE 的状态机。
- 为了重新建立起长期连接，eNodeB 检索到之前保存的 UE IMSI 号，通过它来唤醒 UE，更新 UE 状态。
- UE 收到此唤醒消息，进行响应，这样就会在目标小区中再次发起注册过程，建立起 RRC 连接。eNodeB 更新该 UE 为在线状态。

信令交互流程如图 9-103 所示。

图 9-103　信令交互流程

在此信令交互中，分步过程算法说明如下。

- 通过正常的信令流程，UE 建立了 RRC 连接。
- eNodeB 分析验证请求消息中，从中读取 UE 的 IMSI 号码并保存，同时设置定时器操作，即在一定时间内延迟，就会进行异常处理。
- 后续要完成和 UE TAU 的交互过程。
- eNodeB 搜索缓存数据表，对 UE 基于 IMSI 下发了寻呼唤醒消息。
- UE 对寻呼消息进行响应。
- UE 再次发起注册过程并最终成功建立 RRC 连接。

这是按照正常的信令流程，如果中间某一步出现失败则进入异常或重传机制。

9.2.5.7　全网通方案设计

Small Cell 的应用越来越广泛，也得到了国内外广大运营商的普遍推广。这种解决方案还扩展至公共区域，助力运营商开展特色创新的应用服务，在家庭、交通和企业等方面有了较多应用。这里展示一个 Small Cell 在地铁闸机方面的应用。

目前闸机与基站通信是通过串口与 AFC（Automatic Fare Collection System）进行数据交互。AFC 方面提供了一个串口供 eNodeB 连接，而一个 eNodeB 目前在同一时间只能支持一个运行商。但这明显不能满足全网需求，因此需要设计一个方案来实现支持全网通的功能。

在部署了多个 eNodeB 时，通过 AFC 来设定其中一个 eNodeB 作为与其进行信息交互的主模块。其他两个 eNodeB 通过网络通信的模式与 AFC 指定的主模块进行通信，将数据发送给这个 eNodeB，再由它转发给 AFC 模块。网络部署场景如图 9-104 所示。

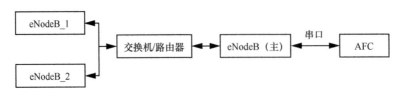

图 9-104　网络部署场景

　　针对这种场景，要综合考虑多个 eNodeB 部署时的网络环境，保证设备之间能协同运行，主要流程如图 9-105 所示。

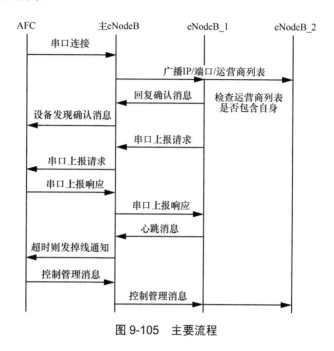

图 9-105　主要流程

流程说明如下。

（1）初始化，每个 eNodeB 要创建 UDP socket 客户端，等待接收 UDP 服务器端广播包。

（2）将连接上 AFC 串口的 eNodeB 设定为主通信 eNodeB，主站关闭 UDP socket 的客户端，建立 UDP socket 服务端。

（3）主 eNodeB 将 IP 地址、端口和运营商信息广播发送给网络中的其他 eNodeB，然后进入以下流程。

① 设备发现，网络中其他 eNodeB 在特定端口上接收该广播消息，比较所支持的运营商编号与其本身的运营商编号，符合要求的其他 eNodeB 会给主 eNodeB 回复确认消息，如果不符合要求，则丢弃该广播包，不回复广播包确认消息。

② 串口上报，主 eNodeB 直接与 AFC 交互，从 eNodeB 则发送串口上报请求给主 eNodeB，主 eNodeB 再将其转发给 AFC 并给从 eNodeB 回复确认消息。这样 AFC 与其他 eNodeB 之间所有信令交互，都通过主 eNodeB 中转。

③ 心跳管理，从 eNodeB 周期性发送心跳包给主 eNodeB，主 eNodeB 会启动定时器的周期检查，超过一定的时间没收到从 eNodeB 发出的心跳包时，则认为已经掉线，给 AFC 回复掉线通知。

④ 控制管理，AFC 可通过控制消息管理主 eNodeB 和从 eNodeB。AFC 通过串口直接对主 eNodeB 进行管理，AFC 对从 eNodeB 的管理需要通过主 eNodeB 转发给其他设备，它们在解析后进行相应处理。

9.2.6　系统间交互

　　和前文的 GPON ONU 一样，有的 Small Cell 厂商设备同时支持 TDS 和 LTE 双模系统。因此同样需要支持系统间的有效信息交互，而且也是对有些特定应用场景的支撑。

　　系统之间的信息交互是双向的，采用网口连接的方式进行，通过在开发板的内部走线，再抽象出彼此通信的网络接口。双系统网络连接框架如图 9-106 所示。

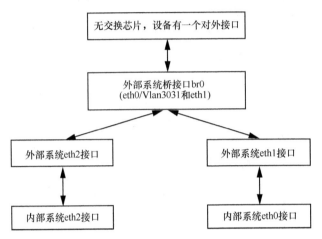

图 9-106　双系统网络连接框架

　　设备的对外接口是一个 WAN 口，抽象为外部系统桥接口 br0，此桥接口包含 eth0/Vlan3031 和 eth1 接口，具体可以在设备运行后通过 brctl show 命令查看。内部系统的以太网数据和业务数据经自身的 eth0 到达外部系统的 eth1 口，然后经 br0 直接透传转发，所以内部/外部系统均可和外网接口/主机保持正常地以太网通信。

　　内部/外部系统的 eth2 口也可作为内部通信接口，但不再承载业务数据的传输，可提供上层应用的参数传输等功能。

1. 两个 IP 场景

　　部署设备时可以有两个不同的对外 IP 地址，即 TDS 和 LTE 各一个 IP 地址，通过建立一个网桥，如 LTE 的 WAN 口是对外网络接口，则在 LTE 上键入命令如下。

```
brctl addbr br0
brctl addif br0 eth1
brctl addif br0 eth0
```

建立了一个网桥，绑定 eth1 和 eth0 两个网络接口，eth0 是对外接口，eth1 关联到 TDS，这样使 LTE 既运行自身业务，又能承担一个交换的角色。TDS 可通过此桥接口和外部服务器建立业务关联。

2. 共用一个 IP 场景

　　部署设备时限制了一台设备只能有一个 IP 地址，例如，有的应用场景下 IP 资源紧张，只允许接入设备的内部多系统共用一个 IP 场景。可进行以下操作。

（1）在内部系统上设置特定 IP 地址，如 192.160.0.2，此时即使是 VLAN 场景，该 VLAN 接口也可不必配置，因为一切可通过外部系统来转发。在内部系统里增加相关路由。

```
route add default gw 192.160.0.1 netmask 0.0.0.0 dev eth0
```

即增加 192.160.0.1（外部系统对内接口 IP 地址）为网关。

（2）在外部系统上为 eth1 设置特定 IP 地址：192.160.0.1，设置后不要更改了，如果更改，必须和内部系统的 eth0 口 IP 在同一网段。在/etc/init.d/rcS 里增加一行如下。

```
echo 1 > /proc/sys/net/ipv4/ip_forward
```

即使能转发，同时需要在相应脚本中增加以下规则。

```
iptables -t nat -A POSTROUTING   ! -d 192.160.0.1 -s 192.160.0.0/24 -o eth0 -j MASQUERADE
```

这里的 IP 地址供参考，读者可自行设置，至此，从内部系统到外网的接口完全打通。即使在不同的 VLAN 环境下只需改动接口名称即可。

有一点读者需注意，有些设备若出现内部系统通信不稳定问题，可采取共用一个 IP 地址的方法，同时可能需修改芯片或交换芯片的寄存器参数，如改变芯片的管理模式。

9.2.7　测试实例

业务栈的测试需要 UE、eNodeB 和核心网之间的信息交换。其中 eNodeB 的软件测试包括设备和外部的通信接口测试、功能测试、网管维护测试和性能测试。其中功能测试包括二层、三层关键模块的技术测试，该测试尤为重要。这方面的测试场景和用例很多，本节结合运营商的测试规范选择两个重要的实际用例来验证 eNodeB 设备的功能完备性。

9.2.7.1　随机接入

随机接入有两种：竞争性和非竞争性。

1. 竞争性随机接入

首先要配置 MIB 参数：随机接入码数量和用于 groupA 的接入码数量。配置基于竞争随机接入码数量具体如下。

（1）numberOfRA-Preambles 表示竞争接入的 preamble 序列总数，取值范围为 4～44，每个间隔为 4。

（2）sizeOfRA-PreambleGroupA 表示竞争接入的 preamble 序列用于 groupA 的数量，取值范围小于或等于前面的 preamble 序列总数。

然后进行测试，具体步骤如下。

- 配置 eNodeB 的随机接入 preamble 格式为 format0，打开 UE 跟踪。
- UE 随机接入成功，查看 MSG2 PACH Procsdure Type 是否为 Contention Based。UE 接入成功时 MSG2 类型数据解析如图 9-107 所示。

图 9-107 中有 RACH Procedure Type 等于 Contention Based，则表示本次随机接入过程是基于竞争的。但有些运营商可要求 eNodeB 配置竞争性（对非竞争性也是如此）的随机接入码序号和数量，这一项在 SIB2 消息里面的 rach-ConfigCommon 有配置。

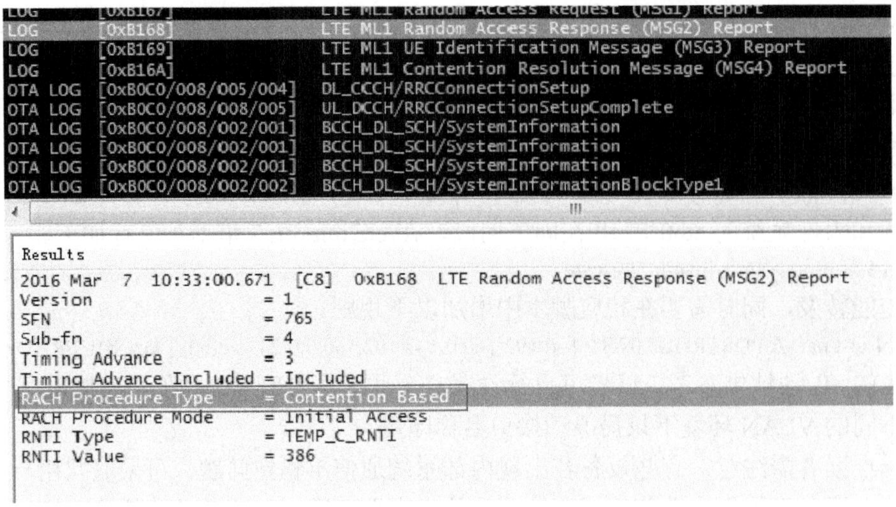

```
LOG        [0xB167]                      LTE ML1 Random Access Request (MSG1) Report
LOG        [0xB168]                      LTE ML1 Random Access Response (MSG2) Report
LOG        [0xB169]                      LTE ML1 UE Identification Message (MSG3) Report
LOG        [0xB16A]                      LTE ML1 Contention Resolution Message (MSG4) Report
OTA LOG    [0xB0C0/008/005/004]          DL_CCCH/RRCConnectionSetup
OTA LOG    [0xB0C0/008/008/005]          UL_DCCH/RRCConnectionSetupComplete
OTA LOG    [0xB0C0/008/002/001]          BCCH_DL_SCH/SystemInformation
OTA LOG    [0xB0C0/008/002/001]          BCCH_DL_SCH/SystemInformation
OTA LOG    [0xB0C0/008/002/001]          BCCH_DL_SCH/SystemInformation
OTA LOG    [0xB0C0/008/002/002]          BCCH_DL_SCH/SystemInformationBlockType1
```

```
Results
2016 Mar  7  10:33:00.671  [C8]  0xB168  LTE Random Access Response (MSG2) Report
Version                   = 1
SFN                       = 765
Sub-fn                    = 4
Timing Advance            = 3
Timing Advance Included   = Included
RACH Procedure Type       = Contention Based
RACH Procedure Mode       = Initial Access
RNTI Type                 = TEMP_C_RNTI
RNTI Value                = 386
```

图 9-107   UE 接入成功时 MSG2 类型数据解析

```
rach-ConfigCommon
{
    preambleInfo
    {
        numberOfRA-Preambles n52,      /*用于竞争性随机接入的 preamble 数量是 52*/
        preamblesGroupAConfig
        {
            /*GroupA 的 preamble 个数是 28，GroupB 的 preamble 个数是 24*/
            sizeOfRA-PreamblesGroupA n28,
            messageSizeGroupA b56,
            messagePowerOffsetGroupB dB10
        }
    }
}
```

用于竞争的随机接入码的数量为 52，其序号为 0～51。随机接入所使用的 preamble ID 若在 0～51，就是竞争性随机接入。UE 竞争性随机接入时使用的 preamble ID 值如图 9-108 所示。

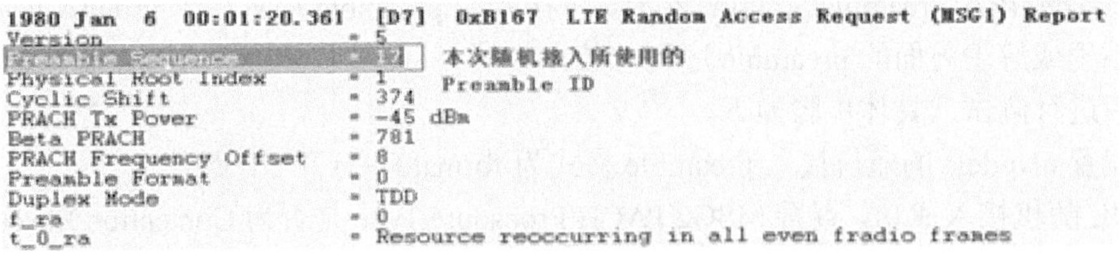

```
1980 Jan  6  00:01:20.361  [D7]  0xB167  LTE Random Access Request (MSG1) Report
Version                   = 5
Preamble Sequence         = 12      本次随机接入所使用的
Physical Root Index       = 1       Preamble ID
Cyclic Shift              = 374
PRACH Tx Power            = -45 dBm
Beta PRACH                = 781
PRACH Frequency Offset    = 8
Preamble Format           = 0
Duplex Mode               = TDD
f_ra                      = 0
t_0_ra                    = Resource reoccurring in all even fradio frames
```

图 9-108   UE 竞争性随机接入时使用的 preamble ID 值

2. 非竞争性随机接入

相比之下，这个测试用例是要验证 eNodeB 是否支持非竞争性随机接入，且 eNodeB 能配置基于非竞争性随机接入码的序号和数量。测试步骤如下。

（1）eNodeB 配置随机接入 preamble 码 format0，UE 终端在小区间发生同频切换。

（2）在源 eNodeB 发送给 UE 切换指令 RRC Connection Reconfiguration 消息中，要包括 RACH-ConfigDedicated 参数。UE 非竞争性随机接入时使用的 preamble ID 值如图 9-109 所示。

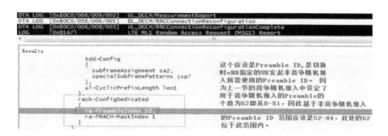

图 9-109　UE 非竞争性随机接入时使用的 preamble ID 值

（3）UE 在新的小区接入 MSG1 消息中 preamble ID（就是图 9-110 中的 preamble Sequence）与切换 RRC Connection Reconfiguration 消息中 RACH-Config Dedicated 下的 ra-preambleIndex 值相同。通过查看 preamble ID 即可判断是竞争性还是非竞争性随机接入。UE 接入性质判断如图 9-110 所示。

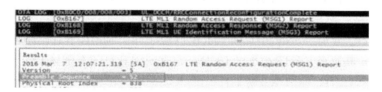

图 9-110　UE 接入性质判断

或者从图 9-111 中也可确定 UE 是基于非竞争性的随机接入，UE 接入类型检测如图 9-111 所示。很明显，图 9-111 中 RACH Procedure Type=Contention Free 则表示本次随机接入过程是基于非竞争的。

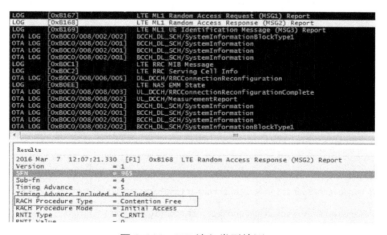

图 9-111　UE 接入类型检测

9.2.7.2　系统内切换

系统内切换包括基于 S1/X2 接口的同频/异频切换。较多情况下采用 X2 接口执行 eNodeB 间切换。当不存在 X2 切换或 X2 切换失败时，可使用 S1 切换。前文讲述了 X2AP 的实现，因此本节选择 X2 的同频切换实例。

同样是先配置 MIB 参数：切换参数。

（1）打开 X2 使能开关，取值范围是 0～1，在此设置为 1。

（2）设置同频切换门限，A3 门限，取值范围是-30～30，在此设置为 10。

（3）同频切换要同步，通过 Sniffer 配置邻区，eNodeB 在启动过程中检测邻区，参数包括以下数据。

- 扫频总开关和 LTE 扫频分开关，这两个开关的取值范围是 0～1，在此用例中设置为 1。
- 扫频公共陆地移动网（Public Land Mobile Network，PLMN）选择，根据实际需求修改邻区 PLMN，此处设置为 46 008。
- 扫频邻区的 band，将邻区 band 设置为 38、40。

将邻区频点设置为 38 950。若扫到同频邻区，会在 SIB4 里出现邻区信息。

建立 X2 接口，可用 Wireshark 在目的 eNodeB 侧查看 X2 接口是否建立成功，若出现 id-x2setup 消息，即表示收到 X2 SETUP REQUEST 消息和回复了 X2 SETUP RESPONSE 消息，表示建立完成。然后给出测试步骤如下。

- Cell1、Cell2 分别为 eNodeB1、eNodeB2（位于同一 MME 下且已建立 X2 接口）下的小区，UE 驻留在 E-UTRA 小区 Cell1，它有同频 E-UTRA 邻区 Cell2。
- UE 先接入 Cell1，做数据业务。
- 调整路径损耗，移动 UE，让 UE 能切换到 Cell2，其切换的标志为 handover，通过 MSG2 可查看竞争性/非竞争性。

上述操作的目的是要通过 X2 口进行 eNodeB 之间的切换。和 S1 切换相比，切换 RRC 消息有所不同。X2 切换和 S1 切换区别如图 9-112 所示。

图 9-112　X2 切换和 S1 切换区别

给出 X2 接口流程如下。

源 eNodeB

```
X2AP   474 id-handoverPreparation MasterInformationBlock (SFN=186)SystemInformationBlockType1SIB2
SCTP    62 SACK
X2AP   282 id-handoverPreparation RRCConnectionReconfiguration
X2AP   134 SACK id-snStatusTransfer
SCTP    62 SACK
X2AP    82 id-uEContextRelease
```

目的 eNodeB

```
X2AP  474 id-handoverPreparation MasterInformationBlock (SFN=186)SystemInformationBlockType1SIB2
SCTP   62 SACK
X2AP  282 id-handoverPreparation RRCConnectionReconfiguration
X2AP  134 SACK id-snStatusTransfer
SCTP   62 SACK
S1AP  162 id-PathSwitchRequest, PathSwitchRequest
S1AP  138 SACK id-PathSwitchRequest, PathSwitchRequestAcknowledge
X2AP   82 id-ueContextRelease
```

目的 eNodeB 发送 Path Switch 消息到 MME，说明切换成功，UE 挂接到小区 Cell2 上。

S1 切换的流程和 X2 类似，但切换的信令处理更复杂，而且切换请求、切换请求确认和数据转发要走 S1 口转发，会导致较多的时延。

9.3　新架构

5G 蜂窝网络是未来千兆网络的核心部分，可满足大量服务的需求。很多终端设备和接入设备都要实现 5G 的接口并向下兼容，现在很多国家确定 5G 网络的新发展框架，用来拓宽网络，开发 5G 网络应用。

MEC 常用于描述将服务推向网络边缘概念，提供在网络边缘的互联网技术服务环境，虽然 MEC 可满足 5G 超时延等某些需求，但并没有与 5G 结合。未来 MEC 可以成为 5G 网络中的重要组成部分。

9.3.1　MEC 框架

MEC 在移动网络中引入了虚拟化的平台，在运行业务时缩短了响应时间，同时融合了移动网络和互联网技术，可实时获取移动网络信息和更精准的位置，并在移动网络侧增加计算和存储等功能。该技术本身不依赖具体的移动通信技术。

MEC 的部署位置通常位于无线接入点和有线核心网之间。例如，在电信蜂窝网络中，MEC 就部署在无线接入网与移动核心网之间，电信蜂窝 MEC 系统平台如图 9-113 所示。

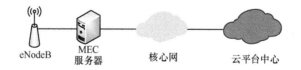

图 9-113　电信蜂窝 MEC 系统平台

很明显，MEC 系统的核心设备就是 MEC 服务器。通过连接云平台中心，该系统可提供一个基于云平台的虚拟化环境。

传统方式下，用户终端 UE 发出内容申请时要先连接上基站，经基站接入后，通过核心网连接上目标服务器，将所获得的数据再逐层传递，最后完成交互，这将耗用核心网侧的较多资源且增加了时延。

　　在使用 MEC 技术后，eNodeB 连接上 MEC 服务器，再由 MEC 和目标服务器对接来提取和缓存结果数据。此后 eNodeB 内的其他 UE 要调用相同数据时，可直接从 MEC 缓存中获取，不必经过传统的交互过程，从而大大节约了系统资源，也降低了响应时延。

　　目前在 4G 现网小基站架构下，MEC 作为一个单独网元，大多部署在 eNodeB 后和 SGW 前，这样可让多个 eNodeB 共享 MEC 服务器。作者曾调试过一款基于此架构的 eNodeB 和 MEC 设备，MEC 部署架构如图 9-114 所示。

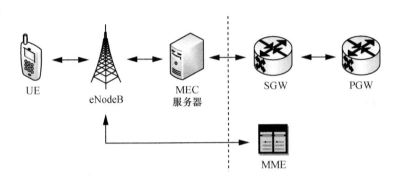

图 9-114　MEC 部署架构

　　先单独配置一个 IPSec 路由设备，通过 WAN 以太网接口获取虚地址，MEC 服务器与其连接。在 eNodeB 和 MEC 之间，MEC 和 IPSec 设备之间均采取明文进行传输，IPSec 设备负责将该明文加密成密文后发出，因此要在上下行方向配置转发参数，具体如下。

　　上行方向，在 IPSec 设备上对源地址是 192.158.51.253（MEC 的 IP 地址）的数据包，目的 IP 地址是 10.0.0.0 的，需进行 NAT 处理，转换成 IPSec 虚地址（调试时是 100.69.63.115，每次不同）处理。UE 注册上后获得的地址都是 10.0.0.0 网段的，同时 SGW/MME 的 IP 地址都是 10.0.0.0 网段的。

　　下行方向，对于目的 IP 地址是 100.69.63.115 的，均转换成 192.158.51.253 处理，即全部转发给 MEC，由 MEC 解析后发给 eNodeB。

　　SCTP 过程主要在 eNodeB 和 MEC 之间完成。建链成功后，MEC 通过对 UE 发出的数据包进行 SPI/DPI 解析来决定数据业务是否可经过 MEC 进行分流处理。

　　实验结果表明，在这种架构下移动电话业务运行正常，对用户是透明的。

9.3.2　未来展望

　　前 4 代移动通信网络加快了传输速度，通话质量也有很大提升，提供了良好的服务，目前可以满足人和人的通信需求。但是很多新的应用场景和需求让 4G 技术开始显露不足之处，如无人驾驶、智慧城市、远程治疗和视频实时传输等，对数据的可靠性要求很高，于是开始了 5G 的研究。

　　相比之下，5G 引入 NR（New Radio）协议，它的传输速率更高，功耗低，时延也更低，而且容量更大。5G 将会集成现有的通信技术，包括 2G、3G、4G 和 Wi-Fi，在此基础上增加创新点。

未来 5G 主要服务于以下三大场景。

（1）提升了用户移动宽带性能，支持大量数据传输，如最高传输速度可达到 20Gbit/s，吞吐量是 4G 网络的 3～4 倍，区域内的总流量密度达到 10Mbit/(s·m²)。

（2）物联网，单位地区连接设备数可达 100 万台/km²，5G 支撑着物联网的发展。

（3）可靠的低时延通信领域，如传输数据的时延低至 1ms。

5G 系统由接入网和核心网组成。其中接入网包括以下两种。

• 基站 gNodeB，为 5G 的 UE 提供 NR 协议终节点，包括用户面/控制面协议处理。

• 基站 ng-eNodeB，为 4G 的 UE 提供 E-UTRAN 用户面/控制面协议的终节点。

5G 核心网包括了负责接入和移动管理的 AMF（Action Message Format）、会话管理的 SMF（Session Management Function）和负责用户面功能的 UPF（User Port Function）。5G 网络架构如图 9-115 所示。

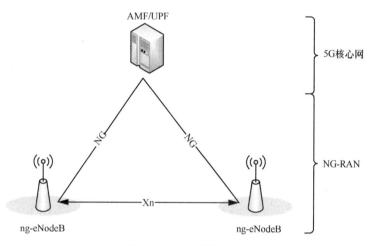

图 9-115　5G 网络架构

结合现行的 4G 架构可看出，4G 中的 eNodeB 演化成 5G 移动网络中的 gNodeB/ng-eNodeB。gNodeB 间的连接通过 Xn 接口，而 4G 核心网侧的 MME/SGW/PGW 演化成 5G 的 AMF/SMF/UPF，gNodeB 与 AMF 的连接接口是 N1/N2 接口，与 UPF 的连接接口是 N3 接口。

但 5G 技术的商用普及还面临着许多挑战。首先就是频谱资源紧缺，频谱资源是移动产业发展的核心资源，是承载无线业务的基础。频谱的分配也是必要环节，若载波越高，信号传输的距离越短，基站覆盖面就越小，所以低频谱对 5G 网络的运营更有利。其次 5G 设备的形态、规格和架构还不确定。另外通信标准的统一，实现稳定快速的连接较为困难等问题。

总之未来的 5G 网络将是一个多接入技术、多业务、多层次覆盖的系统，将为人类的数字生活带来无限的想象空间。

安全处理在一般的开发板上有一定的要求，本书列出以下 3 种场景的处理方法，以供参考。对于通信时采用的安全算法则需作为模块加载到内核或直接编译到内核中，这样才能对上下行的数据包进行不同的加密/解密处理。

1. 串口关闭和恢复

串口是很多嵌入式设备必不可少的对外接口，一般可以通过寄存器的操作来实现关闭和恢复。如关闭串口如下。

```
cpu_write bec02484 00220000
cpu_write bec02488 00003300
```

恢复串口如下。

```
cpu_write bec02484 0
cpu_write bec02488 0
```

开发者需要通过查看这方面的资料来得到设备中 CPU 的不同寄存器值。

2. 账户超时自动退出

用户登录后如一段时间不再登录则自动退出，下次若要重新登录必须重新输入用户名和密码。可通过在/etc/profile 中进行如下类似调整，这样在 30s 内若无登录则自动退出，这对网络 SSH（Secure Shell）远程登录或串口登录都适用。

```
export HISTFILESIZE=1000
export TMOUT=30
export PAGER='/bin/more '
```

即增加**粗体**字体这一行，重启后即可生效，每隔 30s 没登录则自动退出。

3. 流量控制

为了使有限的网络资源能够更好地发挥效用，更好地为更多的用户服务，设备需要支持流量限速功能。当数据流量符合承诺速率时，允许数据包通过；当数据流量不符合承诺速率时，丢弃数据包。

流量控制通常在输出时进行处理，采取流量控制规则较多，该规则整理和设置要发送的报文优先级，负责报文的排队分发。基本步骤如下。

- 确定一个抽象网络设备，让它关联一个根 HTB（Hierarchical Token Bucket）队列，在此队列上建立分类。
- 再为分类建立一个队列规则。
- 建立 iptables 过滤器，设置 iptables 规则。

具体细节请读者自行查阅。部署 Small Cell 时经常接入一个交换机的 LAN 口，通过 LAN 口获取 IP 地址，再由交换机的 WAN 口发送出去。流量控制测试如图 A-1 所示。

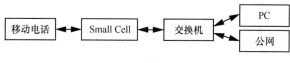

图 A-1　流量控制测试

　　基于这种部署在交换机上列出一种流量控制规则来限制移动电话接入 Small Cell 后的流速限制。

　　上行方向如下。

```
tc qdisc del dev eth0 root        /*先清除再重建，下同*/
tc qdisc add dev eth0 root handle 20: htb default 256
tc class add dev eth0 parent 20: classid 20:1 htb rate 100mbit ceil 100mbit
tc class add dev eth0 parent 20:1 classid 20:10 htb rate 400kbps ceil 400kbps prio 1
tc qdisc add dev eth0 parent 20:10 handle 201: sfq perturb 10
tc filter add dev eth0 parent 20: protocol ip prio 100 handle 2 fw classid 20:10
iptables -t mangle -A PREROUTING -s 192.168.1.100 -j MARK --set-mark 2
```

eth0 是交换机的 WAN 口，192.168.1.100 是 PC 的 IP 地址。

　　下行方向如下。

```
tc qdisc del dev eth1 root
tc qdisc add dev eth1 root handle 10: htb default 256
tc class add dev eth1 parent 10: classid 10:1 htb rate 100mbit ceil 100mbit
tc class add dev eth1 parent 10:1 classid 10:10 htb rate 40kbps ceil 40kbps prio 1
tc qdisc add dev eth1 parent 10:10 handle 101: sfq perturb 10
tc filter add dev eth1 parent 10: protocol ip prio 10 handle 1 fw classid 10:10
iptables -t mangle -A POSTROUTING -d 192.168.1.51 -j MARK --set-mark 1
```

eth1 是交换机的 LAN 口，192.168.1.51 是 Small Cell 的 IP 地址。

>>>>>>>>>>>>>>> 附录 B

1. RRC 连接建立

RRC 连接建立流程如下。

（1）收到 RRC 连接建立请求

- 根据 CellId 和 C-RNTI（UEID）获取 UE 属性（检查小区是否存在以及 UE 实例是否存在），若已存在 RRC 连接，则释放此消息，否则先保存 CellId 和 C-RNTI。
- 初始化测量配置，由 UE 实例进程处理。
- 将相应的接入加上 1，转换接入类型，保存 UEID，检查是否有可用的 S1AP，有则交给 RRM 进行接纳检查，否则发送 RRC 拒绝。

（2）RRM 接收请求的算法流程如图 B-1 所示。

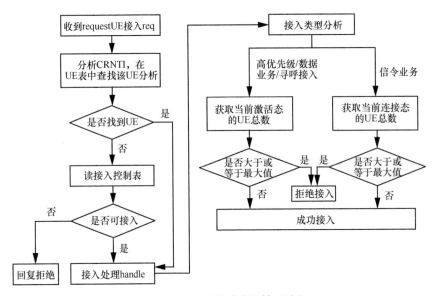

图 B-1 RRM 接收请求的算法流程

（3）接纳成功后给 Enbapp 进程发送接纳响应。

- 若拒绝接纳，直接发送 RRCRelease。
- 若要重定向接纳，置重定向标志位为 TRUE。
- 配置 L1，包括 pdsch/pucch/pusch/cqi/srs/sr/天线。
- 配置 L2，建立 UE 配置信息调度器，将 UE 的特定配置请求发送给 MAC 层。

（4）收到底层配置响应

收到 L1 配置响应后，检测运行结果，若 L1 配置成功，设物理层配置标志为 SUCC，运行状态设为 UMM_RRC_CON_PHY_CFG_SUCC，否则设标志为 fail 后返回。

收到 L2 配置响应后，成功则填写 RRC Connection Setup 消息，配置 SRB1。

（5）收到 UE 发送 RRC Connection Complete 消息

设置 UE 的连接状态为 UMM_RRC_CONNECTED，选择 MME，构造 InitUeMsg 消息。对很多定时器的操作不进行过多叙述。

2．PM 文件格式

```
<?xml version="1.0" encoding="utf-8"?>
<?xml-stylesheet type="text/xsl" href="MeasDataCollection.xsl"?>
<measCollecFile xmlns="http://www.3gpp.org/ftp/specs/archive/32_series/32.435#measCollec"
xmlns:xsi="http://www.w3.org/2001/XMLSchema-instance"
xsi:schemaLocation="http://www.3gpp.org/ftp/specs/archive/32_series/32.435#measCollec">
<fileHeader fileFormatVersion="32.435 V9.1" vendorName="SUNNADA" dnPrefix="">
<fileSender localDn="FAPService=1,eNB=001E73-00245A3A3DE5"
elementType="LNC-2000E"/>
<measCollec beginTime="2017-09-04T08:00:00.000+08:00"/>
</fileHeader>
<measData>
<managedElement localDn="FAPService=1,eNB=001E73-00245A3A3DE5"
userLabel="eNB" swVersion=""/>
<measInfo>
<job jobId="7"/>
<granPeriod duration="PT900S" endTime="2017-09-04T09:00:00.000+08:00"/>
<repPeriod duration="PT900S"/>
<measType p="1">RRC.SuccConnEstab</measType>
<measType p="2">RRC.AttConnEstab</measType>
<measType p="3">RRC.AttConnReestab</measType>
<measType p="4">RRC.SuccConnReestab</measType>
<measType p="5">RRC.SuccConnReestab.NonSrccell</measType>
<measType p="6">RRC.SetupTimeMean</measType>
<measType p="7">RRC.SetupTimeMax</measType>
<measType p="8">RRC.ConnMean</measType>
<measType p="9">RRC.ConnMax</measType>
<measType p="10">RRC.ConnReleaseCsfb</measType>
...........
<measValue measObjLdn="CellId=245096854">
<r p="1">925</r>
<r p="2">948</r>
<r p="3">14</r>
<r p="4">0</r>
<r p="5">0</r>
<r p="6">103</r>
<r p="7">1351</r>
<r p="8">18</r>
<r p="9">81</r>
```

```
<r p="10">0</r>
........
</measValue>
</measInfo>
<measInfo>
<job jobId="1"/>
<granPeriod duration="PT900S" endTime="2017-09-04T09:00:00.000+08:00"/>
<repPeriod duration="PT900S"/>
<measType p="1">SIG.SctpCongestionDuration</measType>
<measType p="2">SIG.SctpUnavailableDuration</measType>
<measValue measObjLdn="SctpAssoc=1">
<r p="1">0</r>
<r p="2">0</r>
</measValue>
</measInfo>
<measInfo>
<job jobId="1"/>
<granPeriod duration="PT900S" endTime="2017-09-04T09:00:00.000+08:00"/>
<repPeriod duration="PT900S"/>
<measType p="1">EQPT.MeanMeLoad</measType>
<measType p="2">EQPT.MaxMeLoad</measType>
<measValue measObjLdn="">
<r p="1">26.47</r>
<r p="2">100.00</r>
</measValue>
</measInfo>
</measData>
<fileFooter>
<measCollec endTime="2017-09-04T09:00:00.000+08:00"/>
</fileFooter>
</measCollecFile>
```

参考文献

[1] 田泽. 嵌入式系统开发与应用教程[M]. 北京: 北京航空航天大学出版社, 2005.

[2] 杨宗德. 嵌入式 ARM 系统原理与实例开发[M]. 北京: 北京大学出版社, 2007.

[3] BOVET D P, CESATI M. 深入理解 LINUX 内核(第三版)[M]. 陈莉君, 张琼声, 张宏伟, 译. 北京: 中国电力出版社, 2007.

[4] CORBET J, RUBINI A, HARTMAN G K. LINUX 设备驱动程序(第三版)[M]. 魏永明, 耿岳, 钟书毅, 译. 北京: 中国电力出版社, 2006.

[5] 宋宝华. Linux 设备驱动开发详解[M]. 北京: 人民邮电出版社, 2010.

[6] STEVENS W R, FENNER B, RUDOFF A M. UNIX 网络编程卷 1[M]. 北京: 人民邮电出版社, 2009.

[7] STEVENS W R. UNIX 网络编程卷 2[M]. 北京: 人民邮电出版社, 2009.

[8] STEVENS W R, RAGO S A. UNIX 环境高级编程[M]. 戚正伟, 张亚英, 尤晋元, 译. 北京: 人民邮电出版社, 2006.

[9] 孙纪坤, 张小全. 嵌入式 Linux 系统开发技术详解——基于 ARM[M]. 北京: 人民邮电出版社, 2006.